Klaus W. Usemann

Mindestwärmeschutz und Jahresheizwärmebedarf

D1734030

Springer

Berlin
Heidelberg
New York
Hongkong
London
Mailand
Paris
Tokio

http://www.springer.de/engine/

Klaus W. Usemann

Mindestwärmeschutz und Jahresheizwärmebedarf

Praktische Beispiele nach DIN 4108-2

Mit 56 Abbildungen und 27 Tabellen

Springer

Univ.-Prof. Dipl.-Ing. Klaus W. Usemann
Universität Kaiserslautern
FB Architektur, Raum- und Umweltplanung
Bauingenieurwesen
Postfach 3049
67653 Kaiserslautern

ISBN 3-540-00064-X Springer-Verlag Berlin Heidelberg New York

Bibliografische Information der Deutschen Bibliothek.
Die Deutsche Bibliothek verzeichnet diese Publikation in der Deutschen Nationalbibliografie; detaillierte bibliografische Daten sind im Internet über <http://dnb.ddb.de> abrufbar.

Springer-Verlag Berlin Heidelberg New York
ein Unternehmen der BertelsmannSpringer Science+Business Media GmbH

http://www.springer.de

© Springer-Verlag Berlin Heidelberg 2004
Printed in Germany

Satz: Dipl.-Ing. H. Gralle, Neustadt/Weinstr.
Einband: Struve & Partner, Heidelberg
Gedruckt auf säurefreiem Papier   68/ 3020 hu -5 4 3 2 1 0 -

Vorwort

Durch die Energieeinsparverordnung und die hierzu verabschiedeten
Rechtsverordnungen und Normen wurden sowohl für den Hochbau als
auch für die Bauphysik und Gebäudetechnik eine Reihe von Berechnungs-
anweisungen veröffentlicht, die letzthin dazu führen sollen, Energie und
Kosten einzusparen. Das Leitthema Energieeinsparung hat im Rahmen der
gegenwärtigen Energiediskussion besondere Bedeutung.

Der Wärmeschutz von Gebäuden - er hat wesentlichen Einfluss auf die
Heizlast - hat in den letzten Jahren durch die Entwicklung der Wärmeprei-
se zunehmend an Bedeutung gewonnen und wird auch weiterhin ein aktu-
elles Problem sein. Je vertrauter Architekten, Bauingenieure, Planer und
Fachingenieure mit den neuen Berechnungen und Anforderungen zum
Wärmeschutz sind, desto selbstverständlicher können sie ihre gestalteri-
schen Vorstellungen umsetzen. Aufgrund der bauphysikalisch-
funktionalen Zusammenhänge wird gezeigt, was bei der Planung zu beachten und wie zu entscheiden ist, um fachgerechte, effiziente und schadens-
freie Lösungen zu erhalten.

Es ist daher auf die Notwendigkeit einer verbesserten Aus- und Fortbil-
dung von Architekten, Ingenieuren und Handwerkern im Bereich des
energiesparenden Bauens hinzuweisen, um architektonisch qualitätsvoll
und wirtschaftlich zu bauen. Das Buch zeichnet sich daher durch eine le-
serfreundliche Aufbereitung, der sonst so „schwer verdaulichen" Materie
aus. Es gibt eine breite Information über die Auswirkungen und Bestim-
mungen in den Normen des Wärmeschutzes DIN 4108-2 und DIN V 4108-
6 und will praktische Lösungsmöglichkeiten, Fragen, Probleme und

Schwachstellen bei den Berechnungsverfahren aufzeigen anhand zahlreicher Anwendungsbeispiele mit Bezug zu praktischen Ergebnissen und ökonomischen Daten. Es werden die neuen Rechenverfahren und Anforderungen an den Mindestwärmeschutz erläutert und zusätzliche Hinweise für Stoff- und Rechenwerte, die den Anforderungen des Jahresheizwärmebedarfs genügen, Konsequenzen auf Konstruktion und Gestaltung, neue Dämmschichtdicken, Standards für verschiedene Bauteile, wesentliche Ansatzpunkte bei der zukunftsorientierten Planung und Konstruktion von Dächern, Außenwänden, Decken usw. Sorgfältiges Augenmerk wird auf den Einfluss von Bauteilanschlüssen im Hinblick auf Wärmebrückenwirkung gerichtet, der sommerliche Wärmeschutz wird vorgestellt sowie Fenster- und Verglasungsanforderungen. Im Buch werden nicht nur die bei der Anwendung des Mindestwärmeschutzes entstehenden Probleme diskutiert, sondern an Hand von Beispiellösungen , Berechnungsbeispielen die technischen Auswirkungen erläutert. Formblätter zur Berechnung der Nachweisführung für die Anforderungen an den Jahresheizwärmebedarf sowie ein Flussbild nach den Vorgaben der Energieeinsparverordnung (EnEV) werden dargestellt.

Das Buch wendet sich an Architekten, Bauingenieure, Ingenieure und Sachbearbeiter des Technischen Ausbaus (besonders der Heizungs-, Raumluft-, Klima- und Sanitärtechnik) in ihren Funktionen als

- freiberufliche Architekten und beratende Ingenieure der Praxis,
- Sachbearbeiter in Planungsbüros, in Baubehörden und in industriell strukturierten Firmen / Unternehmen / Handwerksbetrieben der Gebäudetechnik,
- Sachbearbeiter in energie- und wärmetechnischen Einrichtungen,
- Sachbearbeiter in der Bauindustrie,
- Sachbearbeiter der öffentlichen Hand,
- Sachbearbeiter von Wohnungsbauträgern, Wohnungsbaugesellschaften, Zweck- und Industriebauten,
- Betriebsingenieure für den Technischen Ausbau sowie
- Sachverständige und Prüfingenieure.

Der Autor dankt den Mitarbeitern des Lehr- und Forschungsgebietes „Bauphysik" im Fachbereich Architektur / Bauingenieurwesen an der Technischen Universität Kaiserslautern, Frau Dr.-Ing. Monika Mrziglod-Hund, Dr.-Ing. Karl-Heinz Dahlem, Dipl.-Ing. Horst Gralle, Dipl.-Ing. Stefan Breuer und Dr.-Ing. Mingyi Wang für ihre tatkräftige Mithilfe in Studien-Diplomarbeiten und Dissertationen, die in ihren Ausarbeitungsmethoden aufzeigten, wie verschiedene Konzepte zur Energieeinsparung bezüglich der Effektivität und Wirtschaftlichkeit gefunden werden können.

Herrn Dipl.-Ing. Horst Gralle danke ich für die Manuskriptbearbeitung und für seine tatkräftige Mithilfe und für die wertvollen Anregungen, Text, Bilder und Tabellen sowie die komplizierten mathematischen Berechnungen in den Computer einzugeben. Er unterstützte die Ausarbeitung nachdrücklich mit sachkundigem Rat und fachlicher Hilfe. Außerdem ist es dem Verfasser eine angenehme Pflicht, dem Springer-Verlag GmbH, Berlin, Heidelberg, New York, für die Unterstützung, Betreuung und Hilfe Dank zu sagen.

Berlin, Hochspeyer (Pfalz), Kaiserslautern im Winter 2002/2003

Klaus W. Usemann

Inhalt

1 Rechenverfahren und Anforderungen an den Wärmeschutz nach DIN 4108

1.1 Begriffe, Symbole, Größen und Einheiten

Für die Anwendung der Energieeinsparverordnung (EnEV) und die mitbestimmenden Normen gelten die Symbole, Größen und Einheiten nach DIN 4108 „Wärmeschutz im Hochbau" in **Tabelle 1.01**.

Tabelle 1.01. Symbole, Größen, Einheiten nach DIN 4108-2.

Symbol neu	Einheit in		Symbol bisher
d	m	Dicke der Materialschicht	s
A	m²	Fläche	A
V	m³	Volumen	V
m	kg	Maße	m
ρ	kg/m³	(Roh)dichte	ρ
c	J/(kgK)	Spezifische Wärmekapazität	c
t	s	Zeit	t
T	K	Thermodynamische Temperatur	T
θ	°C	Celsiustemperatur	ϑ
λ	W/(mK)	Bemessungswert der Wärmeleitfähigkeit	λ_R
a	m²/s	Temperaturleitfähigkeit	a
b	$J/(m^2Ks^{1/2})$	Wärmeeindringkoeffizient	b
Q	J	Wärmemenge	Q
Φ	W	Wärmestrom	$\dot{Q}$
q	W/m²	Wärmestromdichte	q

Symbol neu	Einheit in		Symbol bisher
U	W/(m²K)	Wärmedurchgangskoeffizient	k
R	m²K/W	Wärmedurchlasswiderstand	K
Λ	m²K/W	Wärmedurchlasskoeffizient	Λ
h	W/(m²K)	Wärmeübergangskoeffizient	α
R_{se}	m²K/W	Wärmeübergangswiderstand innen	R_i
R_{si}	m²K/W	Wärmeübergangswiderstand außen	R_a
R_T	m²K/W	Wärmedurchgangswiderstand (von einer Umgebung zur anderen)	R_u
R_g	m²K/W	Wärmedurchlasswiderstand des Luftraums	
R_U	m²K/W	Wärmedurchlasswiderstand des unbeheizten Raumes	
$R_T{'}$	m²K/W	oberer Grenzwert des Wärmedurchgangswiderstandes	-
$R_T{''}$	m²K/W	unterer Grenzwert des Wärmedurchgangswiderstandes	-
R_l	mK/W	linearer (längenbezogener) Wärmedurchlasswiderstand	R_l
ψ	W/(mK)	linearer (längenbezogener) Wärmedurchgangskoeffizient	k_l
H_T	W/K	spezifischer Transmissionswärmekoeffizient	-
H_V	W/K	spezifischer Lüftungswärmekoeffizient	-
n	h^{-1}	Luftwechselrate	β
ε	-	Emissionsvermögen	-
ϕ	Vol-%	relative Luftfeuchte	φ_i

Mindestwärmeschutz: Maßnahme, die an jeder Stelle der Innenoberfläche der Systemgrenze (gesamte Außenoberfläche eines Gebäudes oder der beheizten Zone eines Gebäudes, über die eine Wärmebilanz mit einer bestimmten Raumtemperatur erstellt wird) bei ausreichender Beheizung und Lüftung unter Zugrundelegung üblicher Nutzung ein hygienisches Raumklima sicherstellt, so dass Tauwasserfreiheit durch wärmebrückenreduzierte Innenoberflächen von Außenbauteilen im Ganzen und in

Ecken sowie Raumwinkeln gegeben ist. Bei kurzfristig tieferen Temperaturen kann vorübergehend Tauwasserbildung vorkommen.

Energiesparender Wärmeschutz: Maßnahme, die den Heizenergiebedarf in einem Gebäude oder einer beheizten Zone bei entsprechender Nutzung nach vorgegebenen Anforderungen (EnEV) begrenzt.

Heizwärmebedarf: Rechnerisch ermittelte Wärmeeinträge über ein Heizsystem, die zur Aufrechterhaltung einer bestimmten mittleren Raumtemperatur in einem Gebäude oder in einer Zone des Gebäudes benötigt werden. Dieser Wert wird auch als Netto-Heizenergiebedarf bezeichnet.

Heizenergiebedarf: Berechnete Energiemenge, die dem Heizsystem des Gebäudes zugeführt werden muss, um den Heizwärmebedarf abdecken zu können.

Heizenergieverbrauch: Über eine bestimmte Zeitspanne gemessener Wert an Heizenergie (Menge eines Energieträgers), der zur Aufrechterhaltung einer bestimmten Temperatur in einer Zone erforderlich ist.

1.2 Wärmeübergangswiderstand

Wärmeübergangswiderstände bei Richtung des Wärmestromes:
- Innerer Wärmeübergangswiderstand
  $R_{si} = 0,10$ m²K/W aufwärts
  $R_{si} = 0,13$ m²K/W horizontal
  $R_{si} = 0,17$ m²K/W abwärts
- Äußerer Wärmeübergangswiderstand
  aufwärts, horizontal und abwärts
  $R_{se} = 0,04$ m²K/W

Als „horizontal" gelten Wärmeströme, deren Richtung um nicht mehr als ± 30° von der horizontalen Ebene abweichen.

1.3 Wärmedurchlasswiderstand

Die Berechnung erfolgt nach DIN EN ISO 6949 „Bauteile. Wärmedurchlasswiderstand und Wärmedurchgangskoeffizient. Berechnungsverfahren". Thermisch homogene Schichten sind solche konstanter Dicke mit einheitlichen oder als einheitlich anzusehenden thermischen Eigenschaften.

Werte von Wärmedurchlasswiderständen müssen in Zwischenrechnungen auf mindestens drei Dezimalstellen berechnet werden.

– Wärmedurchlasswiderstand einer einzelnen homogenen Schicht

$$R = \frac{d}{\lambda} \quad \text{in m}^2\text{K/W}$$

d . . . Dicke der Schicht des Bauteils in m
λ . . . Bemessungswert der Wärmeleitfähigkeit des Stoffes nach DIN 4108-4 oder DIN ISO/DIS 10456.2.

Die Dicke d kann sich von der Nenndicke unterscheiden, z.B. ist d bei einem zusammendrückenden Produkt (Dämmstoff), das im komprimierten Zustand eingebaut wird, geringer als die Nenndicke. Sofern dies zutreffend ist, sollte d auch Dickentoleranzen entsprechend berücksichtigen, z.B. wenn diese negativ sind.

Für Bauteile mit einer keilförmigen Schicht erfolgt die Berechnung gesondert nach DIN EN ISO 6949 im Anhang C. Der Anhang C behandelt U-Werte von im Querschnitt trapezförmigen Dämmungen; keilförmige Schichten berücksichtigt die EnEV z.B. für Decken im Anhang 3 Nr. 4.2.

Da die Grenzdicke einer Dämmschicht aus Effizienzgründen jedoch bei U-Werten liegt, die weit über den mit solchen Konstruktionen erzielbaren U-Werten liegt, bedeutet dies die Normung eines energetischen und baukonstruktiven Unfugs [1]. Alle U-Werte $\leq 0{,}35$ W/(m²K) dienen wegen zu geringer Effizienz nicht der Energieeinsparung.

– Wärmedurchlasswiderstände von Luftschichten, sofern kein Luftaustausch mit dem Innenraum erfolgt und der Emissionsgrad mindestens 0,8 beträgt (bei anderen Werten vgl. DIN 4108-2 Anhang B):
– Ruhende Luftschicht, wenn der Luftraum von der Umgebung abgeschlossen ist. Wärmedurchlasswiderstand in m²K/W nach **Tabelle 1.02**:

Tabelle 1.02

Dicke der Luftschicht in mm	0	5	10	15	25	50	100	300
Richtung des Wärmestromes aufwärts	0,00	0,11	0,15	0,16	0,16	0,16	0,16	0,16
horizontal	0,00	0,11	0,15	0,17	0,18	0,18	0,18	0,18
abwärts	0,00	0,11	0,15	0,17	0,19	0,21	0,22	0,23

Summe der Be- und Entlüftungsöffnungen ≤ 500 mm² je m Länge der vertikalen Luftschicht bzw. je m² Oberfläche für horizontale Luftschichten.

Als „horizontal" gelten Wärmeströme, deren Richtung um nicht mehr als ± 30° von der horizontalen Ebene abweichen.

Eine Luftschicht mit kleinen Öffnungen zur Außenumgebung, die keine Dämmschicht zwischen sich und der Außenumgebung besitzt, ist als ruhende Luftschicht zu betrachten, wenn die Öffnungen so angeordnet sind, dass ein Luftstrom durch den Spalt nicht möglich ist. In diesem Sinne werden Entwässerungsöffnungen bei zweischaligem Mauerwerk nicht als Lüftungsöffnungen angesehen.

Luftschichten mit Öffnungen vgl. DIN 4108-2. Die Differenzierung der verschiedenen Arten von Luftschichten ist abhängig von der Größe der nach den Regeln der Technik zur Gewährleistung einer Be- und Hinterlüftung erforderlichen Zu- und Abluftöffnungen (z.B. Fachregeln des Dachdeckerhandwerks, DIN 1053-1 o.ä.). Aufgrund dessen wird nach DIN EN ISO 6946 nachstehend festgelegt, um welche Art von Luftschicht es sich handelt; wichtig ist dabei, dass nicht die Vorgaben aus DIN EN ISO 6946 die Größe der erforderlichen Zu- und Abluftöffnungen bedingen, sondern dass zunächst gemäß nach den für das jeweilige Bauteil gültigen Regeln der Technik die Lüftungsöffnungen dimensioniert werden. Dann ist in Abhängigkeit von diesem Ergebnis zu unterscheiden, um welche Art von Luftschicht es sich handelt:

- Schwach belüftete Luftschicht, wenn der Luftaustausch mit der Außenumgebung durch Öffnungen folgender Maße begrenzt wird: über 500 mm² bis 1500 mm² je m Länge für vertikale Luftschichten, über 500 mm² bis 1500 mm² je m² Oberfläche für horizontale Luftschichten.

  Der Bemessungswert des Wärmedurchlasswiderstandes beträgt die Hälfte der Werte für eine ruhende Luftschicht. Bei Werten > 0,15 m²K/W muss mit diesem Höchstwert gerechnet werden.

  Ergänzend ist zu beachten, dass wenn der Wärmedurchlasswiderstand der Schicht zwischen der betrachteten Luftschicht im Spalt und der Außenluft (z.B. einer Vormauerschale) den Wert R = 0,15 m²K/W übersteigt, in den weiteren Berechnungen für diese Schicht nicht der tatsächliche Wärmedurchlasswiderstand, sondern ein Höchstwert von 0,15 m²K/W anzusetzen ist.

- Stark belüftete Luftschicht, wenn die Öffnungen zwischen Luftschicht und Außenumgebung überschritten werden um 1 500 mm² je m Länge für vertikale Luftschichten,

1 500 mm² je m² Oberfläche für horizontale Luftschichten.
Der Wärmedurchlasswiderstand der Luftschicht und aller anderen Schichten zwischen Luftschicht und Außenumgebung wird vernachlässigt und ein äußerer Wärmeübergangswiderstand verwendet, der dem bei ruhender Luftschicht entspricht, d.h. gleich dem inneren Wärmeübergangswiderstand desselben Bauteiles ist. Für diese Bauteile gilt somit: $R_{se} = R_{si}$.

– Wärmedurchlasswiderstände unbeheizter Räume:
Da der Wärmestrom von innen nach außen nicht nur durch Trennbauteile und ggf. darin enthaltene Luftschichten, sondern auch durch unbeheizte Räume mit mehr- oder weniger stehenden Luftschichten reduziert wird, enthält DIN EN ISO 6946 neben dem Wärmedurchlasswiderstand verschiedener Arten von Luftschichten auch Angaben, wie der Wärmedurchlasswiderstand R_u einfacher, ungedämmter und unbeheizter Räume zu ermitteln ist. In diesem Fall wird der Wärmedurchgangswiderstand der Konstruktion wie folgt ermittelt:

$$R_T = R_{si} + R + R_u + R_{se}$$

• Dachräume, für den Luftraum im Bereich des Spitzbodens von Dächern mit einer ebenen gedämmten Decke zwischen dem beheizten Inneren und den gedämmten Flächen des Schrägdaches, also z.B. bei Kehlbalkendächern, können für ungedämmte Dachkonstruktionen angesetzt werden:
$R_u = 0,06$ bis $0,3$ m²K/W je nach Dachausführung, vgl. DIN 4108-2 Tabelle 3. Für genauere Ergebnisse, besonders bei gedämmten Konstruktionen ist R_u nach DIN EN ISO 13 789 zu berechnen.

• Andere Räume, wenn bei einem Gebäude in Richtung des Wärmestromes zwischen dem beheizten Innenraum und der Außenluft ein Raum liegt, der zwar unbeheizt, aber mit dem normal beheizten Bereich verbunden ist (z.B. Garagen, Lagerräume oder Wintergärten), dann kann der Wärmedurchgangskoeffizient des Trennbauteils zwischen dem Gebäudeinneren und der Außenluft so bestimmt werden, als sei der unbeheizte Raum eine zusätzliche homogene Schicht dieses Bauteils mit folgendem Wärmedurchlasswiderstand:

$$R_u = 0,09 + 0,4 \cdot \frac{A_i}{A_e} \quad \text{in m²K/W}$$

unter der Bedingung, dass $R_u \leq 0,5$ m²K/W ist.

A_i　Gesamtfläche der Trennflächen aller Bauteile zwischen Innenraum und unbeheiztem Raum in m²

A_e　Gesamtfläche der Trennflächen aller Bauteile zwischen unbeheiztem Raum und Außenumgebung.

Dies gilt jedoch nur, solange $R_u \leq 0,5$ m²K/W ist. Für größere Werte
ist eine genauere Berechnung der Wärmeverluste nach DIN EN ISO
13 789 erforderlich.

– Zweischaliges Mauerwerk [2]
Nach DIN 1053-1 Abschnitt 8.4.3.2 Buchstabe b gelten bei zweischaligem Mauerwerk mit Hinterlüftung für die erforderlichen Lüftungsquerschnitte folgende Anforderungen:
„Die Lüftungsöffnungen sollen auf 20 m² Wandfläche (Fenster und Türen eingerechnet) oben und unten eine Fläche von jeweils 7 500 mm²
haben."
Hieraus folgt, dass bei einer zweischaligen hinterlüfteten Wandkonstruktion gemäß der dafür gültigen Regel der Technik auf 20 m² Wandfläche 15 000 mm² Lüftungsöffnungen vorhanden sein müssen. Da sich
die Anforderungen nach DIN EN ISO 6946 jedoch auf einen Meter
Wandlänge beziehen, sind die flächenbezogenen Werte nach DIN
1053-1 auf den Längenbezug umzurechnen, damit anschließend untersucht werden kann, wie sich diese Anforderungen auf die Einstufung
der Strömungsverhältnisse nach der europäisch harmonisierten Norm
DIN EN ISO 6946 auswirken.

Tabelle 1.03. Erforderliche Lüftungsquerschnitte nach DIN 1053-1.

Gebäudehöhe H [m]	Fläche der Lüftungsöffnungen A nach DIN 1053-1 [mm²/m]			Art der Hinterlüftung nach DIN EN ISO 6946
	gesamt A_{ges}	oben A_{oben}	unten A_{unten}	
2,75	2062,5	1031,25	1031,25	Stark belüftet
5,50	4125,0	2065,50	2065,50	Stark belüftet
8,25	6187,5	3093,75	3093,75	Stark belüftet

Bauteil	Wärmeübergangs-widerstand außen R_{se} [m²K/W]
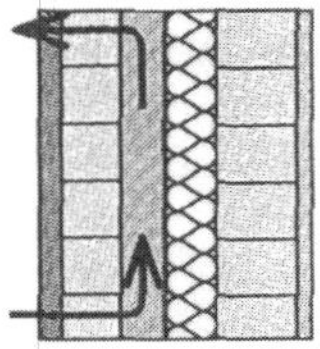	0,04

Bild 1.01. Wände aus zweischaligem Mauerwerk nach DIN 1053-1 bzw. Wände hinterlüfteter Außenwandkonstruktionen nach DIN 18 516.

1.4 Wärmedurchgangswiderstand

Die Berechnungen gelten nur für den Beharrungszustand, also für stationäre Verhältnisse!
Der Wärmedurchgangswiderstand R_T eines ebenen Bauteils aus mehreren thermisch homogenen Schichten senkrecht zum Wärmestrom beträgt:

$$R_T = R_{si} + R_1 + R_2 + \ldots R_n + R_{se} \text{ in m²K/W}$$

R_{si} $\qquad$ innerer Wärmeübergangswiderstand in m²K/W
R_{se} $\qquad$ äußerer Wärmeübergangswiderstand in m²K/W
$R_1, R_2 \ldots R_n$ $\qquad$ Bemessenswerte der Wärmedurchlasswiderstände jeder Schicht in m²K/W

Für Innenbauteile (Trennwände usw.) gilt R_{si} auf beiden Seiten.
Sofern die homogenen Schichten nicht hintereinander, sondern parallel geschaltet sind, z.B. Fachwerk, Decken mit Balken usw., handelt es sich um den Wärmedurchgangswiderstand eines Bauteils aus homogenen und inhomogenen Schichten. Dies gilt nicht für Dämmschichten, die eine Wärmebrücke aus Metall enthalten. Prinzip nach DIN EN ISO 6946: Das Bauteil besteht aus mehreren thermisch homogenen Schichten. In einem Teilstück, das eine Bauteilachse darstellt, wird ein Raster derart eingeführt, dass sich über eine Aufteilung in Abschnitte und Schichten thermisch homogene Teilflächen ergeben (**Bild 1.02 a**).

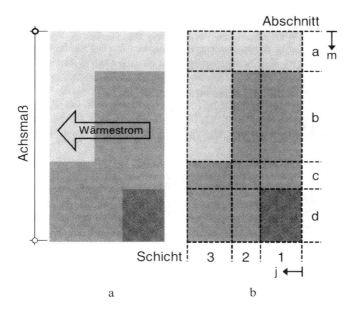

Bild 1.02. Aufteilung des inhomogenen Bauteils in Teilflächen.

Der Wärmedurchgangswiderstand errechnet sich dann zu [3]

$$R_T = \frac{R_T{'} + R_T{''}}{2}$$

als arithmetischer Mittelwert aus

$R_T{'}$ oberer Grenzwert des Wärmedurchgangswiderstandes in m²K/W
$R_T{''}$ unterer Grenzwert des Wärmedurchgangswiderstandes in m²K/W

Die Berechnung des oberen und unteren Grenzwertes muss durch Aufteilung des Bauteiles in Abschnitte und Schichten derart ausgeführt werden, dass das Bauteil in mj Teile zerlegt ist, die selbst thermisch homogen sind (**Bild 1.02 b**).

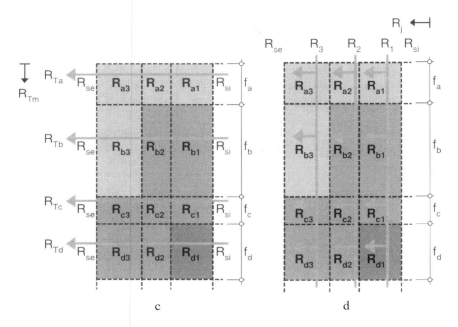

Bild 1.02. Bestimmung des oberen (c) und unteren Grenzwertes (d).

Der Abschnitt m (m = a, b, c . . . q) senkrecht zu den Oberflächen des Bauteils hat die Teilfläche f_m (**Bild 1.02 c**).

Die Schicht j (j = 1, 2, . . . n) parallel zu den Oberflächen hat die Dicke d_i (**Bild 1.02 d**).

Der Teil mj hat die Wärmeleitfähigkeit λ_{mj}, die Dicke d_j, die Teilfläche f_m und den Wärmedurchlasswiderstand R_{mj}. Die Teilfläche eines Abschnittes ist sein Anteil an der Gesamtfläche. Folglich ist $f_a + f_b + \ldots + f_q = 1$.

– Oberer Grenzwert des Wärmedurchgangswiderstandes $R_T{'}$

$$\frac{1}{R_T{'}} = \frac{f_a}{R_{Ta}} + \frac{f_b}{R_{Tb}} + \ldots + \frac{f_q}{R_{Tq}} \quad \text{in W/(m}^2\text{K)}$$

$R_{Ta}, R_{Tb}, \ldots, R_{Tq}$ Wärmedurchgangswiderstände von Bereich zu Bereich für jeden Abschnitt berechnet,

$f_a, f_b, \ldots, f_q$ Teilflächen eines jeden Abschnittes.

– Unterer Grenzwert des Wärmedurchgangswiderstandes R_T''

$$\frac{1}{R_j} = \frac{f_a}{R_{aj}} + \frac{f_b}{R_{bj}} + \ldots + \frac{f_q}{R_{qj}} \text{ in W/(m}^2\text{K)}$$

$$R_T'' = R_{si} + R_1 + R_2 + \ldots + R_n + R_{se} \text{ in m}^2\text{K/W}$$

Nach DIN EN ISO 6946 Abschnitt 6.2.4 kann dieses Verfahren zur Abschätzung des maximalen relativen Fehlers verwendet werden, wenn der berechnete Wärmedurchgangskoeffizient festgelegte Genauigkeitskriterien einzuhalten hat. Bei Verwenden dieser Näherung beträgt der maximale relative Fehler e in Prozent

$$e = \frac{R_T' - R_T''}{2R_T} \cdot 100 \text{ in \%}$$

Unterer Grenzwert 1,5, der maximale mögliche Fehler 20% [3].

1.5 Wärmedurchgangskoeffizient

Der Wärmedurchgangskoeffizient U wird nach DIN EN ISO 6946 berechnet. In der Praxis werden künftig Zuschlagskorrekturen für Befestigungsteile, z.B. Mauerwerksanker bei zweischaligem Mauerwerk, Dachbefestiger sowie eine Dämmschicht durchdringende Luftschicht in ihrer Wärmebrückenwirkung bei der Ermittlung des Wärmedurchgangskoeffizienten berücksichtigt werden müssen.
Er ergibt sich aus:

$$U = \frac{1}{R} \text{ bzw. } U = \frac{1}{R_T} \text{ in W/(m}^2\text{K)}$$

Für Luftspalten im Bauteil, mechanische Befestigungselemente, die die Bauteilschichten durchdringen sowie Niederschlag auf Umkehrdächern ist eine Korrektur des Wärmedurchgangskoeffizienten U notwendig, die in DIN EN ISO 6946 im Anhang D behandelt wird. Ist jedoch die Gesamtkorrektur geringer als 3% des jeweiligen U-Wertes, braucht nicht korrigiert zu werden. Der korrigierte Wärmedurchgangskoeffizient U_c wird bestimmt:

$$U_c = U + \Delta U$$

ΔU ergibt sich nach $\Delta U = \Delta U_g + \Delta U_f + \Delta U_r$. Hierbei bedeuten:

ΔU_g Korrektur für Luftspalte
ΔU_f Korrektur für mechanische Befestigungselemente
ΔU_r Korrektur für Umkehrdächer, vgl. hierzu DIN EN ISO 6946.

Die Korrektur für mechanische Befestigungsteile wird nach DIN EN ISO 6946 Anhang D berechnet. Es gilt:

$$\Delta U_f = \alpha \cdot \lambda_f \cdot n_f \cdot A_f$$

Hierin bedeuten:

α Koeffizient nach DIN EN ISO 6946 Tabelle D.2:
   $\alpha = 6 \ m^{-1}$ für Mauerwerksanker bei zweischaligem Mauerwerk
   $\alpha = 5 \ m^{-1}$ für Dachbefestigung
n_f Anzahl der Befestigungselemente je m²
λ_f Wärmeleitfähigkeit des Befestigungselementes
A_f Fläche des Befestigungselementes in m²

Zur Vermeidung von durchgehenden Fugen im Bereich der Wärmedämmschicht wird eine durchgehende, zweilagige Wärmedämmschicht mit versetzten Stößen gewählt (vgl. auch hierzu DIN 1053). Die Fugen zwischen den Wärmedämmstoffplatten sollen nicht mehr als 5 mm betragen. Eine Korrektur für Luftspalte gemäß DIN EN ISO 6946 Anhang D.1.

$\Delta U_g = 0 \ W/(m^2K)$ für Stufe 0: Die Dämmung ist so angebracht, dass keine Luftzirkulation auf der warmen Seite der Dämmung möglich ist. Keine die gesamte Dämmschicht durchdringende Luftspalte vorhanden.

$\Delta U_g = 0{,}01 \ W/(m^2K)$ für Stufe 1: Die Dämmung ist so angebracht, dass keine Luftzirkulation auf der warmen Seite der Dämmung möglich ist. Luftspalte können die Dämmungsschicht durchdringen.

$\Delta U_g = 0{,}04 \ W/(m^2K)$ für Stufe 2: Mögliche Luftzirkulation auf der warmen Seite der Dämmung. Luftspalte können die Dämmung durchdringen.

In DIN EN ISO 6946 Abschnitt 7 wird ausgeführt, dass der Wärmedurchgangskoeffizient auf zwei Dezimalstellen als Endergebnis zu runden ist. Weiterhin wird darauf hingewiesen, dass Angaben über die zugrundegelegten Eingangsdaten (Dicken der Stoffschichten, Bemessungswerte der Wärmeleitfähigkeiten, Korrekturstufen usw.) vorgenommen werden müssen.

Anwendungsbeispiel

Gegeben ist eine Außenwand mit zweischaligem Mauerwerk mit Kerndämmung. Gesucht ist der Wärmedurchgangskoeffizient U_{AW} unter Berücksichtigung von ΔU_{AW}.

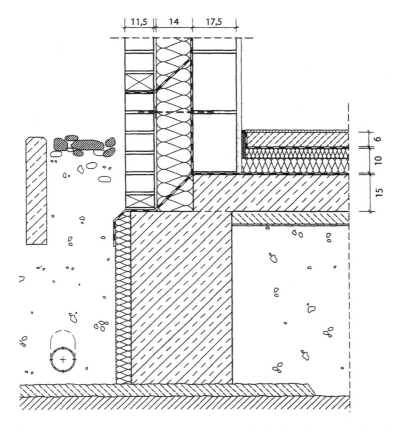

Bild 1.03. Aufbau der zweischaligen Außenwand mit Kerndämmung im Bereich des Anschlusses an die Sohlplatte.

Schichtenfolge, Stoffwerte:
0,015 m Kalkgipsputz innen, $\lambda = 0{,}700$ W/(mK)
0,175 m porosierter Hochlochziegel, $\lambda = 0{,}240$ W/(mK)
0,140 m Wärmedämmstoff, $\lambda = 0{,}040$ W/(mK)
0,010 m ruhende Luftschicht
0,115 m Ziegelmauerwerk, $\lambda = 0{,}870$ W/(mK)

Zwischen den Mauerwerksschalen befinden sich nach DIN 1053-1 Drahtanker aus Edelstahl, $\lambda = 12{,}00$ W/(mK). 5 Drahtanker je m² nach DIN 1053-1 Tabelle 1. Durchmesser der Drahtanker 5 mm, $A_f = 0{,}00002$ m².

$R_{si} = 0{,}130$ m²K/W
$R_{se} = 0{,}040$ m²K/W
Für die ruhende Luftschicht gilt $R = 0{,}150$ m²K/W

$$R = \left(0{,}13 + \frac{0{,}015}{0{,}700} + \frac{0{,}175}{0{,}240} + \frac{0{,}140}{0{,}040} + 0{,}15 + \frac{0{,}115}{0{,}870} + 0{,}04\right) \text{ m}^2\text{K/W} = $$

4,702 m²K/W

$$U = \frac{1}{4{,}702} \text{ m}^2\text{K/W} = 0{,}213 \text{ W/(m}^2\text{K)}$$

$U_{AW} = U + \Delta U = U + \Delta U_f + \Delta U_g$
$\Delta U_f = \alpha \cdot \lambda_f \cdot n_f \cdot A_f = 6 \cdot 12 \cdot 5 \cdot 0{,}00002$ W/(m²K) $= 0{,}007$ W/(m²K)

Korrektur für die Luftspalte nach Stufe 1:
$\Delta U_g = 0{,}01$ W/(m²K)
$\Delta U = (0{,}007 + 0{,}01)$ W/(m²K) $= 0{,}017$ W/(m²K)

$U_{AW} = (0{,}213 + 0{,}017)$ W/(m²K) $= 0{,}230$ W/(m²K)

Der Grenzwert, der nicht überschritten werden darf (3%) errechnet sich zu:

$0{,}03 \cdot 0{,}213$ W/(m²K) $= 0{,}006$ W/(m²K)

Die Korrektur für mechanische Befestigungsteile und Luftspalte war berechtigt, da $0{,}006 < \Delta U = 0{,}017$ W/(m²K).
Die Veränderungen durch die Korrekturwerte sind im Wärmeschutznachweis fortzuschreiben.

Anwendungsbeispiel [3]

Eine Außenwandkonstruktion besteht aus zwei nebeneinanderliegenden Bereichen, wobei Dämmstoff (λ = 0,04 W/(mK)) und Holz (λ = 0,13 W/(mK)) hierbei die inhomogene Schicht 3 bilden. An Innen- und Außenseite sind je zwei Schichten angeordnet, die über beide Bereiche homogen verlaufen:

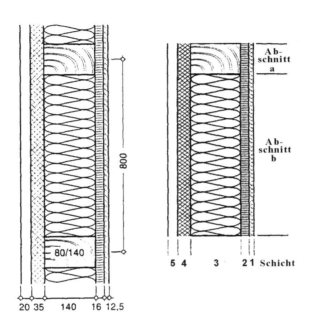

Bild 1.04. Aufbau der Außenwandkonstruktion und Aufteilung der Abschnitte und Schichten.

Gipskarton-Bauplatte	(Schicht 1, λ = 0,21 W/(mK))
Spanplatte	(Schicht 2, λ = 0,13 W/(mK))
Holzwolle-Leichtbauplatte	(Schicht 4, λ = 0,093 W/(mK))
Außenputz	(Schicht 5, λ = 0,87 W/(mK))

Die Schichtdicken und Bereichsbreiten sind **Bild 1.04** zu entnehmen. Die Flächenanteile ergeben sich über Achsmaß und Sparrenbreite

f_a = 8/80 = 1/10   Abschnitt a (Holz)
f_b = 72/80 = 9/10   Abschnitt b (Dämmstoff)

Berechnungen:

Der obere Grenzwert R_T' ergibt sich aus

$$R_{Ta} = R_{si} + R_{a1} + R_{a2} + R_{a3} + R_{a4} + R_{a5} + R_{se}$$
$$= 0{,}13 + \frac{0{,}0125}{0{,}21} + \frac{0{,}016}{0{,}13} + \frac{0{,}140}{0{,}13} + \frac{0{,}035}{0{,}093} + \frac{0{,}020}{0{,}87} + 0{,}04$$
$$= 1{,}83 \text{ m}^2\text{K/W}$$

$$R_{Tb} = R_{si} + R_{b1} + R_{b2} + R_{b3} + R_{b4} + R_{b5} + R_{se}$$
$$= 0{,}13 + \frac{0{,}0125}{0{,}21} + \frac{0{,}016}{0{,}13} + \frac{0{,}140}{0{,}04} + \frac{0{,}035}{0{,}093} + \frac{0{,}020}{0{,}87} + 0{,}04$$
$$= 4{,}25 \text{ m}^2\text{K/W}$$

$$1/R_T' = f_a/R_{Ta} + f_b/R_{Tb} = \frac{1/10}{1{,}83} + \frac{9/10}{4{,}25} = 0{,}27 \text{ W/(m}^2\text{K)}$$
$$R_T' = 1/0{,}27 = 3{,}75 \text{ m}^2\text{K/W}$$

Der untere Grenzwert R_T'' ergibt sich aus

$$1/R_1 = f_a/R_{a1} + f_b/R_{b1} =$$
$$= \frac{1/10}{0{,}0125/0{,}21} + \frac{9/10}{0{,}0125/0{,}21} = \frac{1}{0{,}0125/0{,}21} = \frac{0{,}21}{0{,}0125} =$$
$$= 16{,}80 \text{ W/(m}^2\text{K)}$$

$$1/R_2 = f_a/R_{a2} + f_b/R_{b2} =$$
$$= \frac{1/10}{0{,}016/0{,}13} + \frac{9/10}{0{,}016/0{,}13} = \frac{1}{0{,}016/0{,}13} = \frac{0{,}13}{0{,}016} =$$
$$= 8{,}13 \text{ W/(m}^2\text{K)}$$

$$1/R_3 = f_a/R_{a3} + f_b/R_{b3} = \frac{1/10}{0{,}140/0{,}13} + \frac{9/10}{0{,}140/0{,}04} = 0{,}35 \text{ W/(m}^2\text{K)}$$

$$1/R_4 = f_a/R_{a4} + f_b/R_{b4} =$$
$$= \frac{1/10}{0{,}035/0{,}093} + \frac{9/10}{0{,}035/0{,}093} = \frac{1}{0{,}035/0{,}093} = \frac{0{,}093}{0{,}035} =$$
$$= 2{,}66 \text{ W/(m}^2\text{K)}$$

$$1/R_5 = f_a/R_{a5} + f_b/R_{b5} =$$
$$= \frac{1/10}{0,020/0,87} + \frac{9/10}{0,020/0,87} = \frac{1}{0,020/0,87} = \frac{0,87}{0,020} =$$
$$= 43,50 \text{ W/(m}^2\text{K)}$$

$$R_T{''} = R_{si} + R_1 + R_2 + R_3 + R_4 + R_5 + R_{se}$$
$$= 0,13 + \frac{1}{16,8} + \frac{1}{8,13} + \frac{1}{0,35} + \frac{1}{2,66} + \frac{1}{43,5} + 0,04$$
$$= 3,61 \text{ m}^2\text{K/W}$$

Der Wärmedurchgangswiderstand und der Wärmedurchgangskoeffizient berechnen sich wie folgt:

$$R_T = (R_T{'} + R_T{''})/2 = (3,75 + 3,61)/2 = 3,68 \text{ m}^2\text{K/W}$$

$$U = 1/R_T = 1/3,68 = 0,27 \text{ W/(m}^2\text{K)}$$

Die Berechnung gemäß DIN 4108-5 ergibt im betrachteten Fall ebenfalls einen Wert von 0,27 W/(m²K), welcher dem Kehrwert des oberen Grenzwertes $1/R_T$' entspricht.
Die Berücksichtigung des Sparrenbereiches als Wärmebrücke stellt eine detaillierte Betrachtungsmöglichkeit des Bauteils dar. Hierbei kann aus Nachschlagewerken (vgl. **Kap. 1.12**) der über zweidimensionale Berechnungen bestimmte Wärmebrückenverlustkoeffizient ψ des Regelquerschnittes entnommen werden. Unter Berücksichtigung des Wärmedurchgangskoeffizienten des ungestörten Bereiches (Gefach) und des Achsmaßes a ergibt sich ein mittlerer Wärmedurchgangskoeffizient von

$$U_m = U_{Gefach} + \psi/a = 0,24 + 0,027/0,8 = 0,269 \text{ W/(m}^2\text{K)}$$

Werden bei den durch die Näherungsansätze der DIN EN ISO 6946 und der DIN 4108-5, bestimmten U-Werten weitere Stellen nach dem Komma berücksichtigt, so zeigt sich, dass der mittlere U-Wert mit 0,266 W/(m²K) geringfügig günstiger, der nach o.g. Berechnungsansatz ermittelte U-Wert mit 0,272 W/(m²K) geringfügig ungünstiger und damit auf der sicheren Seite liegt. Angesichts der dargestellten Abweichungen und des Rechenaufwandes ist die Sinnhaftigkeit des neuen Rechenansatzes gemäß DIN EN ISO 6946 zu hinterfragen [3].

Der maximale relative Fehler in Prozent beträgt:

$$e = \frac{3,75\text{m}^2\text{K}/\text{W} - 3,61\text{m}^2\text{K}/\text{W}}{2 \cdot 3,68\text{m}^2\text{K}/\text{W}} \cdot 100 = 1,90.$$

Das Beispiel zeigt ein völliges Durcheinander bei der Berechnung des Wärmedurchgangswiderstandes eines Bauteils aus homogenen und inhomogenen Schichten. Es werden „Abschnitte", „Schichten" und „Bereiche" definiert, obere und untere Grenzwerte berechnet. Der endgültige Wärmedurchgangswiderstand wird dann durch das arithmetische Mittel gefunden. Ein Ergebnis völlig losgelöst von den Anforderungen, Notwendigkeiten und Möglichkeiten der Praxis [3]. Zusätzlich ist eine Fehlerabschätzung notwendig. Bei der Darstellung des relativen Fehlers wird die prozentuale Fehlerabweichung noch halbiert. Der absolute Fehler als Differenz (Zähler) muss auf den „wahren" Wert und nicht auf den doppelten Wert bezogen werden.

Anwendungsbeispiel: Nicht belüfteter Spitzboden

Bei diesen Dachflächen kann man davon ausgehen, dass zur Sicherung der Winddichtigkeit im Bereich des Spitzbodens entweder eine Schalung oder eine Unterspannbahn vorhanden ist. Die Be- und Entlüftungsmechanismen sind daher in der wärmetechnischen Spezifizierung zu berücksichtigen. Darüber hinaus muss man bei der wärmetechnischen Beurteilung solcher Dachräume zwischen folgenden Einbausituationen unterscheiden:
- Dämmung der Dachschrägen im Bereich des Spitzbodens;
- Dämmung im Bereich der Kehlbalkenlage, keine Dämmung der Dachschräge im Bereich des Spitzbodens;
- in beiden Fällen ist zusätzlich zu differenzieren zwischen einer lichten Höhe h ≤ 0,30 m und h > 0,30 m im Bereich des Spitzbodens.

Als lichte Höhe h im Spitzboden gilt das Maß zwischen Oberkante Kehlbalkenlage bzw. Oberkante einer darauf aufliegenden Wärmedämmung und der Unterkante der Sparren des Daches. Die wärmeübertragende Fläche bildet in allen Fällen die Ebene der Kehlbalkenlage und nicht der Dachschräge.

Bei Dächern mit einer lichten Höhe im Bereich des Spitzbodens von h ≤ 0,30 m wird der vorhandene Luftraum als Luftschicht eingestuft. Bei der Bestimmung des zugehörigen Wärmedurchlasswiderstandes ist außerdem zu unterscheiden, ob die Wärmedämmung im Bereich des Spitzbodens bis zum First oder nur bis zur Kehlbalkenlage ausgeführt wird:

– Bei einem vollgedämmten Dach gehen in die Berechnung des Wärmedurchlasswiderstandes R_T der Kehlbalkenlage als wärmeübertragende Fläche die Wärmedurchlasswiderstände folgender Bauteile ein:

- R_1 der Dachdecke zwischen dem beheizten Innenraum und dem Spitzboden,
- R_L der Luftschicht im Bereich des Spitzbodens und
- R_2 der Dachfläche zwischen Spitzboden und Außenluft.

Aufgrund der erforderlichen Konstruktion des Daches im Bereich des Spitzbodens kann die eingeschlossene Luftschicht als ruhend eingestuft werden; die Werte des Wärmedurchlasswiderstandes R_L sind DIN 4108-2 zu entnehmen. Da DIN EN ISO 6946 keine Aussage darüber macht, welche äquivalente Luftschichtdicke d der Höhe h des Spitzbodens zuzuweisen ist, wird vorgeschlagen [2], als korrespondierende Dicke d die Hälfte der lichten Höhe h anzusetzen, d.h. es gilt: d = h/2.

Der Wärmedurchlasswiderstand des Trennbauteils zwischen beheiztem Innenraum und der Außenluft wird wie folgt ermittelt:

$$R_T = R_{si} + R_1 + R_L + R_2 + R_{se}$$

Bauteil	Wärmeübergangs- widerstand innen R_{si} [m²K/W]	Wärmeübergangs- widerstand außen R_{se} [m²K/W]
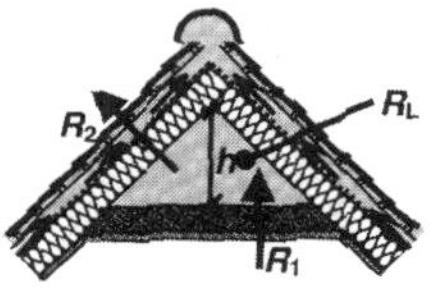	0,10	0,04

Bild 1.05. Dach mit Wärmedämmung im Bereich der Dachfläche des Spitzbodens.

– Endet die Dämmung der Dachflächen in Höhe der Kehlbalkenlage und werden regensichernde Maßnahmen über den First hinweggezogen, kann man davon ausgehen, dass die im Bereich des Spitzbodens eingeschlossene Luft zur Wärmedämmung beiträgt [2]. Der Wärmedurch-

lasswiderstand R_u dieser Luftschicht kann gemäß DIN EN ISO 6946 für ausgewählte Konstruktionen entnommen werden.
Der Wärmedurchgangswiderstand R_T der Kehlbalkendecke als wärmeübertragender Fläche wird wie folgt berechnet:

$$R_T = R_{si} + R_1 + R_u + R_{se}$$

Falls unter der Deckung im Bereich des Spitzbodens keine zusätzlichen Maßnahmen ausgeführt werden, enden die thermisch wirksamen Schichten mit der Oberkante der Wärmedämmung der Kehlbalkenlage und es gilt: $R_u = 0$.

Bei einer lichten Höhe h im Bereich des Spitzbodens von mehr als 0,30 m kann der vorhandene Luftraum nicht mehr als ruhende Luftschicht eingestuft werden. Durch die thermisch bedingten Luftbewegungen in diesem Raum kommt es zu einem Wärmeaustausch durch Konvektion, so dass die Wärmeströme durch die Begrenzungsbauteile und die Lüftungswärmeverluste aus diesem Raum nach außen in die Berechnung der Wärmeverluste einzubeziehen sind [2]. Die vereinfachten Ansätze nach DIN EN ISO 6946 haben somit keine Gültigkeit mehr. Statt dessen sind die spezifischen Wärmeverluste nach DIN EN ISO 13 789 zu ermitteln. Der spezifische Transmissionswärmelustkoeffizient H_U zwischen dem beheizten Innenraum und der Außenluft über den unbeheizten Spitzboden wird wie folgt berechnet:

$$H_U = L_{iu} \cdot b$$

Bauteil	Wärmeübergangs-widerstand innen R_{si} [m²K/W]	Wärmeübergangs-widerstand außen R_{se} [m²K/W]
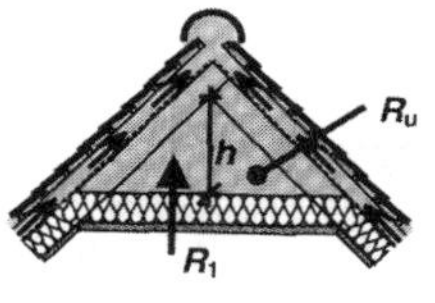	0,10	0,04

Bild 1.06. Dach mit Wärmedämmung im Bereich der Kehlbalkenlage.

Dabei ist L_{iu} der Leitwert zwischen dem beheizten Innenraum und dem unbeheizten Spitzboden und kann bei Vernachlässigung von Wärmebrücken nach folgender Gleichung bestimmt werden:

$$L_{iu} = \sum_i A_{iu} \cdot U_{iu}$$

$$U_{iu} = \frac{1}{R_T}$$

Dabei ist: A_{iu} die Fläche des Trennbauteils zwischen dem beheizten Innenraum und dem unbeheizten Spitzboden, d.h. die Fläche der Kehlbalkendecke über Außenmaße,

U_{iu} der Wärmedurchgangskoeffizient des Trennbauteils,

R_T der Wärmedurchgangswiderstand nach obiger Gleichung.

Mit dem Reduktionsfaktor b werden die verminderten Wärmeverluste über die Kehlbalkendecke und den unbeheizten Spitzboden nach außen berücksichtigt. b wird dabei wie folgt berechnet:

$$b = \frac{H_{ue}}{H_{iu} + H_{ue}}$$

mit

H_{iu} spezifischer Transmissionswärmeverlustkoeffizient zwischen dem beheizten Raum und dem unbeheizten Spitzboden;

H_{ue} spezifischer Transmissionswärmeverlustkoeffizient zwischen dem unbeheizten Spitzboden und der Außenluft.

Die spezifischen Transmissionswärmeverluste berücksichtigen sowohl Transmissionswärme- als auch Lüftungswärmeverluste und werden wie folgt ermittelt:

$$H_{iu} = L_{iu} + H_{V,iu}$$
$$H_{ue} = L_{ue} + H_{V,ue}$$

Die Leitwerte beziehen sich jeweils auf das korrespondierende Bauteil, d.h. L_{iu} auf die Kehlbalkendecke und L_{ue} auf das Dach im Bereich des Spitzbodens. Die zugehörigen Lüftungswärmeverluste erhält man durch Anwendung folgender Gleichungen:

$$H_{V,iu} = \rho \cdot c \cdot \dot{V}_{iu}$$

$$H_{V, ue} = \rho \cdot c \cdot \dot{V}_{ue}$$

Dabei symbolisiert $\dot{V}_{iu}$ den Luftvolumenstrom zwischen dem beheizten Raum und dem unbeheizten Spitzboden, $\dot{V}_{ue}$ den Luftvolumenstrom zwischen dem unbeheizten Spitzboden und der Außenluft. Außerdem kann das Produkt aus der Dichte der Luft ρ und ihrer spezifischen Wärmekapazität c mit dem Faktor 0,34 abgeschätzt werden.

Für die Bestimmung der Luftvolumenströme gilt:

$$\dot{V}_{iu} = V_i \cdot n_{iu}$$
$$\dot{V}_{ue} = V_u \cdot n_{ue}$$

mit V_i als Luftvolumen im zugehörigen beheizten Bereich und V_u als Luftvolumen im unbeheizten Spitzboden.

Um die Wärmeverluste aus dem beheizten Innenraum über den Spitzboden nach außen nicht zu unterschätzen, werden im unbeheizten Dachraum folgende Randbedingungen angesetzt:

Innentemperatur: $\Theta_u = 0°C$
Luftgeschwindigkeit: $V_u = 4$ m/s

Hieraus ergeben sich für die Berechnung der Wärmedurchgangskoeffizienten U_{iu} und U_{ue} folgende Wärmeübergangswiderstände:

Tabelle 1.04. Erforderliche Wärmeübergangswiderstände im unbeheizten Dachraum.

zu ermittelnder Wärmedurchgangs-koeffizient [W/(m²K)]	Wärmeübergangswiderstand	
	innen R_{si} [m²K/W]	außen R_{se} [m²K/W]
U_{iu}	0,10	0,04
U_{ue}	0,04	0,04

Außerdem kann man davon ausgehen, dass im Bereich der Kehlbalkendecke eine luft- und diffusionsdichte Schicht vorhanden ist und daher kein Luftaustausch zwischen dem beheizten Innenraum und dem Spitzboden stattfindet. Der Luftwechsel zwischen beiden Räume beträgt damit $n_{iu} = 0$ und für den zugehörigen Luftvolumenstrom: $\dot{V}_{iu} = 0$. Die Luftwechselrate zwischen Spitzboden und Außenluft n_{ue} ist in Abhängigkeit von der Dachkonstruktion **Tabelle 1.05** zu entnehmen:

Tabelle 1.05. Luftwechsel aus dem unbeheizten Dachraum nach außen.

Beschreibung der Dachkonstruktion im Bereich des Spitzbodens	Luftwechsel n_{ue} $[h^{-1}]$
Keine Öffnungen in Giebelwänden bzw. Dachflächen; Dachkonstruktion mit Schalung bzw. Dachbahn	1
Große Öffnungen in Giebelwänden oder Dachflächen, z.B. offene Gauben	10
Alle sonstigen Fälle	5

Anwendungsbeispiel: Dächer mit einer Neigung $\alpha < 5°$

Als Dächer mit Abdichtungen gelten nach DIN 4108-3 Dächer mit einer Neigung $\alpha < 5°$. Da diese Norm im Gegensatz zu ihren Vorgängerversionen, keine Angaben zu erforderlichen Lüftungsquerschnitten macht, kann bei vorhandenen Luftschichten auch keine Einstufung des Wärmedurchlasswiderstandes R in Abhängigkeit von Zu- und Abluftöffnungen vorgenommen werden. Die Wärmedurchlasswiderstände von Luftschichten sind daher so zu wählen, dass die Berechnung von Energieverlusten über das Bauteil zu „sicheren Ergebnissen", d.h. zu hohen U-Werten und damit zu hohen Energieverbräuchen führt. Die so bestimmten Wärmedurchlasswiderstände der Luftschichten sind allerdings nicht auf andere Anwendungszwecke, wie z.B. die Berechnung minimaler Oberflächentemperaturen oder feuchteschutztechnische Berechnungen, übertragbar [2].

Falls bei Dächern mit einer Neigung $\alpha < 5°$ Zu- und Abluftöffnungen geplant und ausgeführt werden, ist im Rahmen von Wärmeverlustberechnungen von der Annahme auszugehen, dass es sich um stark hinterlüftete Konstruktionen handelt. Die wärmetechnisch relevanten Bauteile enden mit der Grenzschicht zum Luftspalt, die Wärmeübergangswiderstände sind **Bild 1.07** zu entnehmen.

Bauteil	Wärmeübergangs-widerstand innen R_{si} $[m^2K/W]$	Wärmeübergangs-widerstand außen R_{se} $[m^2K/W]$
	0,10	0,10

Bild 1.07. Flachdach mit wärmegedämmter Dachschräge.

Bei Dächern mit Abdichtungen, bei denen die Dachdecke wärmegedämmt wird, liegen folgende Wärmeübergangswiderstände vor [2]:

Bauteil	Wärmeübergangs-widerstand innen R_{si} $[m^2K/W]$	Wärmeübergangs-widerstand außen R_{se} $[m^2K/W]$
	0,10	0,10

Bild 1.08. Flachdach mit wärmegedämmter Dachdecke.

Für Dächer ohne Zu- und Abluftöffnungen bzw. mit Querschnitten A < 500 mm²/m² kann man davon ausgehen, dass die Luft im Spalt als ruhende Luftschicht einzustufen ist. Für Luftschichten mit parallelen Begrenzungsflächen, könne die zugehörigen Wärmedurchlasswiderstände und die Wärmeübergangswiderstände DIN EN ISO 6946 entnommen werden. Wird dagegen ein Dachraum als Luftschicht eingestuft, ist der R_u-Wert entweder in der Norm aufgeführt oder er kann berechnet werden. In diesem Fall gilt für die Wärmeübergangswiderstände das folgende **Bild 1.09**. Auch hier sind die getroffenen Annahmen nicht auf feuchteschutztechnische Berechnungen nach DIN 4108-3 anwendbar.

Bauteil	Wärmeübergangs-widerstand innen R_{si} [m²K/W]	Wärmeübergangs-widerstand außen R_{se} [m²K/W]
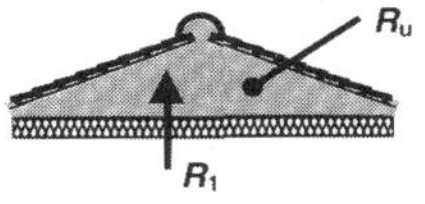	0,10	0,04

Bild 1.09. Flachdach ohne Öffnungen.

Anwendungsbeispiel: Belüftete wärmegedämmte Dächer im flächigen Bereich mit einer Neigung $\alpha \geq 5°$.

Gemäß den Regeln der Technik, die die erforderlichen Lüftungsöffnungen dieser Dachform bestimmen, d.h. nach DIN 4108-3 ist bei wärmegedämmten Steil- und Pultdächern an Traufe und Pultdachabschluss ein Lüftungsquerschnitt von 200 cm² je m Sparrenlänge, mindestens jedoch 2‰ der zugehörigen Dachfläche, und im Bereich des Firstes mindestens 0,5‰ der zugehörigen Dachfläche anzusetzen. Da nach DIN EN ISO 6946 der Wärmeübergangswiderstand und der Bezug zur Einstufung des betrachteten Lüftungsquerschnittes auch von der Dachneigung abhängig sind, müssen die nach den Regeln der Technik erforderlichen Flächen zunächst auf das entsprechende Bezugsmaß umgerechnet werden. Als Breite eines Bezugsfeldes wurde jeweils ein Meter angesetzt.

Tabelle 1.06. Erforderliche Lüftungsquerschnitte bei Dächern.

Sparrenlänge L [m]	Dachfläche A [m²]	erf. Lüftungsquerschnitt nach DIN 4108-3 bzw. nach den Fachschriften des Dachdeckerhandwerks				
		Traufe A_{Traufe} [mm²]	First A_{First} [mm²]	Gesamt A_{Gesamt} [mm²]	Längenbezogen [mm²/m]	Flächenbezogen [mm²/m]
5	5	20 000	5 000	25 000	5 000	5 000
10	10	20 000	5 000	25 000	2 500	2 500
15	15	30 000	7 500	37 500	2 500	2 500
20	20	40 000	10 000	50 000	2 500	2 500

Wie die Zusammenstellung in der **Tabelle 1.06** [2] zeigt, sind die gemäß den Regeln der Technik erforderlichen Lüftungsöffnungen für belüftete Dächer unabhängig von der Sparrenlänge für Dächer mit einer Neigung $5° \leq \alpha \leq 60°$ immer größer als 2 500 mm² je m² Dachfläche bzw. für belüftete Dächer mit einer Neigung $\alpha > 60°$ immer größer als 3 000 mm² je m Sparrenlänge. Diese Konstruktionen müssen daher als stark belüftete Bauteile eingestuft werden, **Bild 1.10** [2].

Bauteil	Wärmeübergangs-widerstand innen R_{si} [m²K/W]	Wärmeübergangs-widerstand außen R_{se} [m²K/W]
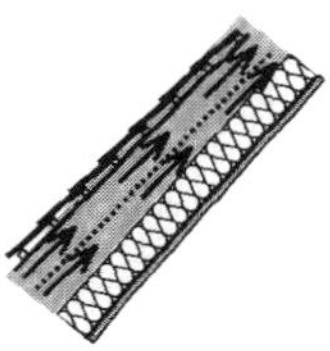	0,10 (für $\alpha \leq 60°$) 0,13 (für $\alpha > 60°$)	0,10 (für $\alpha \leq 60°$) 0,13 (für $\alpha > 60°$)

Bild 1.10. Belüftetes Dach.

Anwendungsbeispiel: Nicht belüftete wärmegedämmte Dächer im flächigen Bereich mit einer Neigung $\alpha > 5°$.

Falls bei der Planung des Daches die Empfehlungen des Merkblatts für das Dachdeckerhandwerk umgesetzt werden und zwischen der Unterspannbahn und der Dacheindeckung eine geplante Lüftung mit einem Lüftungsquerschnitt nach DIN 4108-3 eingebaut wird, liegt im Spalt eine laminare Strömung vor. Diese wird auch durch die Störungen aus Querströmungen über die Ziegeleindeckung nicht beeinflusst, so dass eine starke Belüftung vorhanden ist, **Bild 1.11** [2].

Bauteil	Wärmeübergangs-widerstand innen R_{si} [m²K/W]	Wärmeübergangs-widerstand außen R_{se} [m²K/W]
	0,10 (für $\alpha \leq 60°$)	0,10 (für $\alpha \leq 60°$)
	0,13 (für $\alpha > 60°$)	0,13 (für $\alpha > 60°$)

Bild 1.11. Nicht belüftetes Dach mit belüfteter Deckung.

Liegt keine geplante Lüftung vor, d.h. die Belüftung zwischen der Dacheindeckung und der Unterdeckbahn erfolgt nur durch eine Querströmung über die Ziegeleindeckung, ist keine laminare Strömung, sondern nur ein unkontrollierter Luftaustausch gegeben. DIN EN ISO 6946 Abschnitt 5.3 kommt daher nicht zum Tragen und die wärmetechnisch wirksamen Schichten enden mit der Unterdeckbahn [2].

Bauteil	Wärmeübergangs-widerstand innen R_{si} [m²K/W]	Wärmeübergangs-widerstand außen R_{se} [m²K/W]
	0,10 (für $\alpha \leq 60°$)	0,04
	0,13 (für $\alpha > 60°$)	

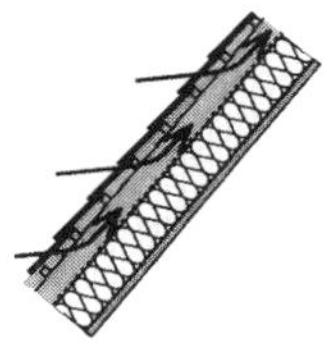

Bild 1.12. Nicht belüftetes Dach mit belüfteter Deckung ohne geplante Zu- und Abluftöffnungen.

Bei nicht belüfteten Dächern, **Bild 1.12** und **1.13** mit nicht belüfteter Eindeckung, d.h. bei Dächern ohne geplante Zu- und Abluftöffnung ist die Luftschicht als ruhend einzustufen. Diese Einstufung ist auch dann vorzunehmen, wenn vorhandene Zu- und Abluftöffnungen eine Fläche A ≤ 500 mm²/m² aufweisen.

Bei einer Fläche A der Lüftungsöffnungen von 500 < A ≤ 1500 mm²/m² liegt eine schwach belüftete Luftschicht vor. Der Wärmedurchlasswiderstand beträgt die Hälfte der Werte für ruhende Luftschichten.

Bauteil	Wärmeübergangs-widerstand innen R_{si} [m²K/W]	Wärmeübergangs-widerstand außen R_{se} [m²K/W]
	0,10 (für $\alpha \leq 60°$) 0,13 (für $\alpha > 60°$)	0,04

Bild 1.13. Nicht belüftetes Steildach mit Schalung.

Anwendungsbeispiel: Keilförmige Schichten

Am Beispiel einer Dachterrasse (Gefälledachsystem), bestehend aus zwei rechteckigen Flächen gleicher Größe und gleicher Schichtenfolge (Wärmeleitfähigkeiten und Schichthöhen) soll der Rechengang für keilförmige Schichten verdeutlicht werden. Der Wärmedurchgangskoeffizient ist durch das Integral über die Fläche des Daches definiert. Die Berechnung ist nach DIN EN ISO 6946 Abschnitt C.2 durchzuführen. Danach gilt für den Fall einer rechteckigen Fläche zur Ermittlung von U:

$$U = \left(\frac{1}{R_1}\right) \ln\left[1 + \left(\frac{R_1}{R_0}\right)\right] \text{ in W/(m}^2\text{K)}$$

Dabei bedeuten:

R_1 maximaler Wärmedurchlasswiderstand der keilförmigen Schicht

R_0 Bemessungswert des Wärmedurchgangswiderstandes des restlichen Teiles, einschließlich der Wärmeübergangswiderstände auf beiden Seiten des Bauteils.

Die beiden Längsseiten der Rechtecke stoßen mit der kleinsten Wärmedämmschichtdicke in der Mitte aneinander (Mittelrinne). Die Dicke der Wärmedämmschicht am höchsten Punkt beträgt d = 0,12 m, am tiefsten Punkt d = 0,06 m. Dämmstoff λ = 0,04 W/(mK). Die Wärmedämmschicht befindet sich auf einer 0,18 m dicken Stahlbetondecke; auf der Oberseite ist die Feuchtigkeitssperre. Die Neigung der Wärmedämmschicht soll 5% nicht überschreiten.

$$R_1 = \frac{d_1}{\lambda_1} = \frac{0,06}{0,04} \ \text{m}^2\text{K/W} = 1,500 \ \text{m}^2\text{K/W}$$

$$R_0 = R_{si} + R_1 + R_2 + \ldots + R_n + R_{se}$$

$$= \left(0,10 + \frac{0,18}{2,10} + \frac{0,06}{0,04} + 0,04 \right) \text{m}^2\text{K/W} = 1,730 \ \text{m}^2\text{K/W}$$

$$U = \left(\frac{1}{1,500} \right) \ln \left[1 + \frac{1,500}{1,730} \right] = 0,417 \ \text{W/(m}^2\text{K)}$$

Die Berechnung des Wärmedurchgangskoeffizienten für eine mittlere Dämmschichtdicke d = $\frac{12+6}{2}$ cm = 9 cm entspr. 0,09 m hätte einen Wert von U = 0,399 W/(m²K) ergeben.

Anwendungsbeispiel: Sparrendachdämmung mit Luftschichten

Die folgenden drei Beispiele [4] zeigen den grundsätzlich ähnlichen Aufbau eines Daches mit Sparren aber mit sehr unterschiedlichen Luftschichten, Beispiel 1 eine ruhende Luftschicht, Beispiel 2 eine schwach belüftete Luftschicht und Beispiel 3 die Konstruktion mit stark belüfteter Luftschicht.

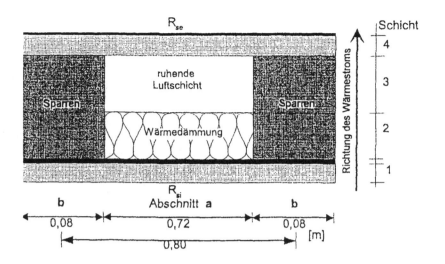

Bild 1.14. Beispiel 1. Konstruktion mit ruhender Luftschicht.

Beispiel 1: Materialkennwerte

Schicht	Material	Dicke d (m)	λ (W/mK)
1	Deckenverkleidung	0,02	0,21
2	Wärmedämmung	0,07	0,035
	Sparren	0,07	0,20
3	Ruhende Luftschicht	0,07	0,43*
	Sparren	0,07	0,20
4	Dachplatte	0,02	0,15

* mit $R_g = 0,16 = 0,07/\lambda_{a3}$

Berechnungstabelle zu Beispiel 1

Schicht	Dicke m	abschnittsweise Berechnung der Wärmedurchgangswiderstände			schichtweise Berechnung der Wärmedurchgangswiderstände	
		Abschnitt a $f_a = 0{,}9$	Abschnitt b $f_b = 0{,}1$	Einheit	Wärmeleitfähigkeit/Wärmedurchgangswiderstand der Schichten	Einheit
		Wärmeleitfähigkeit/Wärmedurchgangswiderstand				
innere Übergangsschicht		$h_{i,a} = 10$	$h_{i,b} = 10$	$W/(m^2K)$	$h_i = 10$	$W/(m^2K)$
		$R_{si,a} = 0{,}1$	$R_{si,b} = 0{,}1$	m^2K/W	$R_{si} = 0{,}1$	m^2K/W
1	0,02	$\lambda_{a,1} = 0{,}21$	$\lambda_{b,1} = 0{,}21$	$W/(mK)$	$\lambda_1{}'' = 0{,}21$	$W/(mK)$
		$R_{a,1} = 0{,}095$	$R_{b,1} = 0{,}095$	m^2K/W	$R_1 = 0{,}095$	m^2K/W
2	0,07	$\lambda_{a,2} = 0{,}035$	$\lambda_{b,2} = 0{,}20$	$W/(mK)$	$\lambda_2{}'' = 0{,}0515$	$W/(mK)$
		$R_{a,2} = 2{,}00$	$R_{b,2} = 0{,}35$	m^2K/W	$R_2 = 1{,}36$	m^2K/W
3	0,07	$\lambda_{a,3} = 0{,}43$	$\lambda_{b,3} = 0{,}20$	$W/(mK)$	$\lambda_3{}'' = 0{,}407$	$W/(mK)$
		$R_{a,3} = 0{,}16$	$R_{b,3} = 0{,}35$	m^2K/W	$R_3 = 0{,}172$	m^2K/W
4	0,02	$\lambda_{a,4} = 0{,}15$	$\lambda_{b,4} = 0{,}15$	$W/(mK)$	$\lambda_4{}'' = 0{,}15$	$W/(mK)$
		$R_{a,4} = 0{,}13$	$R_{b,4} = 0{,}13$	m^2K/W	$R_4 = 0{,}13$	m^2K/W
äußere Übergangsschicht		$h_{e,a} = 25$	$h_{e,b} = 25$	$W/(m^2K)$	$h_e = 25$	$W/(m^2K)$
		$R_{se,a} = 0{,}04$	$R_{se,b} = 0{,}04$	m^2K/W	$R_{se} = 0{,}04$	m^2K/W
Summe der Teilwiderstände der Abschnitte		$R_{Ta} = 2{,}53$	$R_{Tb} = 1{,}07$	m^2K/W	Summe der mittleren Wärmedurchlasswiderstände der Schichten	
		$f_a/R_{Ta} = 0{,}356$	$f_b/R_{Tb} = 0{,}093$	$W/(m^2K)$		
oberer Grenzwert		$R_T{}' = 2{,}23$		m^2K/W		
unterer Grenzwert					$R_T{}'' = 1{,}9$	m^2K/W
Wärmedurchgangswiderstand der Konstruktion					$R_T = (R_T{}' + R_T{}'')/2 = 2{,}06$	m^2K/W
Wärmedurchgangskoeffizient der Konstruktion					$1/R_T = 1/2{,}06\ W/(m^2K)\ U = 0{,}48$	$W/(m^2K)$

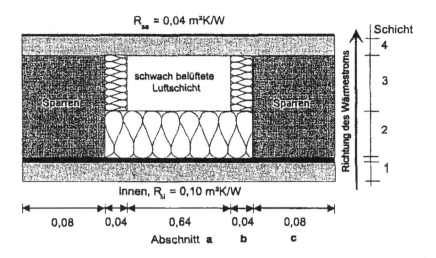

Bild 1.15. Beispiel 2. Konstruktion mit schwach belüfteter Luftschicht und seitlicher Wärmedämmung.

Beispiel 2: Materialkennwerte

Schicht	Material	Dicke d (m)	λ (W/mK)
1	Deckenverkleidung	0,02	0,21
2	Wärmedämmung	0,07	
	Sparren		0,20
3	Schwach belüftete Luftschicht	0,07	0,875*
	Seitl. Wärmedämmung		0,035
	Sparren		0,20
4	Dachplatte	0,02	0,15

* mit $R_g = 0,16 / 2 = 0,07/\lambda_{a3}$

Berechnungstabelle zu Beispiel 2

		abschnittsweise Berechnung der Wärmedurchgangswiderstände				schichtweise Berechnung der Wärmedurchgangswiderstände	
		Abschnitt a	Abschnitt b	Abschnitt c	Einheit	Wärmeleitfähigkeit/ Wärmedurchgangswiderstand der Schichten	
Schicht	Dicke	$f_a = 0,9$	$f_b = 0,1$	$f_c = 0,1$			
	m	Wärmeleitfähigkeit/Wärmedurchgangswiderstand					Einheit
innere Übergangsschicht		$h_{i,a} = 10$	$h_{i,b} = 10$	$h_{i,c} = 10$	W/(m²K)	$h_i = 10$	W/(m²K)
		$R_{si,\,a} = 0,1$	$R_{si,\,b} = 0,1$	$R_{si,\,c} = 0,1$	m²K/W	$R_{si} = 0,1$	m²K/W
1	0,02	$\lambda_{a,1} = 0,21$	$\lambda_{b,1} = 0,21$	$\lambda_{c,1} = 0,21$	W/(mK)	$\lambda_1'' = 0,21$	W/(mK)
		$R_{a,1} = 0,095$	$R_{b,1} = 0,095$	$R_{c,1} = 0,095$	m²K/W	$R_1 = 0,095$	m²K/W
2	0,07	$\lambda_{a,2} = 2$	$\lambda_{b,2} = 0,035$	$\lambda_{c,2} = 0,20$	W/(mK)	$\lambda_2'' = 0,0515$	W/(mK)
		$R_{a,2} = 0,035$	$R_{b,2} = 2$	$R_{c,2} = 0,35$	m²K/W	$R_2 = 1,36$	m²K/W
3	0,07	$\lambda_{a,3} = 0,08$	$\lambda_{b,3} = 0,035$	$\lambda_{c,3} = 0,20$	W/(mK)	$\lambda_3'' = 0,407$	W/(mK)
		$R_{a,3} = 0,875$	$R_{b,3} = 2$	$R_{c,3} = 0,35$	m²K/W	$R_3 = 0,172$	m²K/W
4	0,02	$\lambda_{a,4} = 0,13$	$\lambda_{b,4} = 0,15$	$\lambda_{c,4} = 0,15$	W/(mK)	$\lambda_4'' = 0,15$	W/(mK)
		$R_{a,4} = 0,15$	$R_{b,4} = 0,13$	$R_{c,4} = 0,13$	m²K/W	$R_4 = 0,13$	m²K/W
äußere Übergangsschicht		$h_{e,a} = 25$	$h_{e,b} = 25$	$h_{e,c} = 25$	W/(m²K)	$h_e = 25$	W/(m²K)
		$R_{se,a} = 25$	$R_{se,b} = 0,04$	$R_{se,c} = 0,04$	m²K/W	$R_{se} = 0,04$	m²K/W
Summe der Teilwiderstände der Abschnitte		$R_{Ta} = 2,45$	$R_{Tb} = 4,37$	$R_{Tc} = 1,07$	m²K/W	Summe der mittleren Wärmedurchlasswiderstände der Schichten	
		$f_a/R_{Ta}=0,327$	$f_b/R_{Tb}=0,023$	$f_c/R_{Tc}=0,093$	W/(m²K)		
oberer Grenzwert		$R_T' = 2,26$			m²K/W		
unterer Grenzwert						$R_T''=1,83$	m²K/W
Wärmedurchgangswiderstand der Konstruktion					$R_T = (R_T' + R_T'')/2 = 2,04$		m²K/W
Wärmedurchgangskoeffizient der Konstruktion $1/R_T = 1/2,04$ W/(m²K)					$U = 0,49$		W/(m²K)

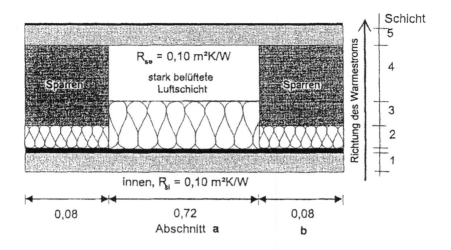

Bild 1.16. Beispiel 3. Konstruktion mit stark belüfteter Luftschicht.

Beispiel 3: Materialkennwerte

Schicht	Material	Dicke d (m)	λ (W/mK)
1	Deckenverkleidung	0,02	0,21
2	Wärmedämmung	0,02	0,035
	unten liegende Wärmedämmung		0,045
3	Wärmedämmung	0,05	0,035
	Sparren		0,20
4	stark belüftete Luftschicht	0,07	-
	Sparren		0,20
5	Dachplatte	0,02	0,15

Berechnungstabelle zu Beispiel 3

Schicht	Dicke	abschnittsweise Berechnung der Wärmedurchgangswiderstände			schichtweise Berechnung der Wärmedurchgangswiderstände	
		Abschnitt a	Abschnitt b	Einheit	Wärmeleitfähigkeit/Wärmedurchgangswiderstand der Schichten	
		$f_a = 0{,}9$	$f_b = 0{,}1$			Einheit
	m	Wärmeleitfähigkeit/Wärmedurchgangswiderstand				
innere Übergangsschicht		$h_{i,a} = 10$	$h_{i,b} = 10$	W/(m²K)	$h_i = 10$	W/(m²K)
		$R_{si,\,a} = 0{,}1$	$R_{si,\,b} = 0{,}1$	m²K/W	$R_{si} = 0{,}1$	m²K/W
1	0,02	$\lambda_{a,1} = 0{,}21$	$\lambda_{b,1} = 0{,}21$	W/(mK)	$\lambda_1'' = 0{,}21$	W/(mK)
		$R_{a,1} = 0{,}095$	$R_{b,1} = 0{,}095$	m²K/W	$R_1 = 0{,}095$	m²K/W
2	0,02	$\lambda_{a,2} = 0{,}035$	$\lambda_{b,2} = 0{,}045$	W/(mK)	$\lambda_2'' = 0{,}036$	W/(mK)
		$R_{a,2} = 0{,}572$	$R_{b,2} = 0{,}444$	m²K/W	$R_2 = 0{,}56$	m²K/W
3	0,05	$\lambda_{a,3} = 0{,}035$	$\lambda_{b,3} = 0{,}20$	W/(mK)	$\lambda_3'' = 0{,}0515$	W/(mK)
		$R_{a,3} = 1{,}429$	$R_{b,3} = 0{,}25$	m²K/W	$R_3 = 0{,}097$	m²K/W
4	0,02	$\lambda_{a,4} = 0{,}15$	$\lambda_{b,4} = 0{,}15$	W/(mK)	$\lambda_4'' = 0{,}15$	W/(mK)
			$R_{b,4} = 0$	m²K/W		m²K/W
5	0,02	$\lambda_{a,5} = 0{,}15$	$\lambda_{b,5} = 0{,}15$	W/(mK)	$\lambda_5'' = 0{,}15$	W/(mK)
			$R_{b,5} = 0$	m²K/W		m²K/W
äußere Übergangsschicht		$h_{e,a} = 25$	$h_{e,b} = 25$	W/(m²K)	$h_e = 25$	W/(m²K)
		$R_{se,\,a} = 0{,}04$	$R_{se,\,b} = 0{,}99$	m²K/W	$R_{se} = 0{,}04$	m²K/W
Summe der Teilwiderstände der Abschnitte		$R_{Ta} = 2{,}30$	$R_{Tb} = 1{,}01$	m²K/W	Summe der mittleren Wärmedurchlasswiderstände der Schichten	
		$f_a/R_{Ta} = 0{,}391$	$f_b/R_{Tb} = 0{,}093$	W/(m²K)		
oberer Grenzwert		$R_T' = 2{,}03$		m²K/W		
unterer Grenzwert					$R_T'' = 1{,}82$	m²K/W
Wärmedurchgangswiderstand der Konstruktion			$R_T = (R_T' + R_T'')/2 = 1{,}93$			m²K/W
Wärmedurchgangskoeffizient der Konstruktion $1/R_T = 1/1{,}93$ W/(m²K) U = 0,52						W/(m²K)

Ungeklärt bleibt in DIN EN ISO 6946 wie z.B. die Berechnung des U-Wertes für den Fall stark belüftete Luftschicht mit seitlicher Wärmedämmung der Sparren durchzuführen ist. Die Berechnung des unteren Grenzwertes ist für diesen Fall nicht eindeutig, da bei der horizontalen flächenmäßigen Mittelung der Wärmeleitfähigkeiten kein Wert für die stark belüftete Schicht in Ansatz gebracht werden kann, da wärmetechnisch nur der Sparrenbereich berücksichtigt werden darf [4]. Abschließend kann festgehalten werden, dass der Unterschied in der Größe des U-Wertes nach DIN EN ISO 6946 und bisheriger DIN 4108-5 von Fall zu Fall stark variiert. Für die betrachteten Fälle 1 und 3 sind die Unterschiede marginal und stellen dadurch die Berechtigung des neuen Rechenverfahrens in Frage. Bei dem Fall seitliche Sparrendämmung kann die Abweichung zwischen der bisherigen DIN 4108-5 und der neuen DIN EN ISO 6946 aber bis zu 10% betragen. Hier zeigen sich deutlich die Auswirkungen des verbesserten Rechenansatzes und die realitätsnähere Erfassung der Wärmeleitungsprozesse [4].

1.6 Fenster, Fenstertüren, Türen

Übersicht der Kurzzeichen:

U_g	Wärmedurchgangskoeffizienten Glas nach europ. Normen
U_f	Wärmedurchgangskoeffizienten Rahmen nach europ. Normen
U_W	Wärmedurchgangskoeffizienten Fenster nach europ. Normen
U_V	Wärmedurchgangskoeffizienten Glas nach nationalen Normen und Bundesanzeiger
U_R	Wärmedurchgangskoeffizienten Rahmen nach nationalen Normen
U_F	Wärmedurchgangskoeffizienten Fenster nach nationalen Normen
$U_{g,BW}$	Bemessungswert Wärmedurchgangskoeffizient Glas nach DIN 4108-4
$U_{f,BW}$	Bemessungswert Wärmedurchgangskoeffizient Rahmen nach DIN 4108-4
$U_{W,BW}$	Bemessungswert Wärmedurchgangskoeffizient Fenster nach DIN 4108-4
ΔU	Korrekturwert nach DIN 4108-4

Für Fenster, Fenstertüren und Türen erfolgt die Berechnung des U_W-Wertes (Index w: window) nach DIN EN ISO 10 077-1 und -2. Das betrifft z.B. den Randverbund von Fenstern sowie Maueranker und ähnliche mechanische Befestigungsteile in zweischaligen Mauerwerkskonstruktionen und hinterlüfteten Fassaden. Die Flächenanteile für Rahmen und Glas sind nicht festgelegt. Die Verglasung (Index g: glazing) und der Rahmen (Index f: frame) werden flächenanteilig gemittelt. Ein zusätzlicher Term berücksichtigt den Wärmebrückenverlustkoeffizienten ψ und die Umfangslänge der Abstandshalter l der Verglasung. Sind auch opake Füllungen innerhalb der Konstruktion angeordnet, so werden diese mit Fläche und U-Wert sowie mit Umfangslänge und ψ-Wert der Abstandshalter in die Berechnung mit einbezogen (Index p: panel). Es gilt [5] in W/(m²K)

$$U_W = \frac{A_g \cdot U_g + A_f \cdot U_f}{A_g + A_f} + \frac{l_g \cdot \psi_g}{A_g + A_f} = \frac{A_g \cdot U_g + A_f \cdot U_f + l_g \cdot \psi_g}{A_g + A_f}$$

A in m²	Fläche (Area)
l in m	Länge der Abstandshalter (Umfangslänge oder Perimeter)
ψ in W/(mK)	Wärmebrückenverlustkoeffizient bzw. längenbezogener Wärmedurchgangskoeffizient
Index W	Fenster (Window, früher F)
Index f	Rahmen (frame, früher R)
Index g	Verglasung (glazing, früher V)
Index p	opake Füllung (panel)

Bei Verwendung opaker Füllungen ergibt sich U_W nach folgender Gleichung

$$U_W = \frac{A_g \cdot U_g + A_f \cdot U_f + A_p \cdot U_p + l_g \cdot \psi_g + l_p \cdot \psi_p}{A_g + A_f + A_p} \quad \text{in W/(m²K)}$$

Die Definition der jeweiligen Flächen sind im **Bild 1.17** erläutert. Sind die Projektionsflächen des Rahmens innen- und außenseitig unterschiedlich, so ist die größere der beiden Flächen A_f zu verwenden. Neu bei der Berechnung des U-Wertes ist die rechnerische Einbeziehung des Wärmebrückeneinflusses der Abstandshalter, d.h. des längenbezogenen Wärmedurchgangskoeffizienten (nach DIN EN ISO 10211) infolge des kombinierten wärmetechnischen Einflusses von Abstandhalter, Glas und Rahmen, nicht jedoch der Wärmebrückenwirkungen im Bereich der Laibungen und Anschlüsse [5].

Anwendungsbereich der Norm DIN EN ISO 10077-1:

- unterschiedliche Verglasungsmaterialien (Glas oder Kunststoff) und -arten (Einfach- und Mehrfachverglasung)
- Verglasung ohne oder mit Beschichtung (mit geringem Emissionsgrad) und mit Luft- oder anderen Gasfüllungen im Zwischenraum
- unterschiedliche Rahmenmaterialien (Holz, Kunststoff, Metall mit und ohne Wärmedämmung).

Nicht behandelt werden Vorhang- und Glasfassaden, Dachflächenfenster (wegen ihrer komplexen geometrischen Rahmenabschnitte) und belüftete Zwischenräume von Kasten- und Verbundfenster.

Die Verwendung der Bestimmungsgleichung für den U-Wert des Fensters setzt die Kenntnis der Einzelgrößen voraus. Im Anhang der Norm DIN EN ISO 10077-1 werden Richtwerte angegeben. Alternativ zur rechnerischen Ermittlung ist der U_W-Wert auch tabellarisch angegeben, wobei sich durch die Festlegung der dort zugrunde gelegten Randbedingungen Einschränkungen in der Gültigkeit ergeben.

Die Bauregelliste A Teil 1 verweist und definiert u.a. Verfahren zur Ermittlung der Nennwerte der Produkte z.B. des Wärmedurchgangskoeffizienten.

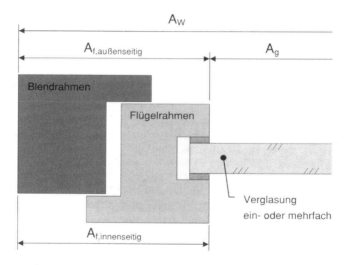

Bild 1.17. Ansatz zur Berechnung des Wärmedurchgangskoeffizienten von Fenstern U_W (Verglasung ein- oder mehrfach).

Die beiden folgenden **Tabellen 1.07** und **1.08** enthalten typische Werte für den Wärmedurchgangskoeffizienten von Fenstern U_W unter Verwendung des Wärmebrückenkoeffizienten (nach DIN EN ISO 10072-1, Anhang E) für einen Flächenanteil des Rahmens von 30%, sowie Rechenwerte für U_W für unterschiedliche Seitenverhältnisse des Fensters ($A_W = 1$ m²) und verschiedene U-Werte für Verglasung, Rahmen und Abstandhalter, Rahmenanteil 30%. Die **Tabelle 1.07** gibt den Geometrieeinfluss auf den rechnerisch ermittelten U-Wert wieder.

Tabelle 1.07. Typische Werte für den Wärmedurchgangskoeffizienten von Fenstern U_W unter Verwendung der Wärmebrückenverlustkoeffizienten für einen Flächenanteil des Rahmens von 30%.

Art der Verglasung		U_W (W/(m²K))								
		U_f (W/(m²K))								
	U_g (W/(m²K))	1,0	1,4	1,8	2,2	2,6	3,0	3,4	3,8	7,0
Einscheiben-verglasung	**5,7**	4,3	4,4	4,5	4,7	4,8	4,9	5,0	5,1	6,1
Zweischeiben-Isolierverglasung	**3,3**	2,7	2,8	2,9	3,1	3,2	3,4	3,5	3,6	4,4
	3,1	2,6	2,7	2,8	2,9	3,1	3,2	3,3	3,5	4,3
	2,9	2,4	2,5	2,7	2,8	3,0	3,1	3,2	3,3	4,1
	2,7	2,3	2,4	2,5	2,6	2,8	2,9	3,1	3,2	4,0
	2,5	2,2	2,3	2,4	2,6	2,7	2,8	3,0	3,1	3,9
	2,3	2,1	2,2	2,3	2,4	2,6	2,7	2,8	2,9	3,8
	2,1	1,9	2,0	2,2	2,3	2,4	2,6	2,7	2,8	3,6
	1,9	1,8	1,9	2,0	2,1	2,3	2,4	2,5	2,7	3,5
	1,7	1,6	1,8	1,9	2,0	2,2	2,3	2,4	2,5	3,3
	1,5	1,5	1,6	1,7	1,9	2,0	2,1	2,3	2,4	3,2
	1,3	1,4	1,5	1,6	1,7	1,9	2,0	2,1	2,2	3,1
	1,1	1,2	1,3	1,5	1,6	1,7	1,9	2,0	2,1	2,9
Dreischeiben-Isolierverglasung	**2,3**	2,0	2,1	2,2	2,4	2,5	2,7	2,8	2,9	3,7
	2,1	1,9	2,0	2,1	2,2	2,4	2,5	2,6	2,8	3,6
	1,9	1,7	1,8	2,0	2,1	2,3	2,4	2,5	2,6	3,4
	1,7	1,6	1,7	1,8	1,9	2,1	2,2	2,4	2,5	3,3
	1,5	1,5	1,6	1,7	1,8	2,0	2,1	2,3	2,4	3,2
	1,3	1,4	1,5	1,6	1,7	1,9	2,0	2,1	2,2	3,1
	1,1	1,2	1,3	1,5	1,6	1,7	1,9	2,0	2,1	2,9
	0,9	1,1	1,2	1,3	1,4	1,6	1,7	1,8	2,0	2,8
	0,7	0,9	1,1	1,2	1,3	1,5	1,6	1,7	1,8	2,6
	0,5	0,8	0,9	1,0	1,2	1,3	1,4	1,6	1,7	2,5

Tabelle 1.08. Rechenwerte für U_W für unterschiedliche Seitenverhältnisse des Fensters ($A_W = 1$ m²) und verschiedene U-Werte für Verglasung, Rahmen und Abstandhalter, Rahmenanteil 30%.

U_g W/(m²K)	U_f W/(m²K)	(k_f) W/(m²K)	U_W (W/(m²K))								
			Wärmebrückenverlustkoeffizient Abstandhalter								
			$\psi = 0,06$ W/(mK)			$\psi = 0,05$ W/(mK)			$\psi = 0,04$ W/(mK)		
			Verhältnis Höhe/Breite ($A_W = 1$ m²)								
			1:1	1:1,5	1:2	1:1	1:1,5	1:2	1:1	1:1,5	1:2
1,4	1,66	1,48	1,68	1,68	1,70	1,65	1,65	1,66	1,61	1,62	1,62
1,2	1,66	1,34	1,54	1,54	1,56	1,51	1,51	1,52	1,47	1,48	1,48
1,1	1,66	1,27	1,47	1,47	1,49	1,44	1,44	1,45	1,40	1,41	1,41
1,0	1,66	1,20	1,40	1,40	1,42	1,37	1,37	1,38	1,33	1,34	1,34
0,8	1,3	0,95	1,15	1,16	1,17	1,12	1,12	1,13	1,08	1,09	1,10
0,7	1,3	0,88	1,08	1,09	1,10	1,05	1,05	1,06	1,01	1,02	1,03
0,6	1,3	0,81	1,01	1,02	1,03	0,98	0,98	0,99	0,94	0,95	0,96

Für Rahmen werden in DIN EN ISO 10077-2 Anhang D Richtwerte angegeben.

Tabelle 1.09. Richtwerte für Wärmedurchgangskoeffizienten von Rahmen gem. DIN EN ISO 10077-1, Anhang D (informativ); die Rahmendicke d_f entspricht bei üblichen Fenstern (einfacher Flügelrahmen) dem arithmetischen Mittel aus Flügel- und Blendrahmendicke.

Kunststoffrahmen		
• Rahmenmaterial PUR, mit Metallkern, Dicke PUR ≥ 5 mm	$U_f = 2,8$ W/(m²K)	
• PVC-Hohlprofil (Profilinnenmaß ≥ 5 mm), 2 Hohlkammern	$U_f = 2,2$ W/(m²K)	
• PVC-Hohlprofil (Profilinnenmaß ≥ 5 mm), 3 Hohlkammern	$U_f = 2,0$ W/(m²K)	
Holzrahmen (Feuchtegehalt 12%)	Hartholz	Weichholz
• Rahmendicke d_f = 50 mm	$U_f = 2,3$ W/(m²K)	$U_f = 2,0$ W/(m²K)
• Rahmendicke d_f = 75 mm	$U_f = 2,0$ W/(m²K)	$U_f = 1,7$ W/(m²K)
• Rahmendicke d_f = 100 mm	$U_f = 1,7$ W/(m²K)	$U_f = 1,5$ W/(m²K)
• Rahmendicke d_f = 125 mm	$U_f = 1,5$ W/(m²K)	$U_f = 1,3$ W/(m²K)
• Rahmendicke d_f = 150 mm	$U_f = 1,3$ W/(m²K)	$U_f = 1,1$ W/(m²K)
Metallrahmen		
• ohne thermische Trennung	$U_f = 5,9$ W/(m²K)	
• mit thermischer Trennung abhängig von der Rahmengeometrie (Abstand der Metallschalen, außen- und innenseitige Projektions- und Abwicklungsfläche)		

DIN EN ISO 10077-1 gibt im Anhang C Richtwerte für den Wärmedurchgangskoeffizienten von Verglasungen an. Tabellarisch können in Abhängigkeit von Emissionsgrad der Beschichtung sowie von Art und Dicke der Luft- bzw. Gasfüllung U_g-Werte für Zwei- und Dreischeiben-Isolierverglasung entnommen werden. Die Werte liegen im Vergleich zur Tabelle 3 in der bisherigen Norm DIN 4108-4 um 1 bis 2 Zehntel tiefer, obwohl hier ein Vergleich nur eingeschränkt möglich ist [5].
Gleichung nach DIN EN 673 zur Berechnung des U_g-Wertes für Verglasungen:

$$U_g = \frac{1}{R_{se} + \sum \frac{d_j}{\lambda_j} + \sum R_j + R_{si}}$$

d in m   Dicke der Verglasung oder Beschichtung
λ in W/(mK)   Wärmeleitfähigkeit der Verglasung oder der Beschichtung
R in m²K/W   Wärmedurchlasswiderstand der Luftschicht (Resistance, früher 1/Λ)

Angaben zum Rahmen enthält DIN EN ISO 10077-2; Richtwerte für verschiedene Rahmenausführungen enthält DIN EN ISO 10072-1 in Anhang D, vgl. die vorstehende **Tabelle 1.09.**
Der Wärmebrückenverlustkoeffizient des Glasrahmen-Verbindungsbereichs beschreibt den zusätzlichen Wärmestrom aus den Wechselwirkungen von Rahmen, Glas und Abstandhalter. Richtwerte enthält DIN EN ISO 10072-1 im Anhang 1;

Tabelle 1.10. Wärmebrückenverlustkoeffizient ψ für Abstandhalter aus Aluminium und Stahl (kein rostfreier Stahl); gültig für Zweischeiben-Isolierverglasung (U_g = 1,3 W/(m²K)) oder Dreischeiben-Isolierverglasungen (U_g = 0,7 W/(m²K)), Luft- oder Glaszwischenraum und Beschichtungen mit niedrigem Emissionsgrad (bei Dreischeiben-Isolierverglasung zwei Beschichtungen).

Rahmenwerkstoff	Unbeschichtetes Glas ψ (W/(mK))	Beschichtetes Glas ψ (W/(mK))
Holz- und Kunststoffrahmen	0,04	0,06
Metallrahmen mit wärmetechnischer Trennung	0,06	0,08
Metallrahmen ohne wärmetechnische Trennung	0	0,02

Die **Tabelle 1.10** ergibt für übliche Glas-, Rahmen- und Randverbundsysteme ψ-Werte von 0,08 bis 0,0 W/(mK). Weiterhin zeigt sich, dass für Zwei- und Dreifachverglasungen sowie für Holz- und Kunststoffrahmen nur geringe Unterschiede auftreten, bei Aluminiumrahmen die ψ-Werte jedoch „signifikant" höher liegen [5].

Tabelle 1.11. Nennwerte der Wärmedurchgangskoeffizienten von Fenstern und Fenstertüren U_w in Abhängigkeit vom Nennwert des Wärmedurchgangskoeffizienten für Verglasung U_g und vom Bemessungswert des Wärmedurchgangskoeffizienten des Rahmens U_f, nach DIN V 4108-4. Auszug.

$U_{f, BW}$ nach Tabelle 1.12 W/(m²K)[b]		0,8	1,0	1,2	1,4	1,8	2,2	2,6	3,0	3,4	3,8	7,0
Art der Verglasung	U_g[a] W/(m²K)	U_W W/(m²K)										
Einfachglas	5,7	4,2	4,3	4,3	4,4	4,5	4,6	4,8	4,9	5,0	5,1	6,1
Zweischeiben-Isolierverglasung	3,0	2,4	2,5	2,6	2,6	2,7	2,9	3,0	3,1	3,3	3,4	4,2
	2,5	2,2	2,3	2,3	2,4	2,5	2,6	2,8	2,9	3,0	3,1	4,0
	2,0	1,8	1,8	1,9	2,0	2,1	2,2	2,4	2,5	2,6	2,7	3,6
	1,8	1,6	1,7	1,8	1,8	1,9	2,1	2,2	2,4	2,5	2,6	3,4
	1,6	1,5	1,6	1,6	1,7	1,8	1,9	2,1	2,2	2,3	2,5	3,3
	1,4	1,4	1,4	1,5	1,5	1,7	1,8	2,0	2,1	2,2	2,3	3,1
	1,2	1,2	1,3	1,3	1,4	1,5	1,7	1,8	1,9	2,1	2,2	3,0
	1,0	1,1	1,1	1,2	1,3	1,4	1,5	1,7	1,8	1,9	2,0	2,9
Dreischeiben-Isolierverglasung	2,0	1,7	1,8	1,9	1,9	2,0	2,2	2,3	2,5	2,6	2,7	3,5
	1,5	1,4	1,5	1,6	1,6	1,7	1,9	2,0	2,1	2,3	2,4	3,2
	1,0	1,1	1,1	1,2	1,3	1,4	1,5	1,7	1,8	1,9	2,0	2,9
	0,5	0,7	0,8	0,9	0,9	1,0	1,2	1,3	1,4	1,6	1,7	2,5

[a] Nennwert des Wärmedurchgangskoeffizienten U_g
[b] Die Bestimmung des U_f-Wertes erfolgt aufgrund
- von Messungen nach E DIN EN 12412-2 oder
- Berechnung nach E DIN EN ISO 10077-2 oder
- Ermittlung nach DIN EN ISO 10077-1: 2000-11, Anhang D.
Die so ermittelten U_f-Werte von Einzelprofilen werden einem $U_{f, BW}$-Bemessungswert zugeordnet.

Anmerkung:
Die Nennwerte der Wärmedurchgangskoeffizienten U_W für Fenster und Fenstertüren sind für die Standardgröße 1,23 m x 1,48 m, abgeleitet aus Europäischen Normen.

Tabelle 1.12. Zukünftige Zuordnung der U_f-Werte von Einzelprofilen zu einem $U_{f,BW}$-Bemessungswert für Rahmen.

U_f-Wert für Einzelprofile		$U_{f,BW}$-Bemessungswert
W/(m²K)		
	< 0,9	0,8
≥ 0,9	< 1,1	1,0
≥ 1,1	<1,3	1,2
≥ 1,3	< 1,6	1,4
≥ 1,6	< 2,0	1,8
≥ 2,0	< 2,4	2,2
≥ 2,4	< 2,8	2,6
≥ 2,8	< 3,2	3,0
≥ 3,2	< 3,6	3,4
≥ 3,6	< 4,0	3,8
≥ 4,0	≥ 4,0	7,0

Anmerkung:
In den Berechnungsnormen und Nachweisen für den baulichen Wärme-schutz und die Energie-Einsparung im Hochbau wird der Index BW (für Bemessungswerte) nicht verwendet.

Die U_f-Werte von verschiedenen Profilen bzw. Profilkombinationen eines Profilsystems werden durch den U_f-Wert des wärmeschutztechnisch un-günstigsten Profils beschrieben.

Tabelle 1.13. Korrekturwerte ΔU_w zur Berechnung der $U_{W,\,BW}$-Bemessungswerte.

Bezeichnung des Korrekturwertes	Korrekturwert ΔU_w W/(m²K)	Grundlage
Glasbeiwert	+ 0,1	Bei Verwendung einer Verglasung ohne Überwachung
	± 0,0	Bei Verwendung einer Verglasung mit Überwachung
Korrektur für wärmetechnisch verbesserten Randverbund des Glases[a]	- 0,1	Randverbund erfüllt die Anforderung
	± 0,0	Randverbund erfüllt die Anforderung nicht
Korrektur für Sprossen[a]		Abweichungen in den Berechnungsannahmen und bei der Messung
– aufgesetzte Sprossen	± 0,0	
– Sprossen im Scheibenzwischenraum (einfaches Sprossenkreuz)	+0,1	
– Sprossen im Scheibenzwischenraum (mehrfache Sprossenkreuze)	+0,2	
– Glasteilende Sprossen	+ 0,3	
[a] Korrektur entfällt, wenn bereits bei Berechnung oder Messung berücksichtigt		

Vorschlag: Die Fensterindustrie sollte sich an den Zielgrößen U_f = 1,1 W/(m²K) und U_g = 0,8 W/(m²K) orientieren, bei einer vergrößerten Falztiefe von 25-30 mm, was zu einer Verringerung des Randeinflusses hin zu einer vernachlässigbaren Größe führt [5].

Resumeé: Ermittlung des U-Wertes für Fenster ist aufwendig. Der pauschale Ansatz, den Rahmenanteil auf 30% festzulegen, ist nicht mehr vorhanden. Darüber hinaus ist die Angabe des Rohbaumaßes nicht mehr ausreichend, da für die Umlauflänge der Abstandhalter der sichtbare Umfang der Glasscheibe anzugeben ist, die sich aus der Breite von Blend- und Flügelrahmen ergibt. Bei geteilten Fenstern und vor allem Sprossenfenstern wird der zusätzliche Rechenaufwand erst recht deutlich und wird durch fehlende Angaben zur Fenstergeometrie erschwert [5]. DIN EN ISO 10077-1 enthält die U_w-Werte für Rahmenanteile 30% und 20%.

Um auch bei Verglasungssystemen den Wärmedurchgangskoeffizient weiter reduzieren zu können, ist eine quantizierbare Kenntnis der Energietransportprozesse der für eine mit Luft sowie Argon und Krypton gefüllte Verglasung in Abhängigkeit vom Scheibenabstand notwendig. **Bild 1.18** gibt den Wärmedurchgangskoeffizient einer Energieverglasung an bei unterschiedlichen Füllungen des Luftzwischenraumes und einer Scheibenhöhe von 1 m. Das Bild zeigt deutlich den Einfluss der Wärmeleitung und Wärmestrahlung zwischen den einzelnen Scheiben. Das Bild zeigt auch, dass es einen optimalen Scheibenabstand gibt. Bei sehr kleinen Scheibenabständen machen sich die Reibungskräfte zwischen den Scheibenwänden bezüglich der Konvektion erheblich bemerkbar [63].

Xenon ist inzwischen für Standardausführungen nicht mehr bezahlbar. Weitere Entwicklungen gehen in Richtung von Vakuum-Füllungen.

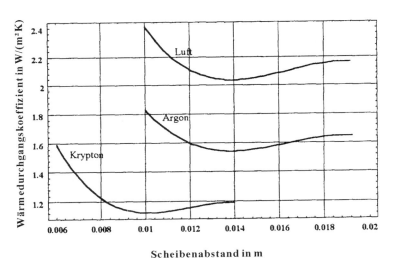

Bild 1.18. Wärmedurchgangskoeffizient einer Isolierverglasung mit Luft-, Argon- und Kryptonfüllung [63].

Die Wärmedurchgangskoeffizienten der Fenster und Fenstertüren sowie für Dachflächenfenster können auch DIN V 4108-4 entnommen werden, die allerdings aus den bisher bekannten k-Werten „eingedeutscht" wurden, **Tabelle 1.11**. Diese tabellierten U_W-Werte sind daher wegen des europäischen Normverfahrens mit Korrekturwerten ΔU_W zu beaufschlagen **Tabelle 1.13** und führen zu folgendem Rechenwert:

$$U_{W,BW} = U_W + \Sigma \Delta U_W \text{ in } W/(m^2K)$$

Die Werte der **Tabellen 1.11** bis **1.13** sind besonders geeignet für den EnEV-Nachweis. Zur Abschätzung der Wärmedurchgangskoeffizienten U_f der Fensterrahmen sei auf die vorstehenden Ausführungen in DIN EN ISO 10077-1 verwiesen. Kunststoffrahmen aus PVC-Hohlprofilen mit 2 Hohlkammern sind mit einem U_f-Wert von 2,2 W/(m²K), solche mit 3 Hohlkammern mit 2,0 W/(m²K) anzusetzen, **Tabelle 1.12**.

Der Holzrahmen muss zwischen Hartholz und Weichholz unterschieden werden. Übliche Rahmen-Nenndicken von 66 mm weisen einen U_f-Wert von etwa 2,1 W/(m²K) für Hartholz und 1,8 W/(m²K) für Weichholz auf. Besonders der Einsatz von Dreifachverglasungen macht dickere Rahmen-/Flügelkonstruktionen erforderlich. Werden hier die Nenndicken von z.B. 95 mm eingesetzt, ist mit U_f = 1,8 W/(m²K) für Hartholz und 1,55 W/(m²K) für Weichholz zu rechnen.

Metallrahmen ohne thermische Trennung müssen mit einem U_f-Wert von 5,9 W/(m²K) angesetzt werden, bei Flügelrahmen mit thermischer Trennung liegen die Werte in Abhängigkeit des Abstandes der zwei getrennten Metallschalen zwischen (2,5 und 4,0) W/(m²K).

Mit dem Übergang zu europäischen Normen findet nicht nur ein Wechsel der Bezeichnung von k-Wert zu U-Wert statt, sondern auch eine materielle Änderung. Den Unterschied zeigt die folgende Gegenüberstellung derzeitiger nationaler und zukünftiger europäischer Norm-Wärmedurchgangskoeffizienten einiger ausgewählter Fenster:

Tabelle 1.14.

Rahmenmaterial	RMG	k_V W/(m²K)	k_F W/(m²K)	U_f W/(m²K)	U_W W/(m²K)
Aluminium	1	1,3	1,4	2,0 - 2,2	1,7 - 1,8
Holz	1	1,3	1,4	1,4 - 1,5	1,4 - 1,6
PVC, 3-Kammer	1	1,3	1,4	1,7 - 1,8	1,5 - 1,6

Bislang erfolgte die Bestimmung des k_R-Wertes eines Rahmens und in dessen Folge die Einstufung in eine Rahmenmaterialgruppe (RMG) auf zwei Arten:

– Rahmen konnten aufgrund ihrer Geometrie bzw. ihres Werkstoffes ohne Messung in eine Rahmenmaterialgruppe eingestuft werden. Hiervon betroffen waren Holz- und Kunststoffrahmen sowie thermisch getrennte Aluminiumrahmen mit relativ schlechter Wärmedämmung (RMG 2.2, 2.3 und 3)

– Eine Einstufung von thermisch getrennten Metallprofilen in die RMG 2.1 und 1 war ausschließlich durch Messung nach DIN 52619-3 möglich.

Künftig stehen drei Wege zur Bestimmung von U_f zur Verfügung:
– DIN EN ISO 10077-1 stellt in den Anhängen Diagramme und Tabellen für U_f-Werte aus Rahmen mit Holz, Kunststoff und Aluminium bereit. Das Verfahren liefert Werte „auf der sicheren Seite", aber bei thermisch getrennten Metallprofilen ungünstige Werte.
– Berechnung nach DIN EN ISO 10077-2 mit EDV-Programm, liefert genauere Werte
– Messung nach DIN EN 12412-2, genauestes Verfahren.

Somit: U_f ist nicht k_R! Bei der Bestimmung des U_f-Wertes werden abweichend von der bisher geltenden Regelung die Rahmenabwicklungsflächen berücksichtigt. Die Differenzen zwischen U_f- und k_R-Werten sind umso größer, je schlechter das Profil gedämmt und je größer die raumseitige Abwicklungsfläche ist, wie die letzte Tabelle zeigt. Die heute gebräuchlichen thermisch getrennten Metall-Systeme der RMG 1 werden nun einen Wert zwischen 2,0 und 2,4 W/(m²K) für schmale Profilansichten besitzen. Kunststofffensterprofile mit drei Kammern liegen bei ca. 1,6 W/(m²K) und vierkammerige Profile bei 1,4 W/(m²K). In gleichen Größenanordnungen liegen Holzfensterprofile aus weichen Hölzern, während Harthölzer Werte bis zu 2,0 W/(m²K) aufweisen. Bei thermisch getrennten Metallprofilen wird ein Teil in der Gruppe 2,0 bis 2,4 W/(m²K) liegen, Profile mit breiten Ansichtsbreiten liegen unter 2,0 W/(m²K). (Vgl.: VFF Merkblatt ES.01 „Die richtigen U-Werte von Fenstern, Türen und Fassaden", Ausgabe Januar 2002, Verband der Fenster- und Fassadenhersteller e.V., Frankfurt/Main).
Der Nennwert des Wärmedurchgangskoeffizienten U_W in der Literatur und Fachveröffentlichungen wird für Fenster und Fenstertüren nach VFF Merkblatt ES.01 in der Regel mit der Standardgröße 1,23 m x 1,48 m (Rahmenansichtsbreite 11 cm) bestimmt durch:

– Ermittlung nach DIN EN ISO 10077-1 in DIN V 4108-4, Tabelle 6 in Verbindung mit Tabelle 7
– Berechnung nach DIN EN ISO 10077-1
– Messung nach DIN EN ISO 12567-1

Für Dachflächenfenster erfolgt die Messung nach DIN EN ISO 12567-2, Standardgröße 1,23 m x 1,48 m, ± 20%.

In den Tabellen der DIN V 4108-4 usw. wird grundsätzlich von einem Rahmenanteil von 30% ausgegangen.

Je höher die Anforderungen an den Wärmedurchgangskoeffizienten werden, desto stärker wirken sich bisher übliche Vereinfachungen aus. Bisher wurde z.b. die Auswirkung von Sprossen bei der Bestimmung der k_F-Werte vernachlässigt. Künftig werden Einflüsse von Sprossen durch einen Zu- und Abschlag ΔU_w berücksichtigt. Bei auf die Scheiben aufgesetzten Sprossen erfolgt kein Aufschlag. Somit ergibt sich der Bemessungswert dann

$$U_{W,BW} = U_W + \Sigma \Delta U_W$$

ΔU_W nach DIN V 4108-4 Tabelle 8.

Es ist bekannt, dass der gemäß DIN 52619 für Fensterverglasungen angewandte U_g-Wert nur die Wärmeverluste bei bedecktem Himmel und relativ hoher Windgeschwindigkeit (4 m/s) beschreibt. Bei klarem oder teilweise bedecktem Himmel sind die Verluste je nach Einbaulage des Fensters wesentlich höher. Dieser Unterschied ist in der Festlegung des äußeren Wärmeübergangskoeffizienten α_e mit 24 W/(m²K) in DIN 4108-2 begründet. Er ergibt sich für die Außenbedingungen Windgeschwindigkeit 4 m/s und bedeckter Himmel. Dass der U_g-Wert die Wärmeverluste bei klarem oder teilweise bedecktem Himmel nicht richtig beschreibt, wird besonders bei Wärmeschutzgläsern, d.h. bei Gläsern mit niedrigem U_g-Wert, durch verstärkte Tauwasserbildung sichtbar. Diese dürfte überhaupt nicht auftreten [6]. Darüber hinaus wird diese Erscheinung noch wesentlich beeinflusst durch die Einbaulage und Verschattung der Verglasung sowie den Bewölkungsgrad des Himmels.

Aus diesen Ausführungen muss der Schluss gezogen werden, dass der heute gemäß DIN 52619 definierte U_g-Wert den realen Wärmeverlust der neuzeitlichen Fensterverglasungen nicht korrekt beschreibt.

Von der Temperaturabsenkung der äußeren Scheibenoberfläche unter die Außenlufttemperatur infolge Wärmeabstrahlung bei fehlender Sonneneinstrahlung sind auch die Wärmeverluste durch die Verglasung betroffen, die ohne Kondensation bis zu 110% über dem mit dem U_g-Wert gemäß DIN 52619 ermittelten Wert liegen können. Im Falle der Kondensation oder Reifbildung verringern sich die Wärmeverluste jedoch wegen der Zuführung der Kondensationswärme entsprechend der relativen Luftfeuchte der Außenluft.

Durch niedrigemittierende Schichten auf der Außenoberfläche der Verglasungen kann die Wärmeabstrahlung an den gesamten Außenraum erheblich reduziert, ggf. nahezu eliminiert werden. Hierdurch können nicht nur die Kondensation und Reifbildung auf Außenoberflächen unterbunden, sondern auch die Wärmeverluste der Verglasung zum Außenraum erheblich reduziert werden. Durch eine solche niedrigemittierende Schicht werden die Wärmeverluste bis auf die Wärmeübergänge infolge Konvektion unabhängig von der Witterung.

Verlustminderung hat Vorrang zur Gewinnoptimierung bei Fenstern. Mit anderen Worten: Erst hohe Wärmedämmung anstreben und dann auf passive Solarenergie-Nutzung achten. Der Stellenwert der verglasten Fassade bzw. des Fensters lässt sich in folgenden Aussagen zusammenfassen [7]:

- Anzustreben ist ein möglichst niedriger U-Wert von deutlich unterhalb 2,0 W/(m²K).
- Etwa bei einem Fenster-U-Wert von 1,5 W/(m²K) wird der solare Gewinn durch den transparenten Bereich dominant und gegenüber dem Wärmeverlust über das Fenster. Die Folge ist eine ausgeglichene Heizenergiebilanz, unabhängig von der Glasflächengröße.
- Für die besten heute herstellbaren Fenster, die das Superglazing verwenden, sind Fenster-U-Werte in der Größenordnung von 1,0 W/(m²K) erreichbar. Ein solches Bauteil bedarf flächenmäßig keinerlei Begrenzung mehr in der Fassade, auch unabhängig von der Himmelsrichtung. Die transparente Wand ist möglich geworden.

Niedrigemittierende Wärmedämmschichten, z.B. Produkte der folgenden **Tabelle 1.15** (Übersicht Typologie), die heute großtechnisch in Verbindung mit dem Glasherstellungsprozess aufgebracht werden, haben die notwendige chemische und mechanische Beständigkeit für Isoliergläser Da diese Gläser aber der Außenatmosphäre ausgesetzt sind, verschmutzen sie. Hierdurch kann das niedrige Emissionsvermögen camoufliert werden. Daher ist eine wesentliche Anforderung an diese Schichten, dass sie einen Selbstreinigungseffekt besitzen, d.h. sie müssen „wie das Lotus-Blatt" hydrophob sein, damit abperlende Wassertropfen die Verschmutzung aufnehmen und von der Scheibe abschwemmen.

Tabelle 1.15. Typologie - Übersicht über Verglasungen

ALBARINO®

Sonnenkollektor-Gussglas mit extrem hoher Strahlungstransmission, besonders im UV-Bereich (auch vorspannbar).

ANTELIO®

Sonnenschutzglas, metalloxidbeschichtet (auch als Isolierglas).

CLIMALIT®

Mehrscheiben-Isolierglas, gefertigt im 2-Barrieren-Dichtsystem. Die erste (innere) Dichtung ist eine spezielle Dampfsperre, die zusätzlich auch die elastische Lagerung der Einzelscheiben übernimmt. Die zweite (äußere) Dichtung gewährleistet neben der hohen Gas- und Feuchtigkeitsdichtheit zum Schutz des hermetisch abgeschlossenen Scheibenzwischenraumes außerdem die mechanische Festigkeit der Einheiten. Der extrem beanspruchte Eckbereich wird zusätzlich nach einem speziell entwickelten Verfahren abgedichtet. Das so entstandene Isolierglas unterliegt strengster eigener und fremder Produktions- und Erdkontrollen. Es entspricht der DIN 1286 sowie den Gütebestimmungen des RAL.

CLIMAPLUS®

Hochwärmedämmendes Isolierglas dreischeibig (GL) goldbeschichtet (GLS) neutralbeschichtet (N).

CONTRACRIME®

Durchwurf-, durchbruch-, durchschusshemmendes Sicherheitsglas, Prüfung nach DIN 52290 (auch als Isolierglas).

CONTRAFLAM®

Klardurchsichtiges Brandschutzglas (F-Glas) für feuerwiderstandsfähige Konstruktionen (auch als Isolierglas)

CONTRASOL®

Sonnenschutzglas edelmetallbeschichtet (ELIOTHERM®); metalloxidbeschichtet (ANTELIO®/PARELIO®); in der Maße durchgefärbt (PARSOL®).

CONTRASONOR®

Schalldämmendes Isolierglas, Prüfung nach DIN 52210.

Drahtglas

Gussglas mit Drahteinlage, Sicherheitseigenschaften.

ELIOTHERM®

Sonnenschutz-Isolierglas, edelmetallbeschichtet

EMALIT®

Farbig emailliertes, opakes SEKURIT®.

Gussglas

Strukturglas nach DIN 1259, weiß oder farbig, mit oder ohne Drahteinlage, mit ein- oder beidseitig gemusterten Oberflächen, bei hoher Lichtdurchlässigkeit, durchscheinend.

KINON-Kristall®

Verbund-Sicherheitsglas aus zwei oder mehr Scheiben, die mit hochelastischer Folie fest miteinander verbunden sind (splitterbindend).

KINON-Spiegel®

Spiegel nach DIN 1238, aus PLANILUX® oder PARSOL®, RAL-Gütesiegel.

KLARIT®

Glastüren-Programm aus SEKURIT®.

NAUTILIT®

Duschkabinenprogramm aus SEKURIT®.

PARELIO®

- Sonnenschutzglas, metalloxidbeschichtet (auch als Isolierglas).

PARSOL®

Spiegelglas nach DIN 1259, plan und durchsichtig, jedoch in der Maße bronze, grau oder grün durchgefärbt. Verwendung als Einfachscheibe und als Basisprodukt für die Weiterverarbeitung zu Funktionsgläsern.

PLANIDUR®

Von der VEGLA für das Bauwesen entwickeltes wärmebehandeltes Glas mit hoher Biegefestigkeit und hoher Temperaturbeständigkeit. Die allgemeine bauamtliche Zulassung liegt vor.

PLANILUX®

Spiegelglas nach DIN 1259, plan und durchsichtig, Verwendung als Einfachscheibe und als Basisprodukt für die Weiterverarbeitung zu Funktionsgläsern.

PLANITHERM®

PLANILUX® mit einseitiger, neutraler Edelmetallbeschichtung. Es wird weiterverarbeitet zu Wärmedämm-Isolierglas.

SEKURIT®

Vorgespanntes Einscheiben-Sicherheitsglas aus PLANILUX®, PARSOL® oder Gussglas (Verglasungskonstruktion und Ganzglasanlagen).

STRALIO®

Drahtarmiertes Sonnenschutz-Gussglas, einseitig metalloxidbeschichtet.

SUNFIX®

Glassteinprogramm.

THERMOLUX®

Lichtstreuende, undurchsichtige Glaseinheit mit Glasseidengespinst oder Vlies (auch als Isolierglas).

U-Glas

Gussglas, U-förmig profiliert, mit oder ohne Drahteinlage, auch mit Sonnenschutzbeschichtung.

Einen Überblick über die wichtigsten Verglasungstypen nach Angaben des Bundesanzeiger gibt **Tabelle 1.16**.

Tabelle 1.16.   Thermische und optische Kennwerte von Verglasungen, U_g-Werte nach Bundesanzeiger.

Verglasungsart	Glasdicke und Scheiben-zwischenraum mm	U_g-Wert W/(m²K)	Gesamtenergie-durchlassgrad g-Wert	Licht-Trans-missions-grad τ
Einfachglas	4	5,8	0,9–0,85	0,9–0,88
2 IV	4/12/4	3,0–2,8	0,8–0,76	0,82–0,80
3 IV	4/12/4/12/4	2,1–1,8	0,70–0,55	0,75
DV	4/20–100/4	2,8	0,76	0,82
DV (1*IV)	4/20–100/4/12/4	2,0	0,7	0,75
2 WSV, Luft	4/12–15(16)/#4	2,0–1,5	0,7–**0,58**	**0,77**–0,70
2 WSV, Argon	4/12–15(16)/#4	1,8–1,25	0,7–**0,64**	**0,79**–0,70
2 WSV, Krypton	4/12–15(16)/#4	1,4–1,0	0,62–**0,49**	0,77
3 WSV, Argon	4#/15(16)/4/15(16)#4	0,8–0,7	**0,53**–0,45	0,66
3 WSV, Argon	4#/15(16)/4/15(16)#4	0,8	**0,60**	0,75
3 WSV, Krypton	4#/8–12/4/8–12/#4	0,9–0,6	**0,48**–0,45	0,66
3 WSV, Krypton	4#/12/4/12/#4	0,7	**0,60**	0,75
Zum Vergleich:				
3 WSV, Xenon	4#/8/4/8/#4	0,5	0,42	0,64
2 Vakuum	4/1–4/#4	0,47	0,73	0,80
3 Vakuum	4/1/4/1/#4	0,15	?	?
2 Aerogel	4/20/4	0,7	?	0,69

IV=Isolierverglasung, DV=Doppelverglasung (bei Kasten- oder Verbundfenstern), WSV=Wärmeschutzverglasung; von außen nach innen; #: Lage der Low-ε-Schichten/Metalloxid-Beschichtung; fett markiert: optimierte Werte

Anwendungsbeispiel

Bestimmung des U_W-Wertes von Fenstern anhand eines Beispiels [5].

$A_w = 1{,}23 \text{ m} \cdot 1{,}48 \text{ m} = 1{,}82 \text{ m}^2$
$A_g = 1{,}00 \text{ m} \cdot 1{,}22 \text{ m} = 1{,}22 \text{ m}^2$
$A_f = A_W - A_g = 1{,}82 \text{ m}^2 - 1{,}22 \text{ m}^2 = 0{,}60 \text{ m}^2$

Rahmenanteil:

$$\frac{A_f}{A_w} = \frac{0,60 m^2}{1,82 m^2} \cdot 100\% = 32,9\% \approx 33\%$$

(entspricht einem Rahmenanteil von 33%)

$l \quad = 2 \cdot 1,00 \ m + 2 \cdot 1,22 \ m = 4,44 \ m$

$U_g \quad = 1,3 \ W/(m^2 K)$

$U_f \quad = 1,8 \ W/(m^2 K)$

$\psi \quad = 0,06 \ W/(mK)$

Wärmebrückenanteil:

$$\frac{l_g \cdot \psi_g}{A_g + A_f} = \frac{4,44 \cdot 0,06}{1,22 + 0,60} \cdot 100\% = \frac{0,2664}{1,82} \cdot 100\% = 9\%$$

$$U_W = \frac{A_g \cdot U_g + A_f \cdot U_f + l_g \cdot \psi_g}{A_g + A_f}$$

$$= \left(\frac{1,22 \cdot 1,3 + 0,60 \cdot 1,8 + 4,44 \cdot 0,06}{1,22 + 0,60} \right) W/(m^2 K) = 1,61 \ W/(m^2 K)$$

Der Wärmebrückenanteil am resultierenden U_W-Wert entspricht in diesem Beispiel ca. 9%. Aus **Tabelle 1.07** ergibt sich mit den genannten U-Werten für Verglasung und Rahmen ein Wert von 1,6 W/(m²K), was einer guten Näherung entspricht. Zum Vergleich ergibt sich für $U_g = 1,1$ W/(m²K) und $U_f = 1,4$ W/(m²K) ein U_W-Wert von 1,35 W/(m²K). Der Wert in **Tabelle 1.07** von 1,3 W/(m²K) wäre hier nicht mehr zulässig.

1.7   Rollladenkasten

Nach einer Mitteilung im Bundesanzeiger Nr. 246 vom 31. Dezember 1994 darf der Wärmedurchgangskoeffizient im Bereich der Rollladenkästen den Wert U = 0,6 W/(m²K) nicht überschreiten. Diese Forderung gilt auch nach Einführung der EnEV weiterhin in Verbindung mit der Anlage 8.2 der Bauregelliste A Teil1, Ausgabe 97/1.

Der Nachweis, dass diese Forderung erfüllt ist, muss wie folgt geführt werden:

a) Eindimensionale Rechnung
   Die Anforderung nach der Energieeinsparverordnung gilt als erfüllt, wenn die nachstehend genannten, für die einzelnen Wandungen geltenden Wärmedurchlasswiderstände (1/Λ) nicht unterschritten werden.

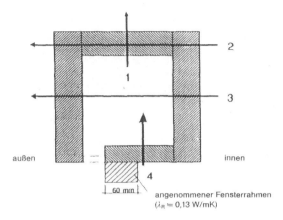

außen / innen

angenommener Fensterrahmen
($\lambda_R = 0{,}13$ W/mK)

60 mm

1 0,55 (m²K)/W (Mindestanforderung an jeder Stelle)
2 0,55 (m²K)/W (Mindestanforderung an jeder Stelle)
3 1,4 (m²K)/W, wobei für die Innenwandung $1/\Lambda \geq 0{,}8$ m²K/W einzuhalten ist und die Luftschicht nicht berücksichtigt wird.
4 0,55 (m²K)/W (Mindestanforderung an jeder Stelle)

Die angegebenen Werte beziehen sich nur auf die Bauteilschichten; die innere Luftschicht und die Wärmeübergangswiderstände sind bei den geforderten Werten bereits berücksichtigt.
Für eingebrachte Dämmschichten aus PU-Schaum ist als Rechenwert der Wärmeleitfähigkeit ohne Nachweis $\lambda_R = 0{,}035$ W/(mK) anzusetzen.
Des weiteren ist folgende Bedingung einzuhalten:

Breite des Panzerauslassschlitzes: ≤ max. Panzerdicke + 10 mm
b) Zweidimensionale Berechnung
   Bei dieser Rechnung ist als Wärmedurchlasswiderstand für die Luftschicht einzusetzen
   bei offenem Schlitz   0,11 (m²K)/W
   bei geschlossenem Schlitz, z.B. Bürstendichtung   0,17 (m²K)/W
   Für den Schlitzverschluss ist eine 10 mm dicke Holzplatte mit $\lambda_R = 0{,}13$ W/(mK) anzunehmen.

c) Prüfung

Eine Prüfung ist nach DIN 52619-1 durchzuführen. Dabei ist der Panzerauslassschlitz praxisgerecht zu schließen.

Rollläden und Klappläden erhalten keinen Energiebonus, weil das Nutzverhalten relativ unsicher ist und eine behördliche Überprüfung solcher Maßnahmen nicht realistisch durchführbar ist [8].

Für diese Kombination sieht das z.Zt. gültige nationale Regelwerk kein Bewertungsverfahren vor. In die Europäische Normung DIN EN ISO 10077 wurde ein Verfahren aufgenommen, das sowohl die Wirkung der Zusatzeinrichtung selbst wie auch des Zwischenraumes zwischen Fenster und Zusatzeinrichtung berücksichtigt. Beispiel: Fenster mit $U_W = 1{,}7$ W/(m²K), gesucht ist die Verbesserung der Wärmedurchgangskoeffizienten in der Kombination Fenster und Rollladen. Gewählt Rollladen aus PVC mit mittlerer Luftdurchlässigkeit (nach DIN EN ISO 10077) $R_{sh} = 0{,}1$ m²K/W. Verbesserung des Wärmedurchlasswiderstandes ΔR bei mittlerer Luftdurchlässigkeit:

$$\Delta R = (0{,}55 \cdot R_{sh} + 0{,}11) \text{ m²K/W} = 0{,}165 \text{ m²K/W}$$

Wärmedurchgangskoeffizient des Fensters zusammen mit der geschlossenen Zusatzeinrichtung:

$$U_{WS} = \cfrac{1}{\cfrac{1}{U_w} + \Delta R} = \cfrac{1}{\cfrac{1}{1{,}7} + 0{,}165} \text{ W/(m²K)} = 1{,}3 \text{ W/(m²K)}$$

In der Norm sind die Formeln zur Ermittlung der ΔR-Werte für verschiedene Dichtheitsgrade angegeben. Außerdem enthält die Norm im Anhang Wärmedurchlasswiderstände R_{sh} für typische Zusatzeinrichtungen.

1.8 Transparente Wärmedämmung

In DIN V 4108-6 findet sich der Hinweis, dass die „Bestimmung des solaren Energiegewinns durch Massivwände mit transparenter Wärmedämmung" nach der gleichgenannten Richtlinie des Fachverbandes Transparente Wärmedämmung (79194 Gundelfingen, Ginsterweg 9) erfolgen soll. Diese Richtlinie fügt sich in die Nomenklatur und Vorgehensweise der

Norm DIN V 4108-6 ein. In der Literatur fehlen genaue Hinweise für die praktische Anwendung transparenter Wärmedämmung (TWD).

Es gibt eine Reihe von Strukturen und Schichten aus Kunststoff und Glas, die als transparente Wärmedämmung bezeichnet werden. Je nach Materialart sind Schutz von Feuchteeinflüssen, Staub oder mechanischen Einwirkungen zu beachten. Meist werden Rahmensysteme zusätzlich benötigt. Wird der solare Energiegewinn vollständig im Bauteil absorbiert, so spricht man von opaken, sonst transparenten TWD-Bauteilen (Aerogele, Waben-, Röhrchen- und Kapillarstrukturen aus Kunststoff oder Glas u.a.m.). Eine Palette von Varianten ist nach der genannten Richtlinie denkbar:

T Transparente Bauteile
   1 - offene, belüftete Bauteile
   2 - druckentspannte Bauteile
   3 - geschlossene, luftbefüllte Bauteile
   4 - geschlossene, gasgefüllte Bauteile

O Opake, nichttransparente Bauteile
   1 - offene Bauteile mit integriertem Absorber
   2 - druckentspannte Bauteile mit integriertem Absorber
   3 - geschlossene, luftbefüllte Bauteile mit integriertem Absorber
   4 - geschlossene, gasbefüllte Bauteile mit integriertem Absorber

Die üblichen Bauteile sind in den meisten Fällen mit Luft befüllt und offen oder druckentspannt. Zur Speicherung der solaren Gewinne ist ein massives Wandbauteil raumseitig zum TWD-Bauteil sinnvoll mit nicht allzu hohem Wärmeleitwiderstand, Maße $\geq$ 1200 kg/m³. Die Solarwand ist das gesamte Bauteil aus Massivwand und vorgesetzter oder aufgebrachter TWD-Schale. Es gibt zwei Varianten der TWD-Solarwand, **Bild 1.19**:

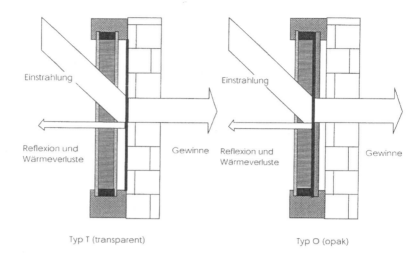

Typ T (transparent)   Typ O (opak)

Bild 1.19. Schematische Darstellung von solaren Wärmegewinnen und Verlusten bei den beiden Solarwand-Typen T und O, nach der Richtlinie des Fachverbandes Transparente Wärmedämmung e.V.

Typ T: Solarwand mit vorgesetztem lichtdurchlässigem TWD-Produkt, z.B. Verglasung mit innenliegendem TWD-Material. Solarstrahlung trifft teilweise noch auf die Massivwand, wo sie in Abhängigkeit von deren Farbe absorbiert werden kann.

Typ O: Solarwand mit vorgesetztem TWD-Produkt mit vollständiger interner Absorption, z.B. TWD-Modul mit integrierter rückseitiger Absorberplatte, die Solarstrahlung wird nicht mehr von der Massivwand absorbiert.

Die Richtlinie des Fachverbandes enthält alle notwendigen umfangreichen Berechnungsverfahren für TWD-Produkte gemäß den Rechenvorschriften nach DIN V 4108-6. Zur Berechnung der Wärmedurchgangskoeffizienten U_{TWD} der Solarwand werden die inneren und äußeren Wärmeübergangswiderstände benötigt. Ist zwischen dem TWD-Bauteil und der Massivwand ein geschlossener Luftspalt, so wird dessen Wärmeübergangswiderstand R_s nach DIN EN ISO 6946 dem TWD-Bauteil zugeschlagen.

$$U_{TWD} = \frac{1}{R_{se} + R_B\left(+R_s\right)} \text{ in W/(m}^2\text{K)}$$

$$U_W = \frac{1}{R_W + R_{si}} \text{ in W/(m}^2\text{K)}$$

R_{si} = 0,13 m²K/W innerer Wärmeübergangswiderstand
R_{se} = 0,04 m²K/W äußerer Wärmeübergangswiderstand
R_s in m²K/W Wärmeübergangswiderstand in dem Luftspalt

R_B = $\frac{1}{U_V} - (R_{si} + R_{se})$ in m²K/W Wärmedurchlasswiderstand des

TWD-Bauteils, nach DIN 52612 gemessen oder aus dem U-Wert Wärmedurchgangskoeffizient ermittelt.

R_W in m²K/W Wärmedurchlasswiderstand der Massivwand

Zu beachten ist, dass auch transparente Wärmedämmungen einen Gesamtenergiedurchlassgrad haben, dabei ist zu beachten, dass stets ein Wertepaar angegeben werden muss: Rollo geöffnet / geschlossen, z.B. 0,68 / 0,03 und dass auch der Wärmedurchlasskoeffizient unter diesen Bedingungen sich verändert, z.B. 0,68 / 0,49 W/(m²K).

Anwendungsbeispiel

TWD-Solarwand, Typ T, mit einem Luftspalt (7 mm, keine Hinterlüftung) zum Ausgleich von Unebenheiten der Massivwand. Schwarzer Absorber. Messwerte: R_B = 1,20 m²K/W.

Aufbau der Massivwand:
Kalkgipsputz: d = 20 mm, λ = 0,7 W/(mK), ρ = 1400 kg/m³,
                R = 0,029 m²K/W,
Kalksandstein: d = 240 mm, λ = 1,0 W/(mK), ρ = 1800 kg/m³,
                R = 0,242 m²K/W.

Hieraus R_W = (0,029 + 0,242) m²K/W = 0,271 m²K/W
          R_{si} = 0,13 m²K/W
          R_{se} = 0,04 m²K/W
          R_s = 0,13 m²K/W nach DIN EN ISO 6946.

Somit:

$$U_{TWD} = \frac{1}{0,04 + 1,20 + 0,13} \text{ W/(m}^2\text{K)} = 0,730 \text{ W/(m}^2\text{K)}$$

$$U_W = \frac{1}{0,271 + 0,13} \ W/(m^2K) = 0,565 \ W/(m^2K).$$

Solare Wärmegewinne durch transparente Außenflächen behandelt auch DIN 4701-2. Danach beträgt ΔU_{TWD} für

- Transparente Wärmedämmung bei Lichtstreuender Verglasung
  $\Delta U_{TWD} = 0,35 \ g$
  mit g: Gesamtenergiedurchlassgrad der Verglasung nach DIN 4108.

- Transparente Wärmedämmung vor einer Außenwand
  $\Delta U_{TWD} = 0,25 \ g_W$
  mit g_W: Gesamtenergiedurchlassgrad der transparenten Wärmedämmung,
  $g_W = 0,6$ für Kapillarstruktur
  $g_W = 0,45$ für Aerogelgranulat.

- Allgemein:

$$\Delta U_{TWD} = 0,35 \cdot g \cdot \frac{1}{1 + \dfrac{R_{AW} + R_i}{R_{TWD} + R_e}}$$

$$R_{TWD} = \frac{s}{\lambda_{TWD}}$$

Die realen Wärmeleitfähigkeiten der transparenten Wärmedämmung sind den Prüfunterlagen der Hersteller bzw. dem Bundesanzeiger zu entnehmen.
- Nach DIN V 4108-6 Tabelle 6
  für Transparente Wärmedämmung, 100 mm bis 120 mm, $0,8 \ W/(m^2K)$
  $\leq U_e \leq 0,9 \ W/(m^2K)$
  $g = 0,35$ bis $0,60$ mit U_e Wärmedurchgangswiderstand der bestimmten Schicht nach außen zur Umgebungsluft
  für absorbierende opake Wärmedämmschicht mit einfacher Glasabdeckung, 100 mm, g etwa 0,10.
  TWD-Materialien aus [9]:
  • Acrylglasschaum, 50 mm dick, $g = 0,3$
  • Polycarbonat-Kapillaren, 50 mm dick, $g = 0,64$
  • Polycarbonat-Waben, 100 mm dick, $g = 0,75$.
  Dabei wird vorausgesetzt, dass die Absorption in den TWD-Materialien vernachlässigt werden kann. Unter dieser Voraussetzung wird $g = \tau$

(Strahlungstransmissionsgrad). Für TWD-Materialien sollten die τ-Werte mit diffuser Einstrahlung - sogen. τ_{diff}-Werte - berücksichtigt werden.

Für die Berechnung der Transparenten Wärmedämmung nach dem Monatsbilanzverfahren (solare Wandheizung) ist die Informationsmappe 6 des Fachverbandes Transparente Wärmedämmung (79194 Gundelfingen) mit dem Titel: „Transparente Wärmedämmung. Berechnung der solaren Wandheizung nach EnEV 2002 - Monatsverfahren" zu berücksichtigen. In DIN V 4108-6 werden u.a. im Abschnitt 6.4.5 solare Wärmegewinne zur Transparenten Wärmedämmung beschrieben, besonders der monatsabhängige spezielle Gesamtenergiedurchlassgrad. Die Berechnungsformel in der Informationsmappe 6 unterscheidet sich jedoch in wichtigen Details von den Gl. 60 und 64 der Norm:

$$Q_{S,\,TWD} = U \cdot A_j \left(\frac{\alpha \cdot g_{TWD}}{U_{TWD}} F_S \cdot F_F \cdot I_{sj} - R_{se} \cdot F_f \cdot h_r \cdot \Delta\theta_{er} \right) \cdot t$$

wobei

U in W/(m²K)	Wärmedurchgangskoeffizient des gesamten Bauteils inklusive äußerem und innerem Wärmeübergang
A_j in m²	Gesamtfläche des Bauteils in Orientierung j
R_{se} in m²K/W	äußerer Wärmeübergangswiderstand, $R_{se} = 0{,}04$ m²K/W
α	Absorptionskoeffizient des Bauteils
I_{sj} in W/m²	globale Sonneneinstrahlung der Orientierung j
F_f	Formfehler zwischen Bauteil und Himmel, $F_f = 0{,}5$ für senkrechte Wandungen
h_r in W/(m²K)	äußerer Abstrahlungskoeffizient, $h_r \approx 4$ W/(m²K)
$\Delta\theta_{er}$ in K	mittlere Temperaturdifferenz zwischen Umgebungsluft und scheinbarer Himmelstemperatur, $\Delta\theta_{er} = 10$K nach DIN V 4108-6
t in h	Dauer des Berechnungszeitraumes, Monat
g_{TWD}	Gesamtenergiedurchlassgrad der Transparenten Wärmedämmung nach Prüfzeugnis
U_{TWD} in W/(m²K)	Wärmedurchgangskoeffizient aller äußeren Schichten, die vor der absorbierenden Oberfläche liegen, $U_{TWD} = R_{TWD}^{-1}$
F_S	Verschattungsfaktor
F_F	Abminderungsfaktor für den Rahmenanteil

Nicht bei allen speziellen transparenten Wärmedämmsystemen können die Solargewinne nach dieser Gleichung ermittelt werden. Einige Systeme haben im Produkt bereits den Solarabsorber integriert, bei einer Prüfung des Gesamtenergiedurchlasses ist dabei dieser Absorptionsgrad bereits mit inbegriffen, vgl. die Hinweise in der Informationsmappe 6.

Der Wärmedurchgangskoeffizient U der gesamten Wandkonstruktion einschließlich TWD-Bauteil, Rahmenkonstruktion und Massivwand sollte nach DIN EN ISO 6946 ermittelt werden.

Für opake Bauteile lautet die Gleichung:

$$Q_{S, op} = U \cdot A_j \cdot R_{se} (\alpha \cdot I_{s, j} - F_f \cdot h_r \cdot \Delta\theta_{er}) \cdot t$$

Die Informationsmappe 6 enthält mehrere Beispiele und ein Rechenblatt für das EnEV-Monatsbilanzverfahren.

1.9 Vorhangfassaden

Für Vorhangfassaden erfolgt die Berechnung des Wärmedurchgangskoeffizienten nach DIN EN 13947 „Berechnung des Wärmedurchgangskoeffizienten. Vereinfachtes Verfahren. Wärmetechnisches Verhalten an Vorhangfassaden". Vorhangfassaden zählen nicht zu den Fensterkonstruktionen.

Die Bemessung und Bauweise von Vorhangfassadensystemen ist sehr komplex. Die Norm enthält daher ein vereinfachtes Verfahren zur Berechnung des Wärmedurchgangkoeffizienten. Die Vorhangfassadenhülle umfasst verschiedene Werkstoffarten, die auf unterschiedliche Weise miteinander verbunden sind und in der geometrischen Form stark variieren. Bei einer derartig komplexen Konstruktion ist die Möglichkeit der Erzeugung von Wärmebrücken durch die Gebäudehülle sehr groß. Mit dem Rechenverfahren kann nicht bestimmt werden, ob an der Oberfläche oder innerhalb der Konstruktion selbst Kondensation auftritt. Die Norm verweist auf weitere Berechnungsverfahren über die Prüfung, Fugenproblematik und Verbindungen zu Wand und Decke sowie Verankerungen bei Vorhangfassaden.

Die Norm umfasst
- verschiedene Verglasungstypen (Glas oder Kunststoff, Einfach-, Mehrfachverglasungen; mit oder ohne Beschichtung mit niedrigem Emissionsgrad; Zwischenräume mit Luft- oder anderen Gasfüllungen),
- Rahmen, aus Metall, Holz, Hart-PVC mit oder ohne wärmetechnische Trennung,

– verschiedene Typen von nichttransparenten Füllungen, die mit Metall, Glas, Keramik oder einem anderen Werkstoff verkleidet sind.

Wirkungen von Wärmebrücken an Falz oder Fuge zwischen Verglasung, Rahmen und Füllung sind in der Berechnung angegeben.

Die Norm umfasst nicht
– Wirkungen von Sonneneinstrahlung
– Wärmedurchgang infolge Lufttransport
– Berechnung der Kondensation
– Belüftung der Zwischenräume bei Doppel- und Verbundfenstern, bei nichttransparenten Füllungen und Wandflächen
– zusätzlichen Wärmeübergang an den Ecken und Kanten der Vorhangfassaden.

Der Wärmedurchgangskoeffizient U_{CW} (CW: curtain walling) eines Moduls eines Vorhangfassadensystems wird flächenanteilig aus den Wärmedurchgangskoeffizienten der einzelnen Komponenten und dem Einfluss der Randzonen zwischen Rahmen und Füllungen berechnet nach der Gleichung:

$$U_{CW} = \frac{\sum A_g \cdot U_g + \sum A_p \cdot U_p + \sum A_f \cdot U_f + \sum l_g \cdot \psi_g + \sum l_p \cdot \psi_p}{\sum A_g + A_f + A_p} \text{ in W/(m}^2\text{K)}$$

U_g, U_p ...　　Wärmedurchgangskoeffizient des Panels sowie von Füllung und Verglasung

U_f ...　　Wärmedurchgangskoeffizient des Rahmens, Pfosten-, Riegelprofils

A_g, A_p ...　　Flächenanteil der Füllungen, Panele

A_f ...　　Flächenanteil der Profile von Fenster, Pfosten, Riegel

ψ_g, ψ_p ...　　längenbezogener Wärmedurchgangskoeffizient infolge der kombinierten Wärmewirkungen von Abstandhalter und Rahmen bzw. am Übergang von Isolierglas bzw. Panel und Rahmen.

U_p wird nach DIN EN ISO 6946 ermittelt, U_g nach DIN EN 673, DIN EN 674, DIN EN 675 und DIN EN 1098. Der Wert U_f wird in der Norm DIN EN 13947 erläutert, nach DIN EN 12412-2 gemessen oder nach DIN EN ISO 10077-2 berechnet. Werte für ψ_g sind in DIN EN 13947 Anhang A.1 angegeben, für ψ_p in der gleichen Norm in Anhang A.2.

Die Norm enthält auch ein Berechnungsverfahren für Gesamtfassaden, die aus Modulen unterschiedlicher Größen und/oder Maßabweichungen aufgebaut werden. DIN EN ISO 13947 enthält ein sehr umfangreiches und ausführliches Berechnungsbeispiel.

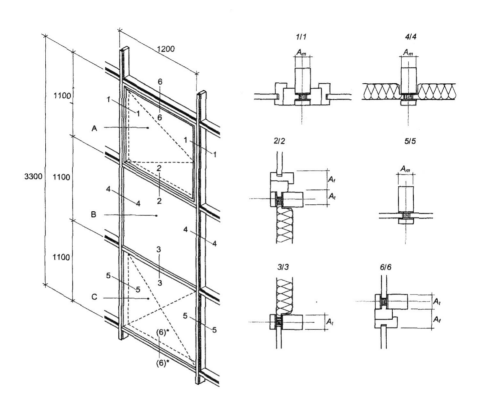

Bild 1.20. Beispiel eines Fassadenmoduls gem. DIN EN ISO 13947

Legende: A   Fenster
         B   Panel
         C   Festverglasung
         (6)* vergleichbar mit 6/6 jedoch in spiegelbildlicher Anordnung

1.10 Allgemeine Anmerkungen zu den Rechenverfahren

Probleme bereitet die wärmeschutztechnische Berechnung von Wärmedurchgangskoeffizienten alter Bauteile bei der Modernisierung. Hier ist auf die Schriftenreihe der RG-Bau (Rationalisierungs-Gemeinschaft „Bauwesen") zu verweisen, worin in Band Nr. 22 k-Werte alter Bauteile aufgelistet sind. Die Arbeitsunterlage ermöglicht eine schnelle und einfache Bestimmung von Bauteilen, wie man sie in Altbauten vorfindet.

Die energetische Güte eines U-Wertes einer Außenwand o.ä. hängt von sieben Parametern ab:
- von der Wärmespeicherfähigkeit
- von der Wärmedämmfähigkeit
- von der Wanddicke
- von Wärmebrücken
- von der Oberflächenstruktur
- von Sorptions- und Diffusionsverhalten
- von der Farbe.

Wie diese sieben Parameter optimal zusammenwirken müssen ist noch nie systematisch untersucht worden.

Der Schwerpunkt bei den meisten Baukonstruktionen liegt bei der thermischen Verbesserung. Dadurch ergaben sich immer wieder Konflikte mit der Schalldämmung der jeweiligen Bauteile und der damit errichteten Gebäude. Obwohl schon lange nachgewiesen wurde, dass wärmetechnische Verbesserungen im Gebäude in vielen Fällen nicht zur Erhöhung der Schalldämmung beitragen, sind die bauphysikalischen Entwicklungen vielfach mehrgleisig verlaufen; entweder galt das Interesse einem Produkt mit besonders hoher Wärmedämmung oder mit optimaler Schalldämmung. Vereinzelt sind Ansätze zu einer gesamtheitlich bauphysikalischen Betrachtungsweise zu beobachten, z.B. bei Isolierglasscheiben und für alle bauphysikalisch bedeutsamen Außenbauteile in Katalogform mit Angaben zum bewerteten Schalldämm-Maß und zum k-Wert von Bauteilen, geordnet nach Bauteilgruppen [10]. In einer Untersuchung des Fraunhofer-Instituts für Bauphysik ist man der Frage nachgegangen über die „Auswirkungen der neuen Wärmeschutzverordnung auf den Schallschutz von Gebäuden" [11].

Der Einfluss der Schalldämmung des Fensters auf die resultierende Schalldämmung von Wand und Fenster ist um so geringer, je höher die Schalldämmung der Wand und je kleiner der Fensterflächenanteil ist.

Damit die Anforderungen der EnEV bei Außenwänden erfüllt werden können, sind Massive Baustoffe geringer Dichte und größerer Dicke wie Porenbeton oder porosierte Hochlochziegel notwendig. Hier hat sich schon früh gezeigt, dass die Erwartungen an die Schalldämmung nicht wie bei homogenen, Massiven Bauteilen, erfüllt werden. Auch die Schall-Längsdämmung in horizontaler und vertikaler Richtung ist oft zu gering, dass die Anforderungen der bauaufsichtlich eingeführten Schallschutznorm DIN 4109 nicht eingehalten werden.

Ähnliche Probleme treten auch bei Massivwänden mit Wärmedämm-Verbundsystemen auf. Hier spielt die dynamische Steifigkeit der Dämmschicht und die Putzdicke eine wesentliche Rolle. In der Regel sind Dämmstoffe aus Fasermaterial günstiger als solche aus Hartschäumen. Aber auch Dämmschichten aus Polystyrolhartschaum können akustisch hilfreich sein, wenn sie elastifiziert und nicht vollflächig an der Massivwand befestigt sind.

Der Rollladenkasten als thermischer und akustischer Schwachpunkt in der Außenwand muss je nach Anforderung an den Schutz gegen Außenlärm in seinen raumabschließenden Elementen verstärkt werden, sofern er in die Wandebene integriert wird. Eine Montage vor die Wand oder vor Wandelemente ist dagegen aus akustischer Sicht unproblematisch.

Das Dach als mehrschaliges Bauteil ist im Hinblick auf die Schalldämmung grundsätzlich wie die Außenwand zu betrachten. Die Dämmschicht sollte hier schallabsorbierende Aufgaben übernehmen. Dies spricht für Faserdämmstoffe, Zellulose oder ofenporige Materialien und gegen geschlossenzellige Schaumstoffe sowie Hartschäume. Die Anschlüsse zwischen Wohnungs- oder Haustrennwand und Dach ist besonders kritisch und erfordert sorgfältige Abdichtungs- und Dämmungsmaßnahmen.

1.11 Wärmeverluste über das Erdreich

Die Transmissionswärmeverluste durch erdreichberührte Bauteile, wie Bodenplatten, Kelleraußenwände und Kellerfußböden hängen wegen der mehrdimensionalen Wärmeleitung neben dem Wärmedurchlasswiderstand der jeweiligen Bauteile auch von geometrischen Kenngrößen ab, wie z.B. der Grundfläche A_G, dem Umfang der Bodenfläche P oder der Tiefe h_K des Kellergeschosses unter Oberkante Erdreich. Die Wärmeleitfähigkeit des Erdreiches wird berücksichtigt. Das Berechnungsverfahren ist in DIN EN ISO 13370 umfassend beschrieben. In DIN V 4108-6 Anhang E werden die Gleichungen nach dieser Norm angewendet.

Bei der Ermittlung des Wärmedurchgangskoeffizienten für die Grundfläche des Gebäudes an Erdreich unter der Sohle des Gebäudes dürfen nur die Schichten innerseits der Bauwerksabdichtung (bzw. der Dachhaut!) berücksichtigt (DIN 4108-2) werden.

In den letzten Jahren hat allgemein die Funktion des Kellers einen Wandel erfahren. Selbst in Fällen, in denen der Bauherr bei der Planung keine hohen Ansprüche an die Kellerräume gestellt hat, trat im Laufe der Nutzung ein Umdenken ein. Es ist aus diesen und auch mehreren, z.B. bauphysikalischen, Gründen zu empfehlen, in jedem Fall bei Wohnbauten wärmedämmende Außenwände im Keller vorzusehen. Geeignet sind dafür monolithische Mauerwerkskonstruktionen, u.a. aus Leichthochlochziegeln, die über dem Erdreich und dem Erdgeschoss fortgeführt werden können [12].

Die Ausführung des Wärmeschutzes an Kellerwand und Kellerboden kann auf unterschiedliche Weise erfolgen. Eine Anforderung neben den gesetzlichen Anforderungen in der EnEV ergibt sich aus der Notwendigkeit, die raumseitigen Oberflächen tauwasserfrei zu halten [13].

Angaben zu **Bilder 1.21**:   Temperatur im Keller 80°C,
$\lambda_{Erdreich}$ = 2,10 W/(mK),
$\lambda_{Dämmung}$ = 0,04 W/(mK).

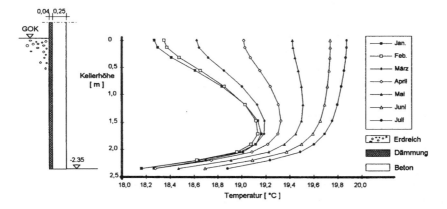

Bild 1.21 a. Temperaturverlauf an der Innenoberfläche einer Kellerwand [13].

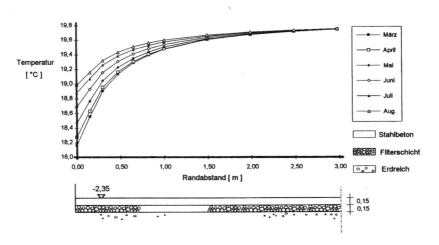

Bild 1.21 b. Temperaturverlauf auf der Innenseite des Kellerbodens [13].

Nach **Bild 1.21** treten die niedrigsten Temperaturen im Sockelbereich und im Anschlussbereich Kellerwand und Kellerboden (Kellerfuß) auf. Im Sockelbereich stellen sich die niedrigsten Oberflächentemperaturen im Januar ein und entsprechen fast denen der an Außenluft grenzenden Bauteilflächen, da eine dämpfende und zeitverzögernde Wirkung durch das Erdreich noch nicht eingetreten ist. Im Winter und in der Übergangszeit nach der Heizperiode liegen die Oberflächentemperaturen unterhalb des Sockels in der Regel höher als an Bauteilen, die an die Außenluft grenzen. Im Sommer liegen sie darunter. Die niedrigsten Temperaturen am Kellerfuß treten aufgrund der zeitverzögernden Wirkung des Erdreichs erst im Februar und März auf. Sie liegen trotz der dämpfenden Wirkung des Erdreichs aufgrund der dort vorhandenen Wärmebrücke niedriger als im Sockelbereich. Am Kellerboden liegt die niedrigste Oberflächentemperatur ebenfalls im Anschlussbereich von Kellerwand und Kellerboden. Mit zunehmendem Abstand vom Rand steigt die Oberflächentemperatur stetig an. Ab etwa 3 m Randabstand sind die Auswirkungen der Außenlufttemperaturschwankungen vollkommen abgeklungen und es herrschen stationäre Verhältnisse. Der tiefste Temperaturverlauf tritt erst im März auf [13].

Für eine Kellerlufttemperatur 20°C, relative Luftfeuchte 60%, Taupunkttemperatur 12°C, $\lambda_{Erdreich}$ = 2,1 W/(mK), $\lambda_{Dämmung}$ = 0,04 W/(mK) in **Bild 1.21**, besteht trotz des geringen Wärmeschutzes an Kellerwand und Kellerboden im Winter keine Gefahr für Tauwasserausfall. Erforderlicher Mindestwärmeschutz für die

Kellerwand $U \leq 1,39$ W/(m²K)

Kellerboden $U \leq 0,93$ W/(m²K)

Dies entspricht einer Dämmungsdicke an der Kellerwand von etwa 2 cm und am Kellerboden von etwa 3,5 cm [13].

In der EnEV, Anlage 3, Tabelle 1, Zeilen 5a und 5b sind Anforderungen an den Wärmeschutz enthalten:

Wände gegen Erdreich, d.h.

Kellerwand, Kellerboden mit
außenseitiger Bekleidung oder
Verschalung, Feuchtigkeits-
sperren oder Drainagen $U_G \leq 0,40$ W/(m²K)

Kellerwand, Kellerboden mit
innenseitiger Bekleidung oder
Verschalung, Fußbodenaufbau-
ten auf der beheizten Seite
aufgebaut, Dämmschichten $U_G \leq 0,50$ W/(m²K)

Dies ergibt für Kellerwand, Kellerboden Dämmstoffdicken von

$\lambda_{Dämmung} = 0,035$ W/(mK) $d_{Dä} = 0,090$ m

$\lambda_{Dämmung} = 0,040$ W/(mK) $d_{Dä} = 0,105$ m

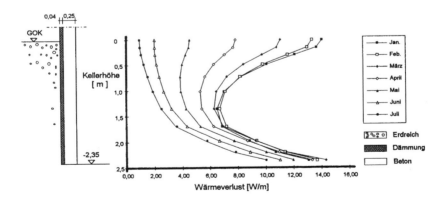

Bild 1.21 c. Wärmestromverlauf entlang einer gering gedämmten Kellerwand [13].

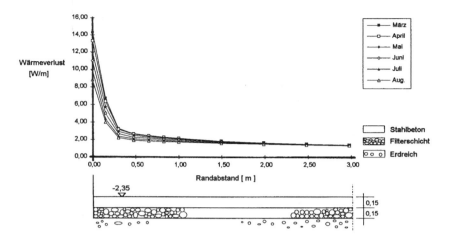

Bild 1.21 d.   Wärmestromverlauf an einem ungedämmten Kellerboden [13].

Die **Bilder 1.21 c** und **1.21 d** zeigen die Wärmestromverteilung entlang der Innenoberfläche einer gering gedämmten Kellerwand und eines ungedämmten Kellerbodens. Der Wärmeverlust im Sockelbereich entspricht nahezu dem der an die Außenluft grenzenden Außenwand. Mit zunehmender Tiefe macht sich die dämpfende Wirkung des Erdreichs bemerkbar. Der Wärmeverlust nimmt kontinuierlich ab und steigt im Bereich des Kellerfußes wieder stark an. Am Kellerfuß tritt der größte Wärmeverlust erst im März auf, d.h. etwa 2 Monate nach dem Auftreten der niedrigsten Erdreichoberflächentemperatur [13].

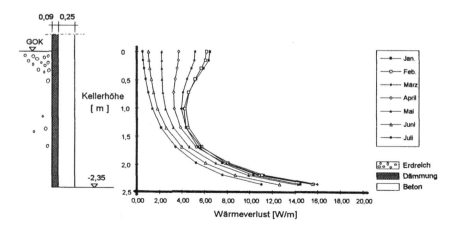

Bild 1.21 e.   Wärmestromverlauf an einer gut gedämmten Kellerwand [13].

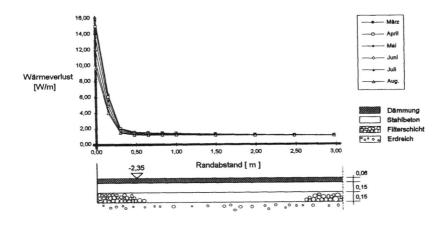

Bild 1.21 f.   Wärmestromverlauf an einem gut gedämmten Kellerboden [13].

Die **Bilder 1.21 e** und **1.21 f** zeigen den Wärmestromverlauf eines gut gedämmten Kellers. Im Sockelbereich ist der Wärmeverlust aufgrund der guten Dämmung erheblich geringer, um dann in der unteren Hälfte der Kellerwand beträchtlich anzusteigen. Hier macht sich die fatale Wirkung einer Wärmebrücke bemerkbar. Bei Erhöhung der Wärmedämmung konzentriert sich der Wärmeabfluss auf die Wärmebrücke, da der Temperaturgradient im Bereich der Wärmebrücke größer wird. Der Wärmeverlust am Kellerfuß ist bei der gut gedämmten Konstruktion höher als bei der gering gedämmten Konstruktion. Der Dämmungsanordnung in diesem Bereich muss daher besondere Aufmerksamkeit geschenkt werden [13]. Der Wärmeverlust an Kellerwänden ist trotz besserer Dämmung höher als an Kellerböden. Daher sind Dämm-Maßnahmen an Kellerwänden wirkungsvoller als am Kellerboden. Je besser der Kellerboden im Verhältnis zur Kellerwand gedämmt ist, desto höher ist der Kellerwandwärmeverlust. Aus diesem Grund ist es aus energetischer Sicht nicht sinnvoll, den Kellerboden besser zu dämmen als die Kellerwand [13].

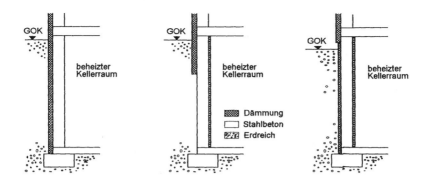

Bild 1.21 g. Kellerwände mit verschiedenen Dämmungsanordnungen [13].

Im **Bild 1.21 g** sind die wesentlichen Dämmungsanordnungen an Kellerwänden dargestellt. Die ganze Außen- bzw. Perimeterdämmung entspricht der Dämmpraxis und erfordert die allgemeine bauaufsichtliche Zulassung des DIfBt. Die Anordnung einer Innendämmung ist i.d.R. nur bei nachträglichem Ausbau angebracht. Sie muss zur Vermeidung von Tauwasserausfall im Bauteil einen ausreichend hohen Wasserdampfdiffusionswiderstand aufweisen. Zusätzlich kann im Sockelbereich die Dämmung der Außenwand etwa 1 m unter der Geländeoberfläche geführt werden. Eine oft diskutierte Maßnahme ist die Anordnung außerhalb der Außenwand des Kellers [13].

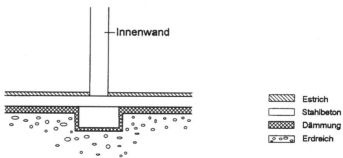

Bild 1.21 h. Fußbodenplatte mit Perimeterdämmung und Innenwand [13].

Am Kellerboden bzw. an der Bodenplatte auf Erdreich kann die Wärmedämmschicht unter- oder oberhalb der Stahlbetonplatte angeordnet werden, **Bild 1.21 h.** Bei einer Verlegung unterhalb der Stahlbetonplatte, d.h. unterhalb der Abdichtungsebene, dürfen nur Dämmstoffe verwendet werden, die kaum Wasser aufnehmen (Zulassungsbescheid). Sie müssen die entsprechenden Lasten aufnehmen können. Die Dämmung über der Bodenplatte erfolgt, wenn eine schwimmende Nutzschicht vorgesehen bzw. keine Wärmespeicherung der Bodenplatte erwünscht ist bzw. wenn Kellerräume nur zeitweise genutzt oder Fußbodenheizungen vorgesehen werden, deren Regelbarkeit bei zu großen Speichermassen schwierig wird [13].

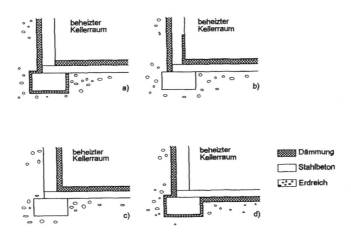

Bild 1.21 i. Möglichkeiten der Dämmungsanordnung im Anschlussbereich Kellerwand und Kellerfußboden [13].

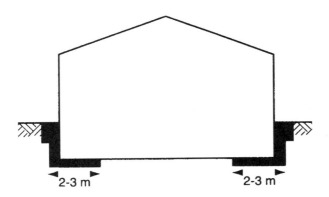

Bild 1.21 j. Flachgründung, üblich im Industriebau.

Mit diesen Maßnahmen kann der Wärmebrückeneffekt am Kellerfuß gemäßigt werden **Bild 1.21 i**. In den Fällen a) und d) wird die Wärmedämmung um das Fundament herumgeführt, „eingepackt", recht aufwendig! Konstruktiv einfacher ist es, die Wärmedämmung nach Fall b) innenseitig etwa 0,7 m hochzuführen oder entsprechend Fall c) die Dämmung unter der Kellerwand hindurchzuführen. Am einfachsten kann das Problem entschärft werden, wenn sowohl an der Kellerwand wie auch am Kellerboden eine Innendämmung vorgesehen wird (Fall d) [13].

Bei Flachgründungen, wie sie üblich im Industriebau sind, genügt meist eine Dämmung des Randstreifens, **Bild 1.21 j**. Je größer eine erdberührte Bodenfläche ist, desto mehr verringert sich der Wärmeabfluss über die Bodenplatte aus dem beheizten Baukörper. Das anstehende Erdreich wirkt wärmedämmend. In diesem Fall muss jedoch überprüft werden, ob der Grundwasserhorizont mehr als 2 m unterhalb der Bodenplatte liegt. So ergibt sich z.B. bei einer Gebäudegrundfläche von 25 m x 100 m und einer Gründungstiefe von einem Geschoss ein horizontaler Dämmstreifen von 2 m bis 3 m im Bereich der erdberührten Grundfläche.

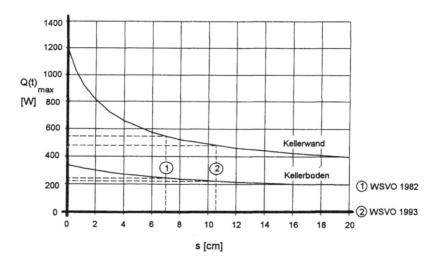

Bild 1.21 k. Auswirkung der Dämmungsdicke an der Kellerwand und am Kellerboden auf den maximalen Wärmeverlust [13].

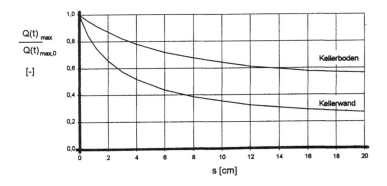

Bild 1.21 l. Verhältnis des Wärmeverlustes der gedämmten Konstruktion zur ungedämmten Konstruktion [13].

Für einen Kellerraum mit 10 m x 10 m Außenwand, Kellerwandhöhe 2,5 m und $\lambda_E = 1,2$ W/(mK) sind die Auswirkungen der Dämmungsdicke an der Kellerwand und am Kellerboden auf den maximalen Wärmeverlust nach der bisherigen WSVO 1995 ermittelt worden, **Bild 1.21 k**; da die Forderungen in der EnEV Anlage 1 Tabelle 1 für U_G nahezu gleich sind, ergeben sich kaum Unterschiede am Ergebnis. Kellerwand- und Keller-fußbodenflächen sind gleich groß, daher lassen sich die maximalen Wärmeverluste direkt miteinander vergleichen. Der Wärmeverlust an der Kellerwand ist höher als am Kellerboden. Die absolute Verringerung des Wärmeverlustes infolge erhöhter Dämmungsdicken ist demnach an der Kellerwand doppelt so hoch als am Kellerboden [13]. Um die Wirksamkeit der Wärmedämmschicht weiter zu veranschaulichen, wird die Abnahme des Wärmeverlustes $Q(t)_{max}$ mit zunehmender Dämmung im Verhältnis zu der Konstruktion ohne Dämmschicht $Q(t)_{max, 0}$ dargestellt, **Bild 1.21 l**. Während am Kellerboden der maximale Wärmeverlust von 0 cm bis 20 cm Dämmung um 44% abnimmt, hat der maximale Wärmeverlust an der Kellerwand bei 20 cm Dämmung um 73% abgenommen. Die steilste Abnahme der Wärmeverluste erfolgt bei den ersten Dämmungszentimetern [13].

Die vorstehenden Betrachtungen berücksichtigen nicht die durch das fließende Grundwasser erzwungene Konvektion [14]. Die ohne Grundwasser berechneten Wärmeströme können mit einem Faktor f_{GW} multipliziert werden: $Q_{gesamt} = f_{GW} \cdot Q_{ohne \ Grundwasser}$. Für den Kellerboden kann im Extremfall f_{GW} Werte bis 30 annehmen, für eine Kellerwand ist er immer kleiner als 2. Für den Kellerboden spielt der Wärmedurchlasswiderstand der Konstruktion einen nicht unerheblichen Einfluss. Mit abnehmendem Wärmedurchlasswiderstand wächst der Faktor sehr stark an. Dies kann vor allem für bestehende ältere Gebäude von Bedeutung sein. Für Neubauten sollte der Wärmedurchlasswiderstand über 2 m²K/W liegen, in diesen Bereichen ist dann jedoch wieder nur ein relativ kleiner Einfluss festzustellen.

Betriebswirtschaftlich optimierte Dämmschichten führen zu einer speziellen Ausbildung am Baukörper und die gewählte Dämmschichtdicken zum sparsamsten Verbrauch an Dämm-Materialien. Die folgende **Tabelle 1.17** mit den erläuternden Skizzen zeigt Anwendungen für den Wärmeschutz. Die Treppungen in der Tabelle gehen auf baupraktische Abmessungen der Dämmschichtdicken zurück. Die in der **Tabelle 1.17** aufgelisteten Dämmschichtdicken gelten für Wohngebäude sowie für gewerblich genutzte Bauwerke ähnlicher Form. Für ebenerdig gegründete bzw. größere Gebäude sind erforderliche Dämmschichtdicken entsprechend auszubilden. Wie der **Tabelle 1.17** entnommen werden kann, entspricht das betriebswirtschaftliche Optimum einer Perimeterdämmung bei einer vorgesehenen Nutzungsdauer von 30 Jahren der Dämmschichtdicke, die nach dem Bilanzierungsverfahren der Energieeinsparverordnung erforderlich ist. Wird dagegen bei beheizten und unbeheizten Kellerräumen eine Nutzungsdauer von nur 10 bis 20 Jahren zugrunde gelegt, ist die Dämmschichtdicke von 4 bis 6 cm ausreichend. Die Dämmschicht im unteren Bereich der erdberührten Gebäudeflächen kann bisweilen ganz entfallen. Bei längerem Betrachtungszeitraum, wie z.B. 50 Jahre, sind auch höhere Dämmschichtdicken gerechtfertigt, vgl. **Tabelle 1.17**.

Tabelle 1.17 Betriebswirtschaftlich optimierte Dämmdicken im Perimeterbereich [15].

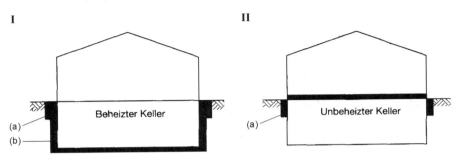

Bauteil	Optimum 10 Jahre	Optimum 20 Jahre	Optimum 30 Jahre ENEV	Optimum 50 Jahre
I. Beheizter Keller				
Dämmdicke Kellerwand, oberer Abschnitt (a) in cm,	5	6	8	10
Höhe des oberen Abschnittes in m.	1,1	1,3	1,0	1,2
Dämmdicke Kellerwand, unterer Abschnitt (b) in cm,	-	4	5	6
Dämmdicke Kellerfußboden in cm	-	4	4	6
II. Unbeheizter Keller				
Dämmdicke Kellerdecke, in cm	4	6	6	9
Dämmdicke Kellerwand, oberer Abschnitt (a) in cm,	4	4	4	4
Höhe des oberen Abschnittes in m.	0,2	0,3	0,5	0,5

Je nach individueller Motivation, nach Form und Gründung des Gebäudes, nach Nutzungsverhalten, nach Abschreibungsdauer und vorgesehener Nutzungsperiode ergeben sich unterschiedliche Dämmstoffdicken. Die betriebswirtschaftliche optimierte Dämmschichtdicke führt zu geringsten Gesamtkosten. Werden 30 Jahre Nutzungsdauer angenommen, so stimmen die in der **Tabelle 1.17** aufgezeigten betriebswirtschaftlich optimierten Dämmschichtdicken mit der Auslegung nach der EnEV überein. Das sture Festhalten an bauteilbezogenen Wärmedurchgangskoeffizienten im Rahmen des Bauteilnachweisverfahrens der EnEV Anlage 3 Tabelle 1 führt zu überdimensionierten Dämmschichtdicken und daher zu unnötigem Verbrauch von Dämmstoff und erhöhten Baukosten [15].

Wegen des sehr umfangreichen Formelumfanges und der notwendigen Tabellen, Diagramme und Erläuterungen in DIN EN ISO 13370 bzw. DIN

V 4108-6 Anhang E muss auf die vorgenannten Normen bei der Berechnung des Wärmeverlustes über das Erdreich verwiesen werde. Erläutert wird dies an einem Beispiel.

Anwendungsbeispiel

Gegeben ist ein Reihen-Mittelhaus mit erdberührter Bodenplatte.

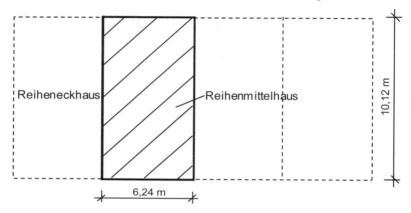

Grundfläche $A_G = 6,24$ m $\cdot$ 10,12 m = 63,12 m²
Umfang der Bodengrundfläche: P = 6,24 m + 6,24 m = 12,5 m
(für das Reihen-Eckhaus wäre P = 6,24 m + 10,12 m + 6,24 m = 22,60 m).
Charakteristische Bodenabmessung für den Transmissionswärmeverlust B′:
$B′ = A_G/(0,5\ P) = 63,12$ m²$/0,5 \cdot 12,5$ m = 10,12 m
Äquivalente charakteristische Gesamtdicke des Fußbodens:
$d_t = w + \lambda\ (R_{si} + R_f + R_{se})$
w   Dicke der aufgehenden Wand
λ Wärmeleitfähigkeit des Erdreichs
R_{si} Innerer Wärmeübergangswiderstand
R_f Wärmedurchlasswiderstand der Bodenplatte
R_{se} Äußerer Wärmeübergangswiderstand

Gegeben:
w   = 0,30 m
λ = 2,0 W/(mK)
R_{si} = 0,17 m²K/W
R_f = 1,71 m²K/W
R_{se} = 0,04 m²K/W

d_t = [0,30 + 2,0 (0,17 + 1,71 + 0,04)] m = 4,22 m

Da d_t < B', 4,22 m < 10,12 m ist, handelt es sich nach der Norm um einen mäßig gedämmten Fußboden.

Der effektive Wärmedurchgangskoeffizient U_g der Bodenplatte ergibt sich als Näherungslösung nach DIN EN ISO 13370:

$$U_g = \frac{2\lambda}{\pi \cdot B' + d_t} \ln\left(\frac{\pi \cdot B'}{d_t} + 1\right) = \left[\frac{2 \cdot 2}{\pi \cdot 10,12 + 4,22} \ln\left(\frac{\pi \cdot 10,12}{4,22} + 1\right)\right] \text{ W/(m}^2\text{K)}$$

U_g = 0,34 W/(m²K)

U_g ist der Wärmedurchgangskoeffizient der Bodenplatte nach der Schichtenfolge.

DIN EN ISO 13370 bzw. DIN 4108-6 Anhang E weisen große Schwächen auf:

– Der Einfluss des Grundwassers wird stark überbewertet, da die Grundwassertemperatur als konstant angenommen und damit eine Erwärmung desselben ausgeschlossen wird.

– Das Verfahren ist nur stationär, daher kann weder der Wärmeverlust für einen beliebigen Zeitpunkt noch für einen beliebigen Zeitraum berechnet werden (z.B. Monatsbilanzverfahren).

– Der Wärmedurchlasswiderstand der Dämmung wird additiv hinzugefügt, was bedeutet, dass Dämm-Maßnahmen überbewertet werden.

– Vergleichsberechnungen haben gezeigt [16], dass der Wärmeverlust für eingeschossige Keller und Bodenplatten nach der Norm stark unterbestimmt werden.

Im mittleren Dämmbereich ($d_{Dä} \approx$ 6 cm bis 8 cm) erbringen die beiden Berechnungsverfahren nach DIN EN ISO 13370 und [16] fast gleiche Ergebnisse. Bei nicht oder gering gedämmten Konstruktionen sind die Wärmeverluste nach der Norm höher. Bei sehr gut gedämmten Konstruktionen liegen die Wärmeverluste nach [16] höher. Eine Dämmungszunahme wirkt sich nach dem Berechnungsverfahren in der Norm stärker aus als nach dem Verfahren in [16]. Der Grund dafür ist, dass das Berechnungsverfahren nach DIN für ungedämmte Konstruktionen hergeleitet wurde. Die Wärmedämmung wird additiv hinzugefügt. Das bedeutet fiktiv, dass der Wärmestrom an jeder Stelle senkrecht zur Wärmedämmung, also eindimensional verläuft, und das Wärmestromfeld im Erdreich für jede Dämmschichtdicke gleich bleibt. Das entspricht nicht der Realität. Zum einen verläuft der Wärmestrom in den Eck- und Randbereichen mehrdimensional, was einem

erhöhten Wärmeverlust gleichkommt und zum anderen wird das Wärmestromfeld im Erdreich bei Variation der Dämmungsdicke verändert. Bei
einem zwei- bis dreidimensionalem Ansatz, wie er bei dem Berechnungsverfahren in [16] vorliegt und auch der Realität entspricht, ist die Wirksamkeit einer Wärmedämmung geringer.

Die Grundwassertemperatur wird konstant mit 9°C in der Norm angesetzt, egal wie nahe der Grundwasserspiegel unter dem Kellerboden liegt.
Das entspricht einem nahezu unendlich schnell fließenden Grundwasser-
strom. Das Wasser wird so schnell wegtransportiert, dass keine Erwärmung erfolgt. Nachforschungen in der Literatur haben ergeben, dass Fließ-
geschwindigkeiten von Grundwasser im allgemeinen sehr gering sind.
Eine Berechnung des Grundwassereinflusses auf den Wärmeverlust sollte
daher von nahezu stehendem Grundwasser ausgehen, da ansonsten der
Grundwassereinfluss extrem überbewertet wird, wie in **Bild 1.22** dargestellt wird.

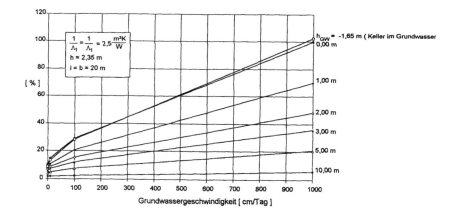

Bild 1.22. Prozentuale Erhöhung des Wärmeverlustes infolge Grundwasser in
Abhängigkeit von der Grundwassergeschwindigkeit und –tiefe [16].

Es wird daher folgendes vereinfachtes Berechnungsverfahren für den
Wärmeverlust erdreichberührter Bauteile nach Mrziglod-Hund [13] und
Dahlem[16] vorgeschlagen:

Die wesentlichen Größen, die den Wärmeverlust erdreichberührter Bauteile beeinflussen, sind in folgendem Bild dargestellt:

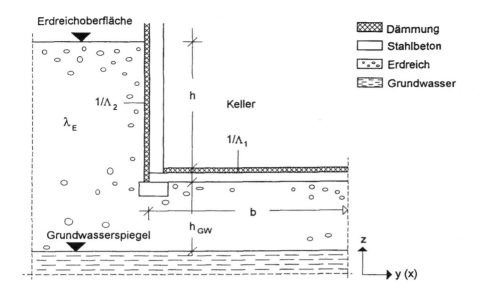

Bild 1.23. Schnitt durch einen Keller.

Vollbeheizte Kellergeschosse ohne Grundwassereinfluss:

Die Transmissionsheizlast berechnet sich wie folgt:

$$\dot{Q}_E = \dot{Q}_{E1} + \dot{Q}_{E2}$$

Index:
1 . . . Kellerboden;
2 . . . Kellerwand

Die Transmissionsheizlasten des Kellerbodens und der Kellerwand werden getrennt berechnet.
Für die Transmissionsheizlast eines Kellerbodens gilt:

$$\dot{Q}_{E1} = m_1 \left[g_1 + \left(\frac{1}{b} - 1 \right) \right] b \cdot h_1 \cdot (\vartheta_i - \vartheta_{\text{äq, E1}})$$

Hierin bedeuten:
1 . . .   Kellerlänge [m]
b . . .   Kellerbreite [m]
m_1 . . .   Wärmeverlustkoeffizient des Kellerbodens [W/(mK)]

h_1 . . .   Höhenfaktor für den Kellerboden [-]

g_1 . . .   Geometriefaktor des Kellerbodens [-]

ϑ_i . . .   Norm-Innentemperatur [°C]

$\vartheta_{äq, El}$ . . .   äquivalente Erdreichtemperatur aus folgender Gleichung [°C]

Die Faktoren m_1, h_1 und g_1 sind den folgenden **Bildern 1.24** bis **1.32** zu entnehmen.

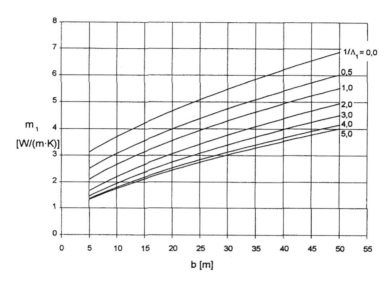

Bild 1.24. Wärmeverlustkoeffizient m_1 (b; $1/\Lambda_1$).

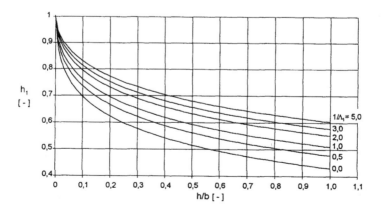

Bild 1.25. Höhenfaktor h_1 (h/b; $1/\Lambda_1$).

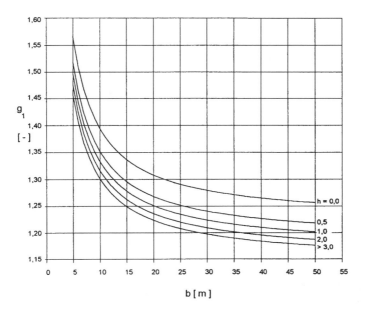

Bild 1.26. Geometriefaktor g_1 (h; b).

Mit dem Höhenfaktor h_1 wird die Abnahme des Wärmeverlustes mit zunehmender Kellerhöhe h berücksichtigt. Für die Bodenplatte auf Erdreich mit h = 0 ist h_1 = 1.

Die Transmissionsheizlast des Kellerbodens gilt nur für eine Erdreichwärmeleitfähigkeit von λ_E = 1,2 W/(mK), d.h. nur für feinkörnige Böden. Für grobkörnige Böden (Sande, Schotter) kann die Gleichung mit dem Faktor η_1 aus **Bild 1.27** korrigiert werden. Dem Korrekturfaktor η_1 liegt eine Erdreichwärmeleitfähigkeit von 2,1 W/(m²K) zugrunde. Zwischenwerte können linear interpoliert werden.

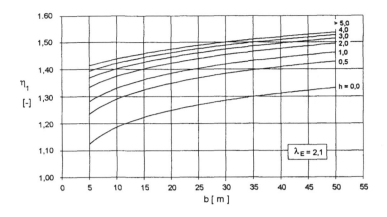

Bild 1.27. Korrekturfaktor η_1 (h; b) für $\lambda_E = 2{,}1$ W/(mK).

Die äquivalente Erdreichtemperatur $\vartheta_{\text{äq, E1}}$ entspricht keiner reellen Temperatur, sondern in $\vartheta_{\text{äq, E1}}$ wird der zeitabhängige Wärmeverlustanteil am Kellerboden berücksichtigt. Für $\vartheta_{\text{äq, E1}}$ gilt:

$$\vartheta_{\text{äq, E1}} = \vartheta_0 - f_1 \cdot \vartheta_1$$

Hierin bedeuten:

ϑ_0 ... Jahresmittel der Erdreichoberflächentemperatur aus **Tabelle 1.18**.
ϑ_1 ... Amplitude der Erdreichoberflächentemperatur aus **Tabelle 1.18**.
f_1 ... Faktor aus **Bild 1.28**.

Tabelle 1.18. Jahresmittel ϑ_0 und Amplituden ϑ_1 der Erdreichoberflächen-temperaturen für verschiedene Städte in Deutschland [Quelle: Deutscher Wetterdienst].

	ϑ_0 [°C]	ϑ_1 [°C]
Saarbrücken	9,7	9,8
Bremen	9,6	9,7
Berlin-Dahlem	9,2	10,6
Obersdorf	8,3	10,4

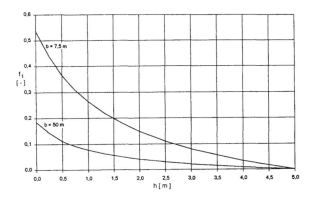

Bild 1.28. Faktor f_1 (h; b)

Für die Transmissionsheizlast einer Kellerwand gilt:

$$\dot{Q}_{E2} = m_2 \cdot g_2 \cdot 2 \, (1 + b) \, (\vartheta_i - \vartheta_{äq, E2})$$

Hierin bedeuten:

m_2 . . .   Wärmeverlustkoeffizient der Kellerwand [W/(mK)] aus **Bild 1.29**.

g_2 . . .   Geometriefaktor der Kellerwand [-] aus **Bild 1.30**.

$\vartheta_{äq, E2}$ . . .   äquivalente Erdreichtemperatur aus folgender Gleichung [°C]

Die vorstehende Gleichung gilt für eine Erdreichwärmeleitfähigkeit $\lambda_E = 1{,}2$ W/(mK), d.h. für feinkörnige Böden. Für grobkörnige Böden kann die Gleichung mit dem Faktor η_2 aus **Bild 1.31** korrigiert werden.

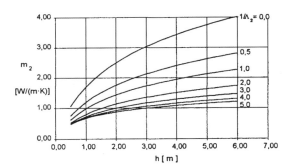

Bild 1.29. Wärmeverlustkoeffizient m_2 (1/Λ_2; h).

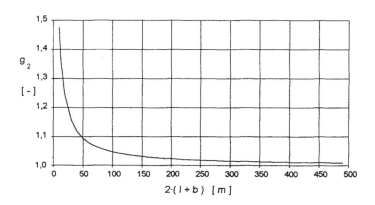

Bild 1.30. Geometriefaktor g_2 $(2 \cdot (1 + b))$.

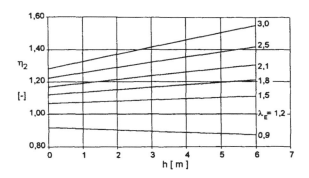

Bild 1.31. Korrekturfaktor η_2 $(h; \lambda_E)$.

Die äquivalente Erdreichtemperatur der Kellerwand $\vartheta_{\text{äq, E2}}$ kann wie folgt berechnet werden:

$$\vartheta_{\text{äq, E2}} = \vartheta_0 + f_2 \cdot \vartheta_1$$

f_2 ... Faktor aus **Bild 1.32**.

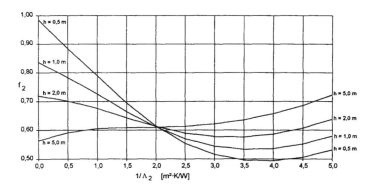

Bild 1.32. Faktor f_2 (h; $1/\Lambda_2$).

Folgende allgemeine Regeln sind bei der Berechnung zu beachten:
$$l \geq b$$
und
$$\frac{1}{\Lambda_2} \geq \frac{1}{\Lambda_1}$$

Teilbeheizte Kellergeschosse

Die Transmissionsheizlast teilbeheizter Kellergeschosse kann berechnet werden, indem die zu berechnende Fläche auf den beheizten Teil reduziert wird und bei der Berechnung wie bei vollbeheizten Kellergeschossen vorgegangen wird. Grundformen, die vom Rechteck abweichen, sind annähernd in Rechteckformen zurückzuführen.

Vollbeheizte Kellergeschosse mit Grundwassereinfluss

Nach dem Berechnungsverfahren in [16] errechnet sich für eine Wärmeleitfähigkeit des Erdreichs von $\lambda_E = 1{,}2$ W/(mK) für den Kellerboden bzw. die Bodenplatte
$$\dot{Q}_{Bo,\,GW} = f_{\lambda,\,Bo} \cdot g_{Bo,\,GW} \cdot U_{äq,\,Bo,\,GW} \cdot A_{Bo} \cdot (\vartheta_{Li} - \vartheta_{GW})$$
mit:

$\dot{Q}_{Bo,\,GW}$ ...   durch Grundwasser verursachte zusätzliche Heizlast [W].

$f_{\lambda,\,Bo}$ ...   Faktor für die Berücksichtigung der Erd-reichwärmeleitfähigkeit λ_E und ist identisch η_1.

$g_{Bo,\,GW}$ ...   Geometriefaktor identisch g_1.

$U_{äq,\,Bo,\,GW}$ ...   äquivalenter U-Wert [W/(m²K)] mit T_{GW}, entsprechend dem obersten Grundwasserspiegel im Jahresverlauf; für Keller im Grundwasser wird angenommen: T_{GW} = 0 m, vgl. **Bilder 1.33** bis **1.36**.

A_{Bo} ...   Fläche des Kellerbodens bzw. der Bodenplatte [m²].

ϑ_{Li} ...   Rauminnenlufttemperatur [°C].

ϑ_{GW} ...   Jahresmitteltemperatur des Grundwassers [°C] ≈ Jahresmit-tel der Geländeoberflächentemperatur ≈ 1 K über dem Jah-resmittel der Außenlufttemperatur.

In den **Bildern 1.33** bis **1.36** sind Diagramme für $U_{äq,\,Bo,\,GW}$ zu sehen. $U_{äq,\,Bo,\,GW}$ zeigt eine deutliche Abhängigkeit vom Wärmedurchgangskoeffi-zienten der Konstruktion und von den Grundwasserparametern Fließge-schwindigkeit und Abstand des Grundwasserspiegels zur Gründungssohle.

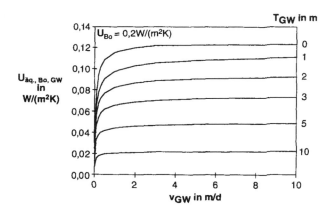

Bild 1.33. $U_{äq,\,Bo,\,GW}$ in Abhängigkeit von v_{GW} für U_{Bo} = 0,2 W/(m²K).

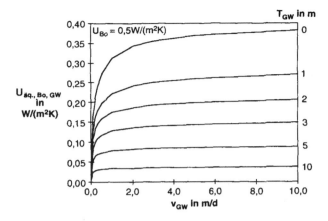

Bild 1.34. $U_{äq, Bo, GW}$ in Abhängigkeit von v_{GW} für $U_{Bo} = 0,5$ W/(m²K).

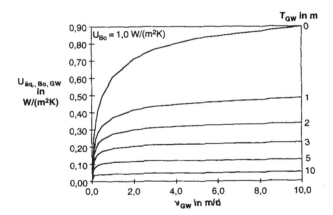

Bild 1.35. $U_{äq, Bo, GW}$ in Abhängigkeit von v_{GW} für $U_{Bo} = 1,0$ W/(m²K).

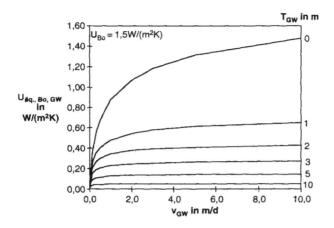

Bild 1.36. $U_{äq, Bo, GW}$ in Abhängigkeit von v_{GW} für $U_{Bo} = 1,5$ W/(m²K).

Bei der Kellerwand muss zwischen zwei Fällen unterschieden werden. Bei einem im Grundwasser gegründeten Gebäude hat ein Teil der Wand direkten Kontakt zum Grundwasser, wird also vom Grundwasser umspült, und gibt deshalb die Wärme direkt ans Grundwasser ab. Beim Rest der Wand erfolgt der Wärmestrom zum Grundwasser indirekt über das Erdreich. Bei Gebäuden, die oberhalb des Grundwasserspiegels gegründet sind, erfolgt der gesamte Wärmestrom zum Grundwasser über das Erdreich.

Keller oberhalb des Grundwasserspiegels

$$\dot{Q}_{Wa, GW} = f_{\lambda, Wa} \cdot g_{Wa, GW} \cdot U_{äq, Wa, GW} \cdot A_{Wa} \cdot (\vartheta_{Li} - \vartheta_{GW})$$

mit:

$\dot{Q}_{Wa, GW}$ ...   durch Grundwasser verursachte zusätzliche Heizlast [W].

$f_{\lambda, Wa}$ ...   Faktor zur Berücksichtigung der Erdreichwärmeleitfähigkeit λ_E identisch η_1.

$g_{Wa, GW}$ ...   Geometriefaktor identisch g_1.

$U_{äq, Wa, GW}$ ...   äquivalenter U-Wert [W/(m²K)] mit T_{GW}, entsprechend dem obersten Grundwasserspiegel im Jahreslauf, vgl. **Bilder 1.37** bis **1.40**.

A_{Wa} ...   Fläche der Kellerwand [m²].

ϑ_{Li} ...   Rauminnenlufttemperatur [°C].

ϑ_{GW} ...   Jahresmitteltemperatur des Grundwassers [°C] $\approx$ Jahresmittel der Geländeoberflächentemperatur $\approx$ 1 K über dem Jahresmittel der Außenlufttemperatur.

Keller im Grundwasser

$$\dot{Q}_{Wa,\,GW} = f_{\lambda,\,Wa} \cdot g_{Wa,\,GW} \cdot (U_{äq,\,Wa,\,GW} \cdot A_{Wa,\,1} + U_{äq,\,Bo,\,GW,\,TGW=0} \cdot A_{Wa,\,2}) \cdot (\vartheta_{Li} - \vartheta_{GW})$$

mit:

$\dot{Q}_{Wa,\,GW}$ ...   durch Grundwasser verursachte zusätzliche Heizlast [W].

$f_{\lambda,\,Wa}$ ...   Faktor zur Berücksichtigung der Erdreichwärmeleitfähigkeit; identisch η_1.

$g_{Wa,\,GW}$ ...   Geometriefaktor; identisch g_1.

$U_{äq,\,Wa,\,GW}$ ...   äquivalenter U-Wert mit T_{GW} = 0 m, [W/(m²K)], vgl. **Bilder 1.37** bis **1.40**.

$U_{äq,\,Bo,\,GW}$ ...   äquivalenter Wärmedurchgangskoeffizient für den Boden mit T_{GW} = 0 m, [W/(m²K)], vgl. **Bilder 1.37** bis **1.40**.

$A_{1\,Wa,\,2}$ ...   Bereich der Wand mit Grundwasserkontakt [m²].

$A_{1\,Wa,\,1}$ ...   Bereich der Wand ohne Grundwasserkontakt [m²].

ϑ_{Li} ...   Rauminnenlufttemperatur [°C].

ϑ_{GW} ...   Jahresmitteltemperatur des Grundwassers [°C] $\approx$ Jahresmittel der Geländeoberflächentemperatur $\approx$ 1 K über dem Jahresmittel der Außenlufttemperatur.

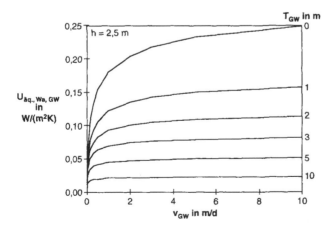

Bild 1.37. $U_{äq,\,Wa,\,GW}$ in Abhängigkeit von v_{GW} für h = 1 m.

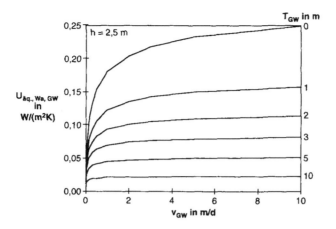

Bild 1.38. $U_{äq, Wa, GW}$ in Abhängigkeit von v_{GW} für h = 2,5 m.

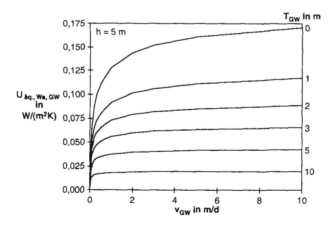

Bild 1.39. $U_{äq, Wa, GW}$ in Abhängigkeit von v_{GW} für h = 5 m.

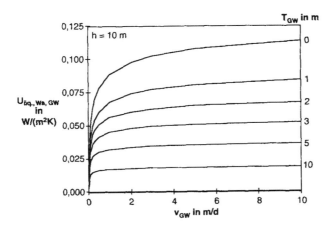

Bild 1.40. $U_{äq,\,Wa,\,GW}$ in Abhängigkeit von v_{GW} für $h = 10$ m.

Es zeigt sich auch hier eine deutliche Abhängigkeit für $U_{äq,\,Wa,\,GW}$ von der Grundwasserfließgeschwindigkeit und dem Abstand des Grundwasserspiegels zur Gründungssohle. Der Wärmedurchgangskoeffizient der Konstruktion hat ebenfalls einen Einfluss. Im genauen Verfahren ergeben sich dadurch eine große Anzahl von Diagrammen. Da der Einfluss des Wärmedurchgangskoeffizienten der Konstruktion gegenüber den anderen Parametern eine deutlich geringere Auswirkung hat, kann ein vereinfachtes Verfahren definiert werden, in welchem dieser Einfluss vernachlässigt ist. Für die meisten in der Praxis vorkommenden Fälle ist dies so ausreichend, da ohnehin die Parameter des Erdreichs und des Grundwassers oft nur geschätzt werden können. Die Diagramme dieses vereinfachten Verfahrens sind in den **Bildern 1.36** bis **1.39** dargestellt.

Anwendungsbeispiel

Gebäudegrundfläche $A_{Bo} = 100$ m², beheiztes Geschoss im Erdreich (zwei Geschosse befinden sich oberhalb des Erdreiches). $U = 0,35$ W/(m²K) für die an das Erdreich angrenzenden Bauteile. Temperaturdifferenz zwischen innen und außen 30K.

Für den Keller wurden folgende Fälle berechnet:

– Fall 1:   kein Grundwasser vorhanden,
– Fall 2:   Grundwasser im Abstand zur Kellersohle T_{GW} = 1 m und einer
             Grundwasserfließgeschwindigkeit v_{GW} = 0,1 m/d,
– Fall 3:   Grundwasser im Abstand zur Kellersohle T_{GW} = 1 m und einer
             Grundwasserfließgeschwindigkeit v_{GW} = 2 m/d.

– Fall 1: $\dot{Q}_{T,\,Keller}$ = 2,6 kW ohne Grundwasser,

– Fall 2: $\dot{Q}_{T,\,Keller}$ = 4,1 kW mit v_{GW} = 0,1 m/d,

– Fall 3: $\dot{Q}_{T,\,Keller}$ = 5,1 kW mit v_{GW} = 2 m/d.

Auf die Wiedergabe der sehr umfangreichen Zwischenrechnungen wurde
verzichtet. Für die Heizlast des Kellerbereiches ergibt sich vom Grundfall
ohne Grundwasser ausgehend, bei einem Abstand des Grundwassers zur
Gebäudesohle T_{GW} = 1 m und v_{GW} = 0,1 m/d eine Erhöhung der Transmissionsheizlast um $\approx$ 38%, bei einem Abstand des Grundwassers zur Gebäudesohle T_{GW} = 1 m und v_{GW} = 2 m/d eine Erhöhung der Transmissionsheizlast um $\approx$ 65%. Man erkennt bei dem Gebäude, bei dem sich lediglich 1/3
des gesamten Gebäudevolumens im Erdreich befindet, dass sich deutliche
Erhöhungen der berechneten Transmissionsheizlast ergeben, wenn
Grundwasser in Kellernähe vorhanden ist.

1.12 Einfluss von Wärmebrücken

Besonders wird mit der EnEV und den ergänzenden Normen der Wärme-
brückenthematik eine sehr wichtige Rolle in Planung und Bauausführung
auf die Gebäudehülle als auch unter hygienischen Gesichtspunkten zuge-
wiesen. Während die energetische Seite im Sinne der EnEV durch pauschale Zuschläge bei der Ermittlung der Transmissionswärmeverluste in
der Planung berücksichtigt werden kann (EnEV Anlage 1 Nr. 25), ergeben
sich in der Bauausführung deutliche Veränderungen, wenn die Details von
DIN 4108 Beiblatt 2 herangezogen werden, um die Gebäudehülle energetisch zu optimieren.

   Mit zunehmendem Wärmeschutz spielen die Ausbildungen von Anschlussdetails und eventuell andere Wärmebrücken eine immer größere
Rolle. So können je nach Wärmedämmniveau und Ausbildung der Anschlussdetails bis zur Hälfte der Transmissionswärmeverluste von Wärmebrücken verursacht werden.

Sowohl bei der Formulierung der EnEV als auch bei der Erstellung von Energiekennzahlen zur energetischen Beschreibung von Gebäuden bereitet die Erfassung dieser Wärmebrückenwirkungen große Probleme, da man nicht allgemein von der Anwendung oder Nutzung von Wärmebrücken-Atlanten ausgehen kann.

Geometrische Wärmebrücken entstehen in homogenen Bauteilen durch Änderung der Bauteilgeometrie. Das sind besonders Ecken, Winkel, auskragende Balkonplatten, Decken-/ Wand-Einbindungen ohne flächendeckende Außendämmung und Vorsprünge, die aus dem gleichen Material bestehen, wie die flächigen Bauteilbereiche. Der typische Fall ist hier der zweidimensionale Außenwandwinkel. Der Wärmebrückeneffekt kommt dadurch zustande, dass gegenüber der warmen Innenoberfläche eine vergrößerte kalte Außenoberfläche vorhanden ist. Dies verursacht laterale, d.h. seitlich abfließende Wärmeströme, die das Temperaturniveau auf der Innenoberfläche zum Winkel hin absenken. Beim Außenwandwinkel, die meist aus gleicher Wanddicke und gleichem Material bestehen, bilden sich ein exakt symmetrischer Wärmestrom - und Oberflächentemperaturverlauf.

Dort wo verschiedene Materialien mit unterschiedlicher Wärmeleitfähigkeit aufeinander treffen, existieren latente Wärmeströme, die nicht mehr nur lotrecht von Oberfläche zu Oberfläche fließen, z.B. bei Metallkonstruktionen oder Betonpfeilern in Außenbauteilen. Es entsteht ein Wärmestromverlauf, der seine Richtung in Abhängigkeit der verschiedenen Materialdicken und Wärmeleitfähigkeiten ändert. Die Berechnung dieser Temperatur- und Wärmestromverläufe erfordert einen großen rechnerischen Aufwand. Diese Wärmebrückenart tritt an fast allen Bauteilverbindungen des Hochbaus auf, da die zu verbindenden Bauteile so gut wie immer aus verschiedenen Materialien bestehen. Weiterhin ist eine Kombination aus geometrischen und materialbedingten Wärmebrücken in der Praxis häufig anzutreffen.

Konvektive Wärmebrücken sind immer dort vorzufinden, wo Luftundichtigkeiten besonders bei Windanströmungen zur Absenkung der Bauteiltemperaturen führen. Durch Verletzungen der Dampfsperre oder der Luftdichtheitsschicht im Dachbereich entstandene Leckagen verursachen neben den zusätzlichen unkontrollierten Lüftungswärmeverlusten u.U. einen erheblichen konvektiven Feuchteeintrag in die Konstruktion und führen, da warme, Feuchte enthaltende Raumluft beim Durchströmen einer Wärmedämmung abkühlt und Kondenswasser (Tauwasser) ausfällt, häufig zu Bauschäden.

Eine Übersicht über die wichtigsten geometrischen und konstruktiven Wärmebrücken enthält **Bild 1.41**.

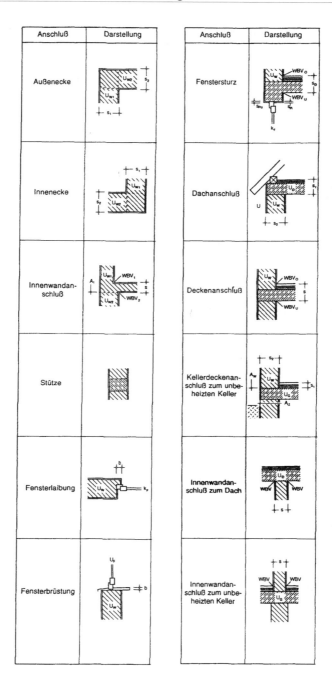

Bild 1.41. Beispiele für geometrische und materialbedingte Wärmebrücken.

Eine detaillierte Erfassung dieser Wärmebrückeneinwirkungen haben Hauser/Stiegel in [17] untersucht. Gemäß DIN 832 bzw. DIN EN ISO 13789, DIN EN ISO 10211-1 und DIN EN ISO 10211-2 sind im Rahmen der Ermittlung des Transmissionswärmebedarfs $Q_{I, T}$ Wärmebrückeneffekte über den spezifischen Transmissionswärmeverlust H_T gemäß folgender Gleichung zu erfassen:

$$H_T = \Sigma F_{x, i} \cdot U_i \cdot A_i + \Sigma F_{j, i} \cdot \psi_{j, i} \cdot l_{j, i} + \Sigma F_{k, i} \cdot \chi_{k, i} \text{ in W/K}$$

$F_{x, i}, F_{j, i}, F_{k, i} \ldots$ Temperaturkorrekturfaktoren.

$U_i \ldots$ Wärmedurchgangskoeffizient in W/(m²K).

$A_i \ldots$ Bauteilfläche in m².

$\psi_{j, i} \ldots$ längenbezogener Wärmebrückenverlustkoeffizient in W/(mK).

$l_{j, i} \ldots$ Länge der Wärmebrücke in m.

$\chi_{k, i} \ldots$ Punktförmiger Wärmebrückenverlustkoeffizient.

Der zweite Term der vorstehenden Formel wird als zusätzlicher Wärmeverlust durch Wärmebrücken in der EnEV mit zus. Wärmedurchgangskoeffizient ΔU_{WB} gekennzeichnet mit Hilfe des auf die Außenmaße längenbezogenen Wärmebrückenverlustkoeffizienten ψ_e in W/(mK) und wie folgt berechnet:

$$\Delta U_{WB} = \Sigma \; (l \cdot \psi_e) \; / \; A \text{ in W/(m²K)}$$

$\psi_e \ldots$ längenbezogener Wärmebrückenverlustkoeffizient der Wärmebrücke in W/(mK).

$l \ldots$ Länge der Wärmebrücke in m.

$A \ldots$ wärmeaustauschende Hüllfläche des Gebäudes in m².

Der Index e im längenbezogenen Wärmebrückenverlustkoeffizient deutet darauf hin, dass die Wärmeverluste der wärmeaustauschenden Außenbauteile über die Außenmaße ermittelt werden. Dies führt z.B. bei Außeneckenwinkeln dazu, dass sich das Produkt aus wärmeaustauschender Fläche und deren U-Wert zu groß ergibt, da dies gegenüber der innenmaßbezogenen und tatsächlichen wärmeaustauschenden Fläche und zusätzlicher Berücksichtigung der Wärmebrücke deutlich zu hoch ausfällt. Aus diesem Grunde können bei der Ermittlung der ΔU_{WB}-Werte negative Zahlenwerte zustande kommen.

Eine Zusammenstellung der ψ-Werte enthält DIN EN ISO 13789, wobei auf den Unterschied ψ_e und ψ_i zu verweisen ist.

Der Wärmebrückenverlustkoeffizient mit Außenmaßbezug ψ_e einer linienförmigen Wärmebrücke lässt sich auch rechnerisch ermitteln (DIN EN ISO 10211-1):

$$\psi_e = L^{2D} - \sum_{j=1}^{N} U_j l_j$$

worin bedeuten

L^{2D} ...   thermischer Leitwert der zweidimensionalen Wärmebrücke in W/K.

U_j ...   Wärmedurchgangskoeffizient der Konstruktion in W/(m²K).

l_j ...   Länge der Wärmebrücke in m.

N ...   Zeiger des Bauteils.

In dieser Formel muss beim Wärmedurchgangskoeffizienten U_j der Temperaturfaktor F_x berücksichtigt werden, besonders dann, wenn die Bauteile nicht an die Außenluft grenzen, z.B. Flächen zu unbeheizten Räumen, an das Erdreich angrenzend usw. Der Wert F_x kann DIN V 4108-6 Tabelle 3 entnommen bzw. nach DIN ISO 13789 berechnet werden.

Im Bereich der erdreichberührten Bauteile ist eine vergleichende Aussage über Wärmebrücken kaum möglich, da zu viele Randbedingungen der Modellbildung und Berechnung normativ nicht eindeutig geregelt sind [37]. DIN EN ISO 13370 macht keine Angaben zu unterkellerten Gebäuden, welcher Ausschnitt (Schenkellänge Wand bzw. Boden) für die Berechnung gewählt wird.

Anwendungsbeispiel:

Außenwand $U_{AW} = 0{,}23$ W/(m²K)
Länge der Wärmebrücke $l = 2{,}325$ m

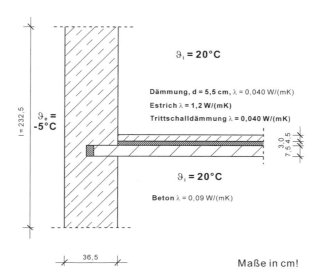

$\vartheta_i = 20\,°C$

Dämmung, d = 5,5 cm, $\lambda = 0,040$ W/(mK)

Estrich $\lambda = 1,2$ W/(mK)

Trittschalldämmung $\lambda = 0,040$ W/(mK)

$\vartheta_e = -5\,°C$

$l = 232,5$

$\vartheta_i = 20\,°C$

Beton $\lambda = 0,09$ W/(mK)

36,5

Maße in cm!

$U_{AW} \cdot l = 0{,}23\ W/(m^2K) \cdot 2{,}325\ m = 0{,}537\ W/(mK)$

Nach DIN EN ISO 10211-2 beträgt der tatsächliche Wärmestrom für das gegebene Konstruktionsdetail q = 15,44 W/m.

Gegeben $\Delta\vartheta = (20 - (-5))\ K = 25\ K$

Thermischer Leitwert: $L^{2D} = \dfrac{q}{\Delta\vartheta} = \dfrac{15{,}44\,W/m}{25K} = 0{,}617\ W/(mK)$

Außenwandbezogener Wärmebrückenverlustkoeffizient:

$\psi_a = L^{2D} - \Sigma\,(U_{AW} \cdot l) = 0{,}617\ W/(mK) - 0{,}537\ W/(mK) = 0{,}080\ W/(mK)$

Die EnEV gibt für Gebäude mit normalen Innentemperaturen im Anhang 1 Nr. 25 drei Möglichkeiten an, nach denen der Einfluss von ΔU_{WB} zu berechnen ist. Als ΔU_{WB}-Wert wird 0,1 W/(m²K) angegeben, es sein denn, die Regelkonstruktionen entsprechen den in DIN 4108 Beiblatt 2 dargestellten Musterlösungen. Für diesen Fall darf ΔU_{WB} zu 0,05 W/(m²K) angesetzt werden. Diese pauschalen Korrekturen dürfen nur als eine grobe Abschätzung der Wärmebrückenwirkung üblicher Anschlussdetails verstanden werden und repräsentieren in etwa die Gegebenheiten in der Praxis. Sie stellen für Planer und Ausführende keinen Freibrief für einen sorglosen Umgang mit Anschlussausbildungen dar. Nach Möglichkeit sollte danach gestrebt werden, kleine U- und kleine ΔU_{WB}-Werte zu realisieren

[17]. Unbenommen bleibt der detaillierte Nachweis über die einzelnen ψ-Werte nach DIN EN ISO 10211-2.

Hierdurch wird es möglich, den detaillierten Nachweis relativ rasch zu führen und bei guten Anschlussausführungen zu kostengünstigen Ausbildungen des Gesamtwärmeschutzes zu gelangen. Der Wechsel von einem Niedertemperatur- auf einen Brennwertkessel führt z.B. beim baulichen Wärmeschutz zu den gleichen Erleichterungen wie eine ΔU_{WB}-Minderung um 0,04 W/(m²K). Es ist zu vermuten, dass in vielen Fällen der detaillierte Nachweis gewählt werden wird, um mit möglichst geringen baulichen Investitionskosten die geforderten Anforderungen einzuhalten. Einige Beispiele für die Bandbreite der längenbezogenen Wärmebrückenverlustkoeffizienten ψ_e in W/(mK), auf die Gebäudeaußenmaße bezogen nach DIN EN ISO 10211-2.

Außenwände:	- 0,30	bis	0,07
Fensteranschluss			
Leibung:	0,06	bis	0,12
Brüstung:	0,13	bis	0,20
Sturz:	0,06	bis	0,25
Geschossdeckenauflager:	0	bis	0,15
Kellerdeckenauflager:	- 0,14	bis	0,20
Dachanschluss			
Traufe:	- 0,20	bis	0,11
Ortgang:	- 0,03	bis	0,10

Werden die Wärmebrückeneffekte im einzelnen nachgewiesen, müssen nach DIN V 4108-6 mindestens folgende Details rechnerisch berücksichtigt werden:

– Gebäudekanten
– Fenster- und Türanschlüsse umlaufend
– Wand- und Deckeneinbindungen
– Deckenauflager
– wärmetechnisch entkoppelte Balkonplatten.

Die Gebäudekanten, besonders Außenwinkel, bedingen in der Regel negative Wärmebrückenverlustkoeffizienten ΔU_{WB}.

Die seitlichen Fensteranschlüsse bewirken den höchsten Wärmebrückenanteil an einem Gebäude und sind daher besonders zu detaillieren. Die mittige Lage eines Fensters in der Außenwand führt in der Regel zu den geringsten Zusatzverlusten. Rollladenkästen bewirken u.U. recht hohe zusätzliche Transmissionswärmeverluste. Da sie bei der Ermittlung der

Wärmebrückenverlustkoeffizienten berücksichtigt werden, müssen Rollladenkästen flächenmäßig in der Gebäudehülle nicht angesetzt werden.

Die Deckenauflager der Geschossdecken summieren sich bei mehrgeschossigen Gebäuden zu erheblichen Gesamtlängen. Dabei ist zu beachten, dass im Bereich der Fensterstürze/Rollladenkästen diese Deckenlängen nicht aufsummiert werden, da diese Effekte in denen der Fensteranschlüssen schon berücksichtigt sind.

Unterbrechen Decken und Innenwände die Innendämmung eines sonst dem Mindestwärmeschutz nach DIN 4108-2 entsprechenden Außenwandbauteils, so werden die Transmissionswärmeverluste der Außenwand gegenüber einer Konstruktion ohne Wärmebrücken mit zunehmender Dämmschichtdicke größer. Ab 10 cm dicken Innendämmungen verdoppeln sich die Wärmeverluste durch die Wärmebrückenwirkungen nahezu. Ab dieser Dämmschichtdicke ist keine wesentliche Verbesserung des Wärmeschutzes mehr möglich, wenn nicht die Konstruktionsdetails in wärmeschutztechnischer Hinsicht verändert werden [18].

Außenseitig gedämmte mehrschichtige Konstruktionen und einschalige, durch das Wandbaumaterial selbst gedämmte Konstruktionen, verhalten sich zwar deutlich günstiger als Bauteile mit Innendämmungen, aber auch hier wächst aus den gleichen Gründen die Bedeutung der Wärmebrücken [18].

Die Kellerdeckenanbindung ist für hochwärmedämmende Außenwände bei Einsatz einer Perimeterdämmung, die bis in das Erdreich reicht, unkritisch. Dies gilt in der Regel ebenso für die Geschossdeckenauflager an den Außenwänden, die sich allerdings besonders in Mehrgeschossbauten zu erheblichen Längen aufsummieren. Daher ist eine wärmebrückenarme Ausführung erforderlich.

Die Dachanschlüsse werden in den verschiedensten Ausführungen umgesetzt, so dass allgemeingültige Angaben von Zusatzverlusten kaum möglich sind.

Bei architektonisch komplexeren Wärmebrückendetails, besonders bei Metallkonstruktionen von Bürofassaden, werden die energetischen Auswirkungen der Wärmebrücken durch einen rechnerischen Nachweis nach DIN EN ISO 10211-1 oder DIN EN ISO 10211-2 erfolgen. Diese Vorgehensweise muss auch hinsichtlich der hygienischen Auswirkungen von Wärmebrücken im Hinblick auf die Vermeidung von Schimmelpilzbildung bzw. von Oberflächentauwasser gewählt werden. In DIN 4108-2 wird die Forderung erhoben, dass an der ungünstigsten Stelle der Bauteilinnenoberfläche ein Temperaturfaktor $f_{Rsi} = 0,7$, d.h. eine Mindestoberflächentemperatur von 12,6°C einzuhalten ist. Dies wirkt sich in besonders starker Weise bei Altbausanierung in Planung und Ausführung aus, bringt aber eine deutliche Minderung eines Bauschadenrisikos mit sich [19].

In die gleiche Richtung zielt in DIN 4108-2 im Abschnitt 6.2.3 das ausgesprochene Verbot, Bauteile wie auskragende Balkonplatten, Attiken, freistehende Stützen sowie in den Dachbereich ragende Wände mit $\lambda > 0,5$ W/(mK) ohne zusätzliche Wärmedämm-Maßnahmen auszuführen. Mit dieser Forderung wird eine Quelle vieler Bauschäden endlich zum Versiegen gebracht [19].

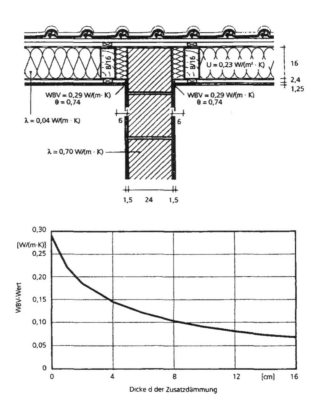

Bild 1.42. Anschlussdetail Innenwand/Dachfläche mit verminderten Wärmebrückenverlusten sowie Auswirkung der dargestellten Ausführungsart auf den Wärmebrückenverlustkoeffizienten [20].

Ein Beispiel soll zeigen, wie durch eine richtige Wärmedämm-Maßnahme der Wärmebrückenverlust beeinflusst werden kann. **Bild 1.42** zeigt die Einbindung einer Innenwand in ein Steildach [20]. Die tiefste raumseitige Oberflächentemperatur tritt bei 20°C Raumlufttemperatur und -15°C Außenlufttemperatur im Raumwinkel auf mit 10,9°C (f = 0,74 nach

DIN 4108-2) und Schimmelpilzbildung würde ab einer längerfristig vorliegenden Raumluftfeuchte von über 45% auftreten. ψ_e beträgt $\approx 0{,}30$ W/(mK) und somit gehen 0,39 W je Meter und Kelvin Temperaturdifferenz verloren. Die Wärmebrückenwirkung bewirkt einen um $\approx 50\%$ höheren Transmissionswärmeverlust der Dachfläche des Raumes. In **Bild 1.42** wird eine Lösungsmöglichkeit aufgezeigt, wo mit Hilfe eines zusätzlichen Dämmstoffstreifens die erkennbare Absenkung des Wärmebrückenverlustkoeffizienten erzielt werden kann. Bei Wandmaterialien mit einer höheren Wärmeleitfähigkeit, wie z.B. Stahlbeton, stellen sich deutlich größere wärmebrückenbedingte Effekte ein, bei Materialien mit geringerer Wärmeleitfähigkeit kleinere. Es handelt sich um Größenordnungen, die nicht zu vernachlässigen sind [20].

Bei allen Überlegungen und Bemühungen zur Verbesserung der wärmeschutztechnischen Eigenschaften von Konstruktionsdetails bestehen zwei Gefahren [21]:

- Im Bemühen einer möglichst weitgehenden Verbesserung des Wärmeschutzes im Detailbereich werden höchst komplizierte Details konzipiert, ohne zu prüfen, welche tatsächliche Wirksamkeit und Effizienz weitere zusätzlich eingelegte Dämmstreifen überhaupt haben.
- Bei der Entwicklung von neuen Details wird zu wenig beachtet, dass der Wärmeschutz nur eine wichtige Eigenschaft der Gebäudehülle ist. Der Feuchteschutz und die Verhinderung von Rissbildungen und anderen Schädigungen sind ebenso wichtige Konstruktionsmerkmale.

Bei der Betrachtung aller Einflussgrößen werden in viel höherem Maß als bisher, das Fachwissen und das Verantwortungsbewusstsein von Architekten und Fachingenieuren verlangt.

Welchen Umfang detaillierte Wärmebrückenwirkungen einnehmen können, zeigt das folgende Anwendungsbeispiel [22]. Mit Hilfe dieses Beispiels soll deutlich gemacht werden, welchen negativen Einfluss Wärmebrückenwirkungen hervorrufen können und durch welche Maßnahmen diese negativen Auswirkungen minimiert werden können.

Anwendungsbeispiel [22]

Untersucht werden die Anschlusspunkte einer Außen- bzw. Mittelwand im Anschluss an ein geneigtes Dach mit einem Wärmedurchgangskoeffizient der Geschossdecke von $U_D = 0{,}163$ W/(m²K). Der konstruktiv gestaltete Winkel zeigt das Sichtmauerwerk mit Kerndämmung an das geneigte Dach.

Daten der Außenwand:

Innenputz	$d = 0,015$ m, $\lambda = 0,70$ W/(mK)
Innenschale	$d = 0,175$ m, $\lambda = 0,99$ W/(mK)
Wärmedämmschicht	$d = 0,140$ m, $\lambda = 0,04$ W/(mK)
Ruhende Luftschicht	$d = 0,010$ m, $R = 0,15$ m²K/W
Außenschale	$d = 0,115$ m, $\lambda = 0,87$ W/(mK)

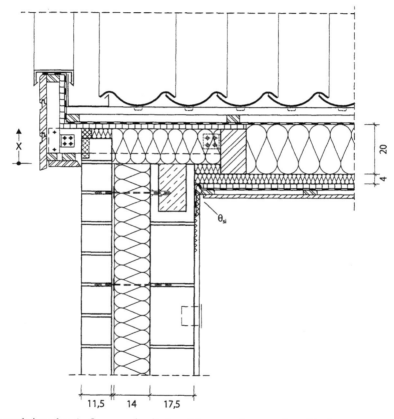

Konstruktion der Außenwand mit Anschluss an das geneigte Dach.

Für den Anschlusspunkt wird der Einfluss einer Wärmedämmschicht auf der Mauerkrone (Maß „x") rechnerisch untersucht. Der bei gleichbleibendem Berechnungsausschnitt für jede Variante ermittelte Wärmebrückenverlust gestattet über eine Differenzbildung, den energetischen Einfluss der jeweiligen Maßnahmen rechnerisch abzuschätzen. Für die Mauerkrone ohne und mit Wärmedämmschicht ergeben sich folgende Isothermen:

Fall 1: Mauerkrone ohne Wärmedämmschicht

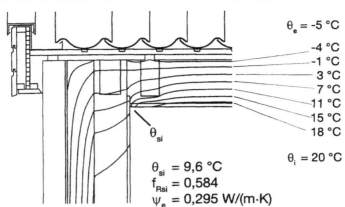

$$\theta_e = -5 \,°C$$
$$-4 \,°C$$
$$-1 \,°C$$
$$3 \,°C$$
$$7 \,°C$$
$$11 \,°C$$
$$15 \,°C$$
$$18 \,°C$$

$$\theta_i = 20 \,°C$$

$$\theta_{si}$$

$$\theta_{si} = 9,6 \,°C$$
$$f_{Rsi} = 0,584$$
$$\psi_e = 0,295 \; W/(m{\cdot}K)$$

Fall 2: Mauerkrone mit Wärmedämmschicht

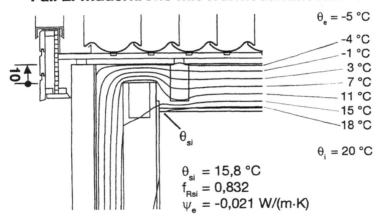

$$\theta_e = -5 \,°C$$
$$-4 \,°C$$
$$-1 \,°C$$
$$3 \,°C$$
$$7 \,°C$$
$$11 \,°C$$
$$15 \,°C$$
$$18 \,°C$$

$$\theta_i = 20 \,°C$$

$$\theta_{si}$$

$$\theta_{si} = 15,8 \,°C$$
$$f_{Rsi} = 0,832$$
$$\psi_e = -0,021 \; W/(m{\cdot}K)$$

Faktor zur Vermeidung von Schimmelpilzbildung: $f_{Rsi} > 0{,}70$

Isothermen für den konstruktiven Anschluss der Außenwand an das geneigte Dach.

Die folgende Abbildung zeigt einen Innenwandanschluss an das geneigte Dach ohne und mit Wärmedämmschicht an der Mauerkrone:

Fall 1: Mauerkrone ohne Wärmedämmschicht

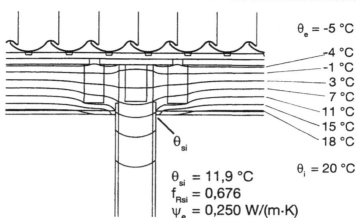

$\theta_e = -5\ ^\circ C$

-4 °C
-1 °C
3 °C
7 °C
11 °C
15 °C
18 °C

θ_{si}

$\theta_i = 20\ ^\circ C$

$\theta_{si} = 11{,}9\ ^\circ C$
$f_{Rsi} = 0{,}676$
$\psi_e = 0{,}250\ W/(m{\cdot}K)$

Fall 2: Mauerkrone mit Wärmedämmschicht

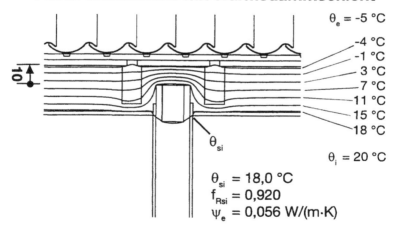

$\theta_e = -5\ ^\circ C$

-4 °C
-1 °C
3 °C
7 °C
11 °C
15 °C
18 °C

θ_{si}

$\theta_i = 20\ ^\circ C$

$\theta_{si} = 18{,}0\ ^\circ C$
$f_{Rsi} = 0{,}920$
$\psi_e = 0{,}056\ W/(m{\cdot}K)$

Faktor zur Vermeidung von Schimmelpilzbildung: $f_{Rsi} > 0{,}70$

Isothermen für den konstruktiven Anschluss einer Mittelwand an das geneigte Dach.

Die Wärmebrückenverlustkoeffizienten sind nach DIN EN ISO 10211-2 (Klasse B, Anhang B, 3 mit Bild B.3) ermittelt; die (Indices) gestatten die rechnerische Differenzbildung:

– *Giebelwandanschluss*
  - Basissituation: Ohne Wärmedämmschicht auf der Mauerkrone, Maß $x = 0$ cm, $\psi_{e\,(1,1)} = 0,295$ W/(mK).
  - Optimierte Situation: Mit Wärmedämmschicht auf der Mauerkrone, Maß $x = 10$ cm(gewählt), $\psi_{e\,(1,2)} = -0,021$ W/(mK).
  - Differenz der Wärmebrückenverluste

  $$\psi_{e\,(1)} = \psi_{e\,(1,1)} - \psi_{e\,(1,2)}$$
  $$= [0,295 - (-0,021)]\ \text{W/(mK)} = 0,316\ \text{W/(mK)}$$

– *Mittelwandanschluss*
  - Basissituation: Ohne Wärmedämmschicht auf der Mauerkrone, Maß $x = 0$ cm, $\psi_{e\,(2,1)} = 0,250$ W/(mK).
  - Optimierte Situation: Mit Wärmedämmschicht auf der Mauerkrone, Maß $x = 10$ cm(gewählt), $\psi_{e\,(2,2)} = 0,056$ W/(mK).
  - Differenz der Wärmebrückenverluste

  $$\psi_{e\,(2)} = \psi_{e\,(2,1)} - \psi_{e\,(2,2)}$$
  $$= (0,250 - 0,056)\ \text{W/(mK)} = 0,194\ \text{W/(mK)}$$

Für das freistehende Einfamilienhaus ergeben sich unter Berücksichtigung des Heizgradtagszahlfaktor 66, der auf der Heizgradzahl Gt basiert (ermittelt aus der Innentemperatur und der Heizgrenztemperatur und einer mittleren Heizzeit) die folgenden Wärmebrücken-Verlustanteile für die geometrischen Daten

- Dachfläche $A_D = 170$ m²
- Länge bei der Ortlänge $l_1 = 28$ m
- Länge der Mittelwand $l_2 = 14$ m

– *Giebelwand:*
  $$\Delta q_{T\,(1)} = 66 \cdot \Delta\psi_{e\,(1)} \cdot l_1 = 66 \cdot 0,316 \cdot 28\ \text{kWh/a} = 584\ \text{kWh/a}$$

– *Mittelwand:*
  $$\Delta q_{T\,(2)} = 66 \cdot \Delta\psi_{e\,(2)} \cdot l_2 = 66 \cdot 0,194 \cdot 14\ \text{kWh/a} = 179\ \text{kWh/a}$$

Summe aus beiden Wärmebrückenwirkungen der Anschlusssituationen Giebel- und Mittelwand an geneigtes Dach:
$$\Delta q_T = \Delta q_{T\,(1)} + \Delta q_{T\,(2)} = (584 + 179)\ \text{kWh/a} = 763\ \text{kWh/a}$$

Dies ergibt einen „zusätzlichen" Transmissionswärmebedarf für den Fall ohne Wärmedämmschicht auf der Mauerkrone durch Wärmebrückenwirkungen $\Delta q_T = 763$ kWh/a.

Vergleich dieses Ergebnisses zum Transmissionswärmebedarf bezogen auf die Dachfläche

$$Q_{T,D} = 66 \cdot U_D \cdot A_D = 66 \cdot 0{,}163 \cdot 170 \text{ kWh/a} = 1828 \text{ kWh/a}$$

Bezogen auf den jährlichen Transmissionswärmebedarf für das Bauteil Dach des Einfamilienhauses bedeutet die fehlende Wärmedämmschicht auf der Mauerkrone eine wärmeschutztechnische Verschlechterung von

$$100\% - \frac{1828 - 763}{1828} \cdot 100\% = 41{,}7\%$$

Dieser prozentuale Anteil ist erheblich.

Dieses Beispiel zeigt, dass die Entscheidung des Verordnungsgebers Wärmebrücken rechnerisch zu berücksichtigen, bei dem angegebenen Wärmedämmniveau erforderlich ist.

1.13   Mindestwärmeschutz

An jeder Stelle der gesamten Außenoberfläche des Gebäudes ist bei ausreichender Beheizung und Lüftung unter Zugrundelegung üblicher Nutzung (20°C Raumlufttemperatur, 50% rel. Luftfeuchte, - 5°C Außenlufttemperatur) ein hygienisches Raumklima sicherzustellen, so dass Tauwasserfreiheit durch wärmebrückenfreie Innenoberflächen von Außenbauteilen ganz und im Bereich von Ecken soweit sichergestellt werden kann, dass keine Schimmelbildung auftritt. Bei tieferen Temperaturen kann kurzfristig und vorübergehend Tauwasserbildung vorkommen.

Mindestwerte der Wärmedurchlasswiderstände ein- und mehrschichtiger Massivbauteile mit einer flächenbezogenen Maße $\geq$ 100 kg/m² in DIN 4108-2 Tabelle 3. Angaben vgl. **Tabelle 1.19**.

Tabelle 1.19.   Mindestwerte für Wärmedurchlasswiderstände von Bauteilen nach DIN 4108-2.

Spalte		1		2
Zeile		Bauteile		Wärmedurch-lasswiderstand, R m²K/W
1		Außenwände; Wände von Aufenthaltsräumen gegen Bodenräume, Durchfahrten, offene Hausflure, Garagen, Erdreich		1,2
2		Wände zwischen fremdgenutzten Räumen; Wohnungstrennwände		0,07
3		Treppenraumwände	zu Treppenräumen mit wesentlich niedrigeren Innentemperaturen (z.B. indirekt beheizte Treppenräume); Innentemperatur $\Theta \leq 10°C$, aber Treppenraum mindestens frostfrei.	0,25
4			zu Treppenräumen mit Innentemperaturen $\Theta > 10°C$ (z.B. Verwaltungsgebäuden, Geschäftshäusern, Unterrichtsgebäuden, Hotels, Gaststätten und Wohngebäude)	0,07
5		Wohnungstrenndecken, Decken zwischen fremden Arbeitsräumen; Decken unter Räumen zwischen gedämmten Dachschrägen und Abseitenwänden bei ausgebauten Dachräumen	allgemein	0,35
6			in zentralbeheizten Bürogebäuden	0,17
7		Untere Abschluss nicht unterkellerter Aufenthaltsräume	unmittelbar an das Erdreich bis zu einer Raumtiefe von 5 m	0,90
8			über einen nicht belüfteten Hohlraum an das Erdreich grenzend	
9		Decken unter nicht ausgebauten Dachräumen; Decken unter bekriechbaren oder noch niedrigeren Räumen; Decken unter belüfteten Räumen zwischen Dachschrägen und Abseitenwänden bei ausgebauten Dachräumen, wärmegedämmte Dachschrägen		
10		Kellerdecken; Decke gegen abgeschlossene, unbeheizte Hausflure u.ä.		
11	11.1	Decken (auch Dächer), die Aufenthaltsräume gegen die Außenluft abgrenzen.	nach unten, gegen Garagen (auch beheizte), Durchfahrten (auch verschließbare) und belüftete Kriechkeller[a]	1,75
	11.2		nach oben, z.B. Dächer nach DIN 18530, Dächer und Decken unter Terrassen; Umkehrdächer nach 5.3.3. Für Umkehrdächer ist der berechnete Wärmedurchgangskoeffizient U nach DIN EN ISO 6946 mit den Korrekturwerten nach Tabelle 4 um ΔU zu berechnen.	1,2
[a] erhöhter Wärmedurchlasswiderstand wegen Fußkälte				

Für Außenwände, Decken mit einer Gesamtmasse < 100 kg/m² gelten erhöhte Anforderungen mit einem Mindestwärmedurchlasswiderstand R ≥ 1,75 m²K/W. Für Rahmen- und Skelettbauarten gilt dies für den Gefachebereich, für das gesamte Bauteil zusätzlich R = 1,0 m²K/W.

Für Gebäude mit Temperaturen 12°C ≤ θ ≤ 19°C gilt nach DIN 4108-2 Tabelle 3 R = 0,55 m²K/W.

Mindestwärmeschutz an jeder Stelle: Nischen unter Fenstern, Brüstungen, Fensterstürzen, Rollladenkästen, Wandbereich auf der Außenseite von Heizflächen mit Rohrkanälen (wasserführende Leitungen). Werden Heizungs- und Warmwasserrohre in Außenwänden angeordnet, ist auf der raumabgewandten Seite der Rohre eine verstärkte Wärmedämmung gegenüber der Werte der **Tabelle 1.19** Zeile 1 angeordnet. Bei zweischaligen Außenwänden (DIN 1053-1) mit Luftschicht bzw. mit Luftschicht und Wärmedämmung kann letztere und die Außenschale mitgerechnet werden.

Es fehlt in der Norm der Hinweis, dass für kleine Flächen auch geringere Wärmedurchlasswiderstände zugelassen sind, z.B. Seitenflächen bei Dachgauben.

Einige Anmerkungen zu DIN 4108-2: Aufgabe war es bisher in dieser Norm, durch Anforderungen an den Mindestwärmeschutz Kondensat in den Räumen zu vermeiden, es handelt sich um eine „Hygiene"-Norm. Diese soll nun zu einer Norm für „Wärmeschutz und Energie-Einsparung in Gebäuden" umgemünzt werden. Mit dieser Zielsetzung wird aber nun in dieser Norm so ziemlich alles falsch [23].

Früher war eine „trockene" Konstruktion Stand der Technik. Früher wurde Kondenswasser an und in Bauteilen noch als unsachgemäße Konstruktion (DIN 4108, Ausgabe 1960, Abschnitt 4.12) angesehen, das die Wärmedämmung ungünstig beeinflusst.

Heute bietet die Industrie Chemieprodukte an [23], die bei Schichtkonstruktionen der fehlenden Sorptionsfähigkeit und der gefährlichen Diffusionsdichtheit automatisch zu Tauwasserbildungen führen. Um aber nun den Wünschen der Industrie zu entsprechen, mussten „neue Erkenntnisse" her, muss die DIN 4108-2 „technisch weiterentwickelt" werden. Die Auffassung von der Notwendigkeit einer trockenen Konstruktion wurde korrigiert. Jetzt darf im Winter Tauwasser austreten, wenn dieses im Sommer wieder ausdiffundiert. Die Forderung nach einer absoluten Trockenheit der Konstruktion wurde umgedeutet in eine relative Trockenheit in Form einer jährlichen Bilanz. „Lasst doch die Konstruktion im Winter feucht werden, Hauptsache ist, dass sie im Sommer wieder austrocknet" [23]. Kondens- und Tauwasser im/am Bauteil sind deshalb gemäß DIN 4108-2 jetzt „Stand der DIN", jedoch nicht „Stand der Technik", denn feuchte Konstruktionen dürfen nicht zum Standard werden. Trockene Konstruktionen sind im Winter und nicht im Sommer wichtig [23].

Von Hochschulen und Interessengruppen wird immer wieder die Lehrmeinung vorgebracht, dass verbesserte Wärmedurchgangskoeffizienten automatisch zur Energieeinsparung führen. Da man bessere Wärmedurchgangskoeffizienten im wesentlichen durch zusätzliche Dämmung erreicht, werden Dämmstoffdicken bis 20 cm und mehr empfohlen. Dämmen wird häufig als der einzige Weg gepriesen. Dazu ist grundsätzlich zu sagen, dass die Effizienzschwelle jeder Dämmung ein Optimum darstellt, das nicht überschritten werden sollte. Jenseits der Effizienzschwelle entsteht Unwirtschaftlichkeit. Diese Schwelle liegt bei Wärmedurchgangskoeffizienten von 0,3 bis 0,6 W/(m²K), je nach energetischer Belastung und Dämm-Material. Dies bedeutet, dass Dämmstoffdicken über 8 cm in der Regel nicht zu empfehlen sind. Neben der bauphysikalischen Lehrmeinung gibt es die alternative Auffassung, wonach der Wärmehaushalt durch natürliche Maßnahmen reguliert werden sollte. Danach wäre Dämmen eine unnatürliche Zwangsmaßnahme. Solche Meinungen sind unpopulär. Sie basieren u.a. auf der Gefahr der Durchfeuchtung - und damit Wirkungslosigkeit aller Dämmstoffe und den vermuteten Gesundheitsschäden von Fasern und Kunststoffen.

Anders als bei Neubauten, sind bei Sanierungen Dämmschichten unerlässlich. Hier ist aber Vorsicht geboten. Wer z. B. alte Fenster durch neue mit sehr guter Dämmung ersetzt, kann eine Verlagerung der Wärmeströme innerhalb des Gebäudes erleben. Die schwächste Stelle ist nach der Sanierung nicht mehr das Fenster, sondern die Außenwand, wo sich schnell Schimmel bildet.

Mit der Dämmung soll in der Regel der Wärmedurchgang von innen nach außen gemindert werden. Bei Altbauten kann man die Dämmung aber meist nur innen oder außen anbringen. Als äußere Dämmung haben sich verschiedene Wärmedämm-Verbundsysteme durchgesetzt. Sie haben den Vorteil, die gesamte Konstruktion zu schützen.

Innere Dämmungen sind einfach auszuführen, sie können aber Wärmebrücken der tragenden Konstruktionen nicht ausschließen. Außerdem findet keine Wärmespeicherung mehr statt. Im Gegensatz zum Mauerwerk müssen Sandwich- und Leichtfassaden hochgedämmt werden. Die Lage der Dämmung in der Mitte ist meist machbar [24].

Nach DIN V 4108-6 ist bei Einbau einer Fußbodenheizung der zusätzliche Transmissions-Wärmeverlust einer Flächenheizung $\Delta H_{T,FH}$ an die Außenluft, das Erdreich oder an unbeheizte Räume gesondert zu ermitteln. Bei der Verwendung von Flächenheizungen mit Wasser als Wärmeträger (Fußbodenheizung) wird zwischen Heizfläche und konstruktiven Bauteilen gedämmt. Für den Fußbodenaufbau bei Warmwasser-Fußbodenheizungen gilt

DIN EN 1264-4 „Fußbodenheizung. Systeme und Komponenten. Teil 4: Installation". Nach einer Richtlinie des Bundesverbandes Flächenheizungen e.V. in Hagen/Westf. „Installation von Flächenheizungen bei der Modernisierung von bestehenden Gebäuden. Anforderungen und Hinweise (Mai 2002)" kann der Fußbodenaufbau für Kellerdecken, Decken gegen unbeheizte Räume oder in Abständen beheizte Räume, für Decken gegen Erdreich oder Außenluft unter Einhaltung des Mindestwärmeschutzes nach DIN 4108-2 Tabelle 3 jetzt in geringerer Höhe ausgeführt werden, als bisher. Die Anforderungen der WSVO '95 gelten nicht mehr für Bauanträge nach dem 31. Januar 2002. Dies führt nach DIN EN 1264-4 Tabelle 1 bei Einbau einer Fußbodenheizung im Neubau mit normalen Innentemperaturen auf „Decken gegen unbeheizte oder in Abständen beheizte darunterliegende Räume oder direkt auf dem Erdreich oder beim Einbau auf Decken gegen Außenluft (Auslegungsaußentemperatur $\geq 0°C$)" zu einer Mindest-Dämmschicht von $R_{ges} = 1,25$ m²K/W. Dieser Wert entspricht einer 5 cm dicken Dämmschichtdicke der Wärmeleitfähigkeitsgruppe 040. Hierbei berücksichtigt bereits die Systemdämmschicht den größten Teil. Der evtl. notwendige Rest muss eine darunterliegende Zusatzdämmung übernehmen. Der bisherige Wert von k = 0,35 W/(m²K) aus der WSVO '95 entfällt. Darüber hinaus ist beim Einbau auf Decken gegen Außenluft (-5°C < θ_e > - 15°C) ein Wärmeleitwiderstand von $R_{ges} = 2,0$ m²K/W erforderlich, das entspricht etwa 8 cm Dämmstoffdicke. Es zeigt sich, dass der zusätzliche Wärmeverlust einer Flächenheizung bei ausreichender Dämmung (ab einer Dämmstoffdicke von 8 cm, bei einem Bemessungswert der Wärmeleitfähigkeit $\lambda = 0,04$ W/(mK) äußerst gering ist. Der Anteil der zusätzlichen Wärmeverluste am Gesamtwärmeverlust liegt unter 2%. Das liegt unterhalb üblicher Genauigkeiten für Rechnung und Messung. Bei einer Dämmung von mindestens 8 cm sind daher ohne gesonderte Ermittlung des zusätzlichen spezifischen Transmissionswärmeverlustes $\Delta H_{T, FH}$ die Nachweise zur EnEV ausreichend geführt.

Es empfiehlt sich grundsätzlich die Absprache mit dem Hersteller des Flächenheizungssystems, da im Markt unterschiedliche Qualitäten angeboten werden und die Dämmschichtdicken variieren können.

Bei Einbau in Neubauten mit niedriger Innentemperatur muss die Dämmschicht so ausgeführt werden, dass der zulässige Höchstwert des Transmissionswärmeverlustes nach der EnEV, unter Anwendung der DIN 4108-6 nicht überschritten wird.

Bei Betriebsgebäuden kann aus Gründen der Nutzung in vielen Fällen eine zusätzliche Dämmung des Fußbodens bei nicht unterkellerten Gebäudeteilen nicht oder nur unter erheblichen Einschränkungen vorgenommen werden. Müssen große Lasten über den Fußboden getragen werden, ist eine zusätzliche Dämmung des Fußbodens nachteilig, oder nicht möglich. Des weiteren wird in Betriebsgebäuden ein nicht gedämmter, weiteren wird in Betriebsgebäuden ein nicht gedämmter, erdreichberührter Fußboden vielfach bei sommerlichen Bedingungen oder großen internen Wärmelasten zur vorübergehenden Einspeicherung der im Gebäude auftretenden Fremdwärme herangezogen.

DIN 1264-4 trägt diesen Gesichtspunkten insofern Rechnung, als sie für den unteren Gebäudeabschluss (Fußboden und ggf. vorhandene Wandflächenanteile bei einem gegenüber der Erdoberfläche tieferliegenden Fußboden) in Abhängigkeit von der Gebäudegrundfläche (in senkrechter Projektion) Reduktionsfaktoren angibt, die näherungsweise die temperaturregulierenden Eigenschaften der Bodenschichten unter dem Gebäude erfassen. Diese Vorschrift kann demnach nur für nicht unterkellerte Gebäude oder Gebäudeteile angewandt werden. Die Reduktionsfaktoren werden in Abhängigkeit von der Gebäudegrundfläche angesetzt, abhängig von einem effektiven Wärmedurchgangskoeffizienten. Der Reduktionsfaktor erfasst die infolge des Aufheizens des Erdkörpers unter dem Gebäude auftretenden unterschiedlichen Temperaturdifferenzen durch flächenabhängige Reduktionsfaktoren. Der Wärmedurchgangskoeffizient des Fußbodens ist dagegen unabhängig von den zwischen dem Gebäudeinnern und den Bodenschichten unter dem Fußboden maßgebenden Temperaturdifferenzen festgelegt. Die Regelung in DIN 1264-4 behandelt Bodenplatten, die nicht im Grundwasser liegen.

Der Wärmedurchgangskoeffizient U von Fußböden gegen Erdreich braucht nicht höher als 2,0 W/(m²K) angesetzt werden. Hierdurch werden die Nachweise im Einzelfall erleichtert, da dieser Wert als Rechenwert in der Regel benutzt werden kann. Die Berechnung erfolgt unter Berücksichtigung mittlerer Boden- und Grundwasserverhältnisse. Bei großen Grundflächen hat eine eingebaute Wärmedämmung des Fußbodens nur noch einen untergeordneten Einfluss auf den effektiven Wärmedurchgangskoeffizienten.

Wird bei Gebäuden für normale Innentemperaturen der Fußboden gedämmt, so sind für den unteren Gebäudeabschluss Wärmedurchgangskoeffizienten von $\approx$ 0,4 W/(m²K) erforderlich. Nach Untersuchungen nimmt bei Gebäude-Grundflächen von 1500 m² der effektive Wärmedurchgangskoeffizient nicht gedämmter Fußböden die Werte relativ gut gedämmter an. Besonders gut gedämmte Fußböden weisen eine nur noch geringe Abhängigkeit von der Gebäudegrundfläche auf. Diese Zusammenhänge begründen die ergänzende Regelung, nach welcher der Reduktionsfaktor mit $f_G = 0,5$ nach DIN 4701-10 bei gedämmten Fußböden anzusetzen ist [25].

Für den Einbau einer Wandflächenheizung im Neubau wird in der EnEV kein explizierter Wert angegeben. Bei der Berechnung des zulässigen Höchstwertes des Transmissionswärmeverlustes nach der EnEV ist ebenfalls die Anwendung der DIN 4108-6 verbindlich.

Um bei Betonbauten einen U-Wert von 0,5 W/(m²K) zu erreichen, ergeben sich folgende Lösungsansätze [8]:

– Haufwerksporiger Beton mit 50 cm Dicke und einer Dämmung von 7 cm ergibt einen U-Wert von 0,475 W/(m²K).
– Normalbeton mit 15 cm Dicke und 8 cm Dämmung bringt einen U-Wert von 0,45 W/(m²K).
– Dagegen kommt ein Leichtbeton mit einer Dichte von 600 kg/m³ schon mit 2 cm Dämmung aus, um einen U-Wert von 0,50 W/(m²K) zu errei-chen, wenn er 30 cm dick ist.
– Und ganz ohne zusätzliche Dämmung erreicht ein 40 cm dicker Leichtbe-ton mit einer Dichte von 600 kg/m³ den U-Wert von 0,5 W/(m²K).

Im Bereich des Daches kann entweder eine Zwischensparrendämmung mit Klemmfilzen und einer Dämmschichtdicke von 22 cm bei der Wärmeleitfä-higkeitsgruppe 040 eingesetzt werden, um den geforderten U-Wert von 0,22 W/(m²K) einzuhalten, oder eine reine Übersparrendämmung mit einer Dämmschichtdicke von 18 cm sowie eine Kombination von 16 cm Zwi-schen- mit 5 cm Untersparrendämmung [26].

Etwas stärker eingeschränkt im Hinblick auf konstruktive Lösungen ist der Planer bei der Einhaltung des U-Wertes von 0,35 W/(m²K) für die Decke gegen unbeheizte Keller. Um hier nicht in Konflikt mit der Forderung nach einer Mindestgeschosshöhe von 2,45 m zu geraten, empfiehlt es sich, die notwendige Wärmedämmung von 10 cm der Wärmeleitfähigkeitsgruppe 035 teils oberhalb der Decke, teils unterhalb der Decke anzuordnen, und zwar z.B. in einer Kombination einer Estrich-Dämmplatte des Anwendungstyps T nach DIN 18165-2 in 25/20 mm Dicke unter dem Estrich und einer Decken-platte in 8 cm an der Unterseite. Bei beheizten Kellern gilt die oben angege-bene Anforderung für die Kellerwände und die Bodenplatte. Als Lösung bietet sich eine Perimeterdämmung aus 10 cm extrudiertem Polystyrol für die Wände an. Beim Kellerboden ist eine Kombination aus einer Trittschall-dämmplatte in 25/20 mm und einer extrudierten Polystyrolhartschaumplatte möglich, die in 7 cm Dicke oberhalb oder unterhalb der Bodenplatte verlegt werden kann.

Im Gegensatz zur bisherigen DIN 4108 wird die Außenwand in der neuen DIN 4108-2 getrennt vom Fenster betrachtet. Die Anforderungen an den U-Wert von 0,5 W/(m²K) gilt automatisch als erfüllt bei 36,5 cm Mauerwerk mit einem Baustoff der Wärmeleitfähigkeit 0,21 W/(mK).

Diese Sonderregelung bedeutet, dass bei kleinen Wohngebäuden im Neu-bau teilweise schlechtere Werte als bei der Sanierung im Altbau eingehalten werden müssen, was im Widerspruch zum Ziel der CO_2-Reduktion steht. Es ist daher anzuraten, schlanke Konstruktionen mit einem U-Wert von 0,4

W/(m²K) zu wählen, mit denen eine bessere Ausnutzung des knappen, teuren Baugrundes möglich ist und eine Kompensation für Verlust über nicht vollständig vermeidbare Wärmebrücken möglich ist. Als Konstruktionen bieten sich z.B. 17,5 cm Kalksandsteinmauerwerk mit 8 cm Wärmedämmverbundsystem oder mit hinterlüfteter Bekleidung und 8 cm Fassadendämmplatten an [26].

Umfangreiche Berechnungen nach der EnEV führen dazu, dass nach wie vor einschalige Außenwände von 30 cm oder 36,5 cm dickem Mauerwerk eingesetzt werden können. Bei mehrschichtigen Außenwänden muss die Dämmschicht zwischen 6 cm und 10 cm dick sein. [27].

1.14 Wärmetechnische Rechenwerte

1.14.1 Wärmeleitfähigkeit der Baustoffe

DIN V 4108-4 Tabelle 1 enthält Bemessungswerte für die Wärmeleitfähigkeit von Baustoffen, die nach DIN EN ISO 10456 ermittelt wurden. Als Randbedingung wurde ein Feuchtegehalt bei 23°C und 80% relative Luftfeuchte zugrunde gelegt. Die folgende **Tabelle 1.20** enthält einen Auszug aus DIN V 4108-4 für baupraktische Berechnungen.

Tabelle 1.20. Rechenwerte der Wärmeleitfähigkeit nach DIN V 4108-4.

Stoff	Rohdichte kg/m³	λ W/(mK)
Putze, Estriche und andere Mörtelschichten		
Kalkmörtel, Kalkzementmörtel, Mörtel aus hydraulischem Kalk	(1800)	1,00
Zementmörtel	(2000)	1,4
Kalkgipsmörtel, Gipsmörtel, Anhydritmörtel, Kalkanhydridmörtel	(1400)	0,70
Gipsputz ohne Zuschlag	(1200)	0,51
Anhydridestrich	(2100)	1,2
Zementestrich	(2000)	1,4

Großformatige Bauteile		
Normalbeton nach DIN EN 206 (Kies- oder Splittbeton mit geschlossenem Gefüge; auch bewehrt)	(2400)	2,1
Leichtbeton und Stahlleichtbeton mit geschlossenem Gefüge nach DIN EN 206 und DIN 1045-1, hergestellt unter Verwendung von Zuschlägen mit porigem Gefüge nach DIN 4226-2 ohne Quarzsandzusatz	800 900 1000 1100 1200 1300 1400 1500 1600 1800 2000	0,39 0,44 0,49 0,55 0,62 0,70 0,79 0,89 1,0 1,3 1,6
Dampfgehärteter Porenbeton nach DIN 4223-1	400 500 600 700 800	0,13 0,16 0,19 0,22 0,25
Leichtbeton mit haufwerksporigem Gefüge		
mit nichtporigen Zuschlägen nach DIN 4226-1, z.B. Kies	1600 1800 2000	0,81 1,1 1,4
mit porigen Zuschlägen nach DIN 4226-2, ohne Quarzsandzusatz	600 700 800 1000 1200 1400 1600 1800 2000	0,22 0,26 0,28 0,36 0,46 0,57 0,75 0,92 1,2
Bauplatten		
Wandbauplatten aus Porenbeton nach DIN 18162	800 900 1000 1200 1400	0,29 0,32 0,37 0,47 0,58
Wandbauplatten aus Gips nach DIN 18163, auch mit Poren, Hohlräumen, Füllstoffen oder Zuschlägen	600 750 900 1000 1200	0,29 0,35 0,41 0,47 0,58
Gipskartonplatten nach DIN 18180	900	0,25

Mauerwerk einschließlich Mörtelfugen		
Mauerwerk aus Mauerziegeln nach DIN 105-1 bis DIN 105-6		
Vollklinker, Hochlochklinker, Keramikklinker	1800 2000 2200	0,81 0,96 1,2
Vollziegel, Hochlochziegel, Füllziegel	1200 1400 1600 1800 2000	0,50 0,58 0,68 0,81 0,96
Hochlochziegel mit Lochung A und B nach DIN 105-2 und DIN 105-6, Normalmörtel / Dünnbettmörtel	700 800 900 1000	0,36 0,39 0,42 0,45
Hochlochziegel und Wärmedämmziegel nach DIN 105-2, Normalmörtel	700 800 900 1000	0,24 0,26 0,27 0,29
Mauerwerk aus Kalksandsteinen, Normalmörtel / Dünnbettmörtel nach DIN 106-1 und DIN 106-2	1000 1200 1400 1600 1800 2000 2200	0,50 0,56 0,70 0,79 0,99 1,1 1,3
Wärmedämmstoffe		
Holzwolle-Leichtbauplatten nach DIN EN 13168	360...480	0,06...0,13
Mehrschicht-Leichtbauplatten nach DIN EN 13168 mit Hartschaumschicht nach DIN 13163		0,03...0,06
mit Holzwolleschicht (Einzelschichten) nach DIN EN 13168	460...650	0,10...0,18
Schaumkunststoffe nach DIN 18159-1 an der Baustelle hergestellt		
Polyurethan (PUR)-Ortschaum nach DIN 18159-1	(≥ 45)	0,035...0,040
Harnstoff-Formaldehydharz (UF)-Ortschaum nach DIN 18159-2	(≥ 10)	0,035...0,040

Korkdämmstoffe nach DIN 18161-1
Wärmeleitfähigkeitsgruppe   045
                                    050
                                    055
	(80...500)	0,045
		0,050
		0,055

Schaumkunststoffe nach DIN 18164-1		

Polyurethan (PUR)-Hartschaum
Wärmeleitfähigkeitsgruppe   025
                                    030
                                    035
                                    040
	(≥ 30)	0,025
		0,030
		0,035
		0,040

Polystyrol (PS)-Partikelschaum Wärmeleitfähigkeitsgruppe 035 040		0,035 0,040

Polystyrol-Extruderschaum
Wärmeleitfähigkeitsgruppe   030
                                    035
                                    040
		0,030
		0,035
		0,040

Polyurethan (PUR)-Hartschaum
Wärmeleitfähigkeitsgruppe   020
                                    025
                                    030
                                    035
		0,020
		0,025
		0,030
		0,035

Mineralische und pflanzliche Faserdämmstoffe nach DIN 18165-1
Wärmeleitfähigkeitsgruppe   035
                                    040
                                    045
                                    050
	(8...500)	0,035
		0,040
		0,045
		0,050

Schaumglas nach DIN 18174
Wärmeleitfähigkeitsgruppe   045
                                    050
                                    055
                                    060
	(100...150)	0,045
		0,050
		0,055
		0,060

Holz und Holzwerkstoffe		
Fichte, Kiefer, Tanne	(600)	0,13
Buche, Eiche	(800)	0,20
Sperrholz nach DIN 68705-2 bis DIN 68705-4	(800)	0,15
Spanplatten		
Flachpressplatten nach DIN 68761 und DIN 68763	(700)	0,13
Strangpressplatten nach DIN 68764-1 (Vollplatten ohne Beplankung)	(700)	0,17

Beläge, Abdichtstoffe und Abdichtungsbahnen		
Kunststoffbeläge z.B. auch PVC	(1500)	0,23
Bitumen	(1100)	0,17
Bitumendachbahnen nach DIN 52128	(1200)	0,17
Nackte Bitumenbahnen nach DIN 52129	(1200)	0,17
Glasvlies-Bitumendachbahn nach DIN 52143		0,17
Sonstige gebräuchliche Stoffe		
Lose Schüttungen, abgedeckt, aus porigen Stoffen: Blähperlit Blähton, Blähschiefer	(≤ 100) (≤ 400)	0,060 0,16
Lose Schüttungen, abgedeckt, aus Sand, Kies, Splitt (trocken)	(1800)	0,70
Fliesen	(2000)	1,0
Glas	(2500)	0,80
Kristalline metamorphe Gesteine (Granit, Basalt, Marmor)	(2800)	3,5
Sedimentsteine (Sandstein, Muschelkalk, Nagelfluh)	(2600)	2,3
Sand, Kiessand (naturfeucht)		1,4
Bindige Böden (naturfeucht)		2,1
Keramik und Glasmosaik	(2000)	1,2
Wärmedämmender Putz	(600)	0,20
Kunstharzputz	(1100)	0,70
Stahl		60
Kupfer		380
Aluminium		200
Gummi (kompakt)	(1000)	0,20

Anmerkungen:
- Die in Klammern angegebenen Richtwerte dienen nur zur Ermittlung der flächenbezogenen Maße.
- Die angegebenen Rechenwerte der Wärmeleitfähigkeit gelten für Holz quer zur Faser, für Holzwerkstoffe senkrecht zur Plattenebene. Für Holz in Faserrichtung sowie für Holzwerkstoffe zur Plattenebene ist näherungsweise der 2,2-fache Wert einzusetzen, wenn kein genauerer Nachweis erfolgt.

1.14.2 Spezifische Wärmekapazität

Die spezifische Wärmekapazität c gibt an, wie viel Energie 1 kg eines Stoffes bei der Erwärmung um 1 K aufnehmen kann, d.h. welche Wärmemenge erforderlich ist, um die Temperatur von 1 kg eines Stoffes um 1 K zu erhöhen. Die spezifische Wärmekapazität ist eine reine Materialkennzahl. Nach DIN 4108-2 können folgende Stoffgruppen hierfür genannt werden:

– Wasser   c = 4178 J/(kg K)
– Holz, Holzwerkstoffe   c = 2100 J/(kg K)
– Kunststoffe, Schaumkunststoffe   c = 1500 J/(kg K)
– Textilien, Pflanzliche Fasern   c = 1300 J/(kg K)
– Luft   c = 1000 J/(kg K)
– anorganische Baustoffe   c = 1000 J/(kg K)
– Aluminium   c = 800 J/(kg K)
– Metalle   c = 400 J/(kg K)

Die spez. Wärmekapazität von Holz und Holzwerkstoffen ist vom Feuchtegehalt des Materials abhängig; der Feuchtegehalt von Holz beträgt in der Regel 20 Gew.-%. Die spez. Wärmekapazität von Holz und Holzwerkstoffen ist wegen des hohen Feuchtegehaltes 40% größer als die von Kunststoffen und Schaumkunststoffen.

1.14.3 Wärmespeicherfähigkeit

Das Wärmespeichervermögen eines Bauteils gibt an, wie viel Wärme ein homogener Stoff von 1 m² Oberfläche und der Dicke d in m bei der Temperaturerhöhung um 1 K speichern kann.

$$C = c \cdot \rho \cdot d \text{ in kJ/(m}^2\text{K)}$$

Einige Werte für die Wärmespeicherfähigkeit verschiedener Bauteile:

Dicke	Material	λ	ρ	c	C
mm		W/(mK)	kg/m³	kJ/(kg K)	kJ/(m²K)
10	Innenputz	0,7	1200	1,0	12,00
170	Kalksandstein	0,7	1400	1,0	238,00
240	Kalksandstein	0,99	1800	1,0	432,00
5	Kunstharzputz	0,7	1100	1,0	5,50
160	Normalbeton	2,1	2400	1,0	384,00
50	PUR-Hartschaum	0,030	30	1,5	2,25
105	PUR-Hartschaum	0,025	30	1,5	4,72
50	Zementestrich	1,4	2000	1,0	100,00
10	Teppich	0,06	200	1,3	2,60
20	Trittschalldämmung	0,050	50	1,0	1,05
28	Holzschalung	0,13	600	2,1	35,28
2	Bitumenbahn	0,17	1200	1,0	2,40
12,5	Gipskartonplatte	0,21	900	1,0	11,25
160	Holzfaserplatte	0,040	120	2,0	38,40

1.14.4 Wärmeeindringkoeffizient

Der Wärmeeindringkoeffizient ist ein Maß für das Eindringen von Wärme in einen Stoff. Er wird berechnet nach der Formel

$$b = \sqrt{\lambda \cdot \rho \cdot c} \text{ in } W \cdot s^{1/2} / (m^2 K)$$

mit λ der Wärmeleitfähigkeit in W/(mK), ρ der Rohdichte in kg/m³ und c der spez. Wärmekapazität in J/(kg K).

Je kleiner der Wärmeeindringkoeffizient eines Stoffes ist, umso schneller heizt sich dessen Oberfläche auf, weil Wärme in geringerem Unfang in den Stoff einwandert. Das bedeutet z.B., dass die menschliche Körperwärme beim Berühren von Schaumkunststoffen wegen des sehr kleinen Wärmeeindringkoeffizienten nur langsam in das Material eindringt, die Schaumstoffoberfläche wird daher sehr schnell warm. Das Gegenteil ist bei Metallen der Fall, die beim Berühren kalt erscheinen, weil ihre Wärmeeindringkoeffizienten groß sind.

Verschiedene Werte für den Wärmeeindringkoeffizienten b:

Aluminium	$b \approx$	20800 J/(m²Ks$^{1/2}$)
Stahl	$b \approx$	13500 J/(m²Ks$^{1/2}$)
Normalbeton	$b \approx$	$(1600 \ldots 2500$ J/(m²Ks$^{1/2}$)
Mauerwerk, $\rho > 800$ kg/m³	$b \geq$	500 J/(m²Ks$^{1/2}$)
Leichtbeton	$b \approx$	$(250 \ldots 1600)$ J/(m²Ks$^{1/2}$)

Mauerwerk, $\rho = (400 \ldots 800)$ kg/m³ $b \approx (100 \ldots 500)$ J/(m²Ks$^{1/2}$)
Holz, Holzwerkstoffe $b \approx (450 \ldots 700)$ J/(m²Ks$^{1/2}$)
Kork $b \approx (160 \ldots 240)$ J/(m²Ks$^{1/2}$)
Schaumkunststoffe $\lambda \leq 0,04$ W/(mK) $b \approx (30 \ldots 50)$ J/(m²Ks$^{1/2}$)

1.14.5 Temperaturleitfähigkeit

Die Temperaturleitfähigkeit a gibt die Ausbreitungsgeschwindigkeit eines Temperaturfeldes in einem Stoff an:

$$a = \frac{\lambda}{\rho \cdot c} \text{ in m}^2/\text{s}$$

mit λ der Wärmeleitfähigkeit in W/(mK), ρ der Rohdichte in kg/m³ und c der spez. Wärmekapazität in J/(kg K). Werte für einige Stoffe:

Aluminium $a = 90 \cdot 10^{-6}$ m²/s
Stahl $a = 20 \cdot 10^{-6}$ m²/s
Luft $a = 20 \cdot 10^{-6}$ m²/s
Schaumkunststoffe $a = 1,7 \cdot 10^{-6}$ m²/s
Mauerwerk, Normal-, Leichtbeton,
anorganische Baustoffe $a = 1 \cdot 10^{-6}$ m²/s
Holz, Holzwerkstoffe $a = 0,2 \cdot 10^{-6}$ m²/s
Wasser $a = 0,14 \cdot 10^{-6}$ m²/s
Kunststoffe, Anstriche $a = 0,14 \cdot 10^{-6}$ m²/s

1.14.6 Gesamtenergiedurchlassgrad

Nach DIN EN 410 „Bestimmung der lichttechnischen und strahlungsphysikalischen Kenngrößen von Verglasungen" ist der Gesamtenergiedurchlassgrad g die Summe des direkten Strahlungstransmissionsgrades und des sekundären Wärmeabgabegrades der Verglasungen nach innen, letztere bedingt durch den Wärmetransport infolge Konvektion und langwelliger Strahlung des Anteils der auftreffenden Strahlung der von der Verglasung absorbiert wird. Nach DIN 67507 errechnet sich der Gesamtenergiedurchlassgrad g aus der Summe des Strahlungstransmissionsgrades für Globalstrahlung und des sekundären Wärmeabgabegrades der Verglasung nach innen infolge langwelliger Infrarotabstrahlung des absorbierenden Anteils der auftreffenden Globalstrahlung und infolge von Konvektion.

Globalstrahlung: Summe aus direkter Sonnenstrahlung und diffuser Himmelsstrahlung (ohne atmosphärischer Gegenstrahlung)

Die Zusammenhänge erläutert **Bild 1.43** für eine Doppelverglasung aus Klarglas.

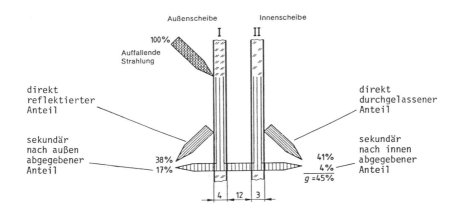

Bild 1.43. Doppelverglasung aus Klarglas.

Für transparente Bauteile enthält DIN V 4108-6, Tabelle 6, Richtwerte:

Einfachverglasung	g =	0,87
Doppelverglasung	g =	0,75
Wärmeschutzverglasung, doppelverglast mit selektiver Beschichtung	g =	0,50 bis 0,70
Dreifachverglasung, normal	g =	0,60 bis 0,70
Dreifachverglasung, mit 2-fach selektiver Beschichtung	g =	0,35 bis 0,50
Sonnenschutzverglasung	g =	0,20 bis 0,50

Richtwerte nach Herstellerangaben enthält **Bild 1.44**. In einem überschaubaren Zeitraum wird nicht mit wesentlichen Verbesserungen von den g-Werten zu erwarten sein.

Herstellerangaben erfolgen vielfach beim Gesamtenergiedurchlassgrad in Abhängigkeit vom Wärmedurchgangskoeffizient U, nur für die Verglasung bzw. Rahmen und Verglasung. Die Angaben der wärmetechnischen Eigenschaften beziehen sich auf den ungestörten Bereich des Fensters, also die Scheibenmitte.

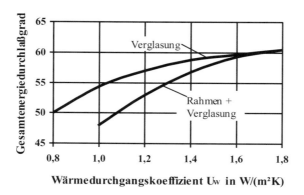

Bild 1.44. Gesamtenergiedurchlassgrad in Abhängigkeit vom Wärmedurch-gangskoeffizienten nach Herstellerangaben.

Abweichend von den tatsächlichen Verhältnissen wird stets vereinfachend angenommen, dass die Spektralverteilung der Globalstrahlung unabhängig von Sonnenstand und den atmosphärischen Bedingungen (z.B. Staub, Dunst, Wasserdampfgehalt) ist und dass die Globalstrahlung gerichtet und nahezu senkrecht auf die Verglasung auftrifft, also $g = g_\perp$. Die dabei entstehenden Fehler sind sehr gering. - Bei schrägem Lichteinfall, also bei den allgemeinen Fällen der Beleuchtung der Tageslichtöffnungen durch die Sonne, den klaren oder bedeckten Himmel und durch das an Boden und Verbauung reflektierte Licht, sind die Gesamtenergiedurchlassgrade etwas geringer als bei senkrechtem Lichteinfall.

Dass die Energie- und Lichtdurchlässigkeit bei Verglasungen Berücksichtigung findet, zeigt sich in einigen Landesbauordnungen. Hier wird vorgegeben, dass Wohnräume ausreichend Tageslicht erhalten müssen (z.B. Bauordnung von Nordrhein-Westfalen, § 44,2). DIN 5034, die sich mit der Tageslichtbeleuchtung beschäftigt, besagt sogar, dass Wohnräume eine ausreichende wohnhygienische Belichtung aufweisen müssen und dass die Verglasungen einen Lichtdurchgang von 75% nicht unterschreiten dürfen [28], vgl. **Bild 1.45.**

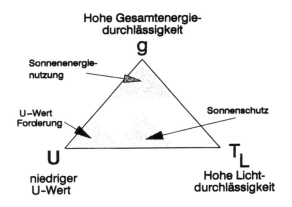

Bild 1.45. „Magisches" Dreieck der Glas-Optimierung.

Bei Anordnung von Sonnenschutzvorrichtungen in Verbindung mit Verglasungen ist der Energiedurchlassgrad g mit einem Abminderungsfaktor F_C der Sonnenschutzvorrichtungen zu multiplizieren, $g_{total} = g \cdot F_c$. Anhaltswerte enthalten DIN 4108-2, Tabelle 7 sowie DIN 4108-6, Tabelle 7, für Abminderungsfaktoren von fest installierten Sonnenschutzvorrichtungen:

- ohne Sonnenschutzvorrichtung $\qquad F_c = 1$
- Innenliegend und zwischen den Scheiben:
  - weiß oder reflektierende Oberfläche mit geringer Transparenz $\qquad F_c = 0,75$
  - helle Farben und geringe Transparenz $\qquad F_c = 0,8$
  - dunkle Farben und höhere Transparenz $\qquad F_c = 0,9$
- außenliegend:
  Jalousien, drehbare Lamellen, hinterlüftet $\qquad F_c = 0,25$
- Jalousien, Rollläden, Fensterläden $\qquad F_c = 0,30$
- Vordächer, Loggien $\qquad F_c = 0,5$
- Markisen, oben und seitlich ventiliert $\qquad F_c = 0,40$
- Markisen allgemein $\qquad F_c = 0,50$

Für innen und zwischen den Scheiben liegenden Vorrichtungen ist eine genaue Ermittlung nach DIN EN 410 zu empfehlen, da sich erhebliche günstigere Werte ergeben können. Ohne Nachweis ist der ungünstigere Wert zu verwenden.

Eine Transparenz bei hellen bzw. dunklen Farben der Sonnenschutzvorrichtung unter 15% gilt als gering, ansonsten als erhöht.

Bei schrägem Lichteinfall, also bei den allgemeinen Fällen der Beleuchtung der Tageslichtöffnungen durch die Sonne, den klaren und bedeckten Himmel und durch das an Boden und Verbauung reflektierte Licht, sind die Transmissionsgrade g etwas geringer als bei senkrechtem Lichteinfall ($g_\perp$).

1.15 Tauwasserbildung auf Oberflächen an Bauteilen

1.15.1 Mindestanforderungen

Die Mindestanforderung des Wärmeschutzes beruht auf der Aussage, die Bildung von Tauwasser auf der inneren Oberfläche von Gebäudeaußenteilen zu verhüten. Die Bildung von Tauwasser ist eine Funktion des Wärmedurchgangskoeffizienten des temperaturbeanspruchten Bauteils und kann berechnet werden.

Forderung: $\vartheta_{si} > \vartheta_S$

$$\vartheta_{si} = \vartheta_i - \frac{q}{\alpha_i} = \vartheta_i - \frac{U}{\alpha_i}(\vartheta_i - \vartheta_e) = \vartheta_i - U \cdot R_{si}(\vartheta_i - \vartheta_e)$$

Dieser Zusammenhang ist in **Bild 1.46** dargestellt.

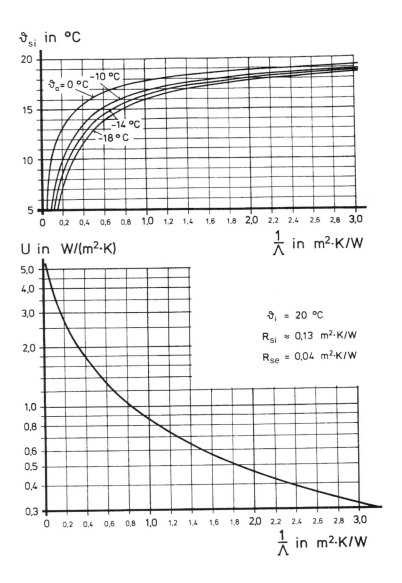

Bild 1.46. Zusammenhang zwischen der Temperatur auf der inneren Oberfläche und dem Wärmedurchlasswiderstand bzw. Durchgangskoeffizienten bei Außenbauteilen.

Die **Tabelle 1.21** enthält Angaben der Taupunkttemperatur der Luft in Abhängigkeit von Temperatur und relativer Feuchte der Luft.

Tabelle 1.21. Taupunkttemperatur der Luft in Abhängigkeit von Temperatur und relativer Feuchte der Luft.

Luft-temp. °C	Taupunkttemperatur ϑ_s in °C bei einer relativen Feuchte von														
	30 %	35 %	40 %	45 %	50 %	55 %	60 %	65 %	70 %	75 %	80 %	85 %	90 %	95 %	100 %
30	10,5	12,9	14,9	16,8	18,4	20,0	21,4	22,7	23,9	25,1	26,2	27,2	28,2	29,1	30,0
29	9,7	12,0	14,0	15,9	17,5	19,0	20,4	21,7	23,0	24,1	25,2	26,2	27,2	28,1	2 ,0
28	8,8	11,1	13,1	15,0	16,6	18,1	19,5	20,8	22,0	23,2	24,2	25,2	26,2	27,1	28,0
27	8,0	10,2	12,2	14,1	15,7	17,2	18,6	19,9	21,1	22,2	23,3	24,3	25,2	26,1	27,0
26	7,1	9,4	11,4	13,2	14,8	16,3	17,6	18,9	20,1	21,2	22,3	23,3	24,2	25,1	26,0
25	6,2	8,5	10,5	12,2	13,9	15,3	16,7	18,0	19,1	20,3	21,3	22,3	23,2	24,1	25,0
24	5,4	7,6	9,6	11,3	12,9	14,4	15,8	17,0	18,2	19,3	20,3	21,3	22,3	23,1	24,0
23	4,5	6,7	8,7	10,4	12,0	13,5	14,8	16,1	17,2	18,3	19,4	20,3	21,3	22,2	23,0
22	3,6	5,9	7,8	9,5	11,1	12,5	13,9	15,1	16,3	17,4	18,4	19,4	20,3	21,2	22,0
21	2,8	5,0	6,9	8,6	10,2	11,6	12,9	14,2	15,3	16,4	17,4	18,4	19,3	20,2	21,0
20	1,9	4,1	6,0	7,7	9,3	10,7	12,0	13,2	14,4	15,4	16,4	17,4	18,3	19,2	20,0
19	1,0	3,2	5,1	6,8	8,3	9,8	11,1	12,3	13,4	14,5	15,5	16,4	17,3	18,2	19,0
18	0,2	2,3	4,2	5,9	7,4	8,8	10,1	11,3	12,5	13,5	14,5	15,4	16,3	17,2	18,0
17	-0,6	1,4	3,3	5,0	6,5	7,9	9,2	10,4	11,5	12,5	13,5	14,5	15,3	16,2	17,0
16	-1,4	0,5	2,4	4,1	5,6	7,0	8,2	9,4	10,5	11,6	12,6	13,5	14,4	15,2	16,0
15	-2,2	-0,3	1,5	3,2	4,7	6,1	7,3	8,5	9,6	10,6	11,6	12,5	13,4	14,2	15,0
14	-2,9	-1,0	0,6	2,3	3,7	5,1	6,4	7,5	8,6	9,6	10,6	11,5	12,4	13,2	14,0
13	-3,7	-1,9	-0,1	1,3	2,8	4,2	5,5	6,6	7,7	8,7	9,6	10,5	11,4	12,2	13,0
12	-4,5	-2,6	-1,0	0,4	1,9	3,2	4,5	5,7	6,7	7,7	8,7	9,6	10,4	11,2	12,0
11	-5,2	-3,4	-1,8	-0,4	1,0	2,3	3,5	4,7	5,8	6,7	7,7	8,6	9,4	10,2	11,0
10	-6,0	-4,2	-2,6	-1,2	0,1	1,4	2,6	3,7	4,8	5,8	6,7	7,6	8,4	9,2	10,0
9	-6,8	-5,0	-3,4	-2,0	-0,9	0,4	1,6	2,8	3,8	4,8	5,8	6,6	7,4	8,2	9,0
8	-7,6	-5,8	-4,2	-2,8	-1,5	-0,4	0,7	1,8	2,9	3,8	4,8	5,7	6,5	7,2	8,0
7	-8,3	-6,6	-5,0	-3,6	-2,4	-1,2	-0,2	0,9	1,9	2,9	3,8	4,7	5,5	6,2	7,0
6	-9,1	-7,4	-5,8	-4,5	-3,2	-2,1	-1,0	-0,1	0,9	1,9	2,8	3,6	4,5	5,3	6,0
5	-9,9	-8,1	-6,6	-5,3	-4,0	-2,9	-1,9	-0,9	0,0	0,9	1,8	2,7	3,5	4,3	5,0
4	-10,7	-9,0	-7,5	-6,1	-4,8	-3,7	-2,7	-1,8	-0,9	0,0	0,8	1,7	2,5	3,2	4,0
3	-11,5	-9,7	-8,2	-6,8	-5,7	-4,5	-3,5	-2,6	-1,7	-0,9	-0,1	0,7	1,5	2,3	3,0
2	-12,3	10,6	-9,1	-7,7	-6,5	-5,4	-4,4	-3,5	-2,6	-1,8	-1,0	-0,2	0,5	1,3	2,0
1	-13,1	11,4	-9,9	-8,5	-7,4	-6,2	-5,2	-4,3	-3,4	-2,6	-1,8	-1,1	-0,4	0,3	1,0
0	-13,8	12,2	10,7	-9,4	-8,1	-7,1	-6,0	-5,1	-4,3	-3,5	-2,7	-2,0	-1,2	-0,6	0,0

Aus Sicherheitsgründen wird für Räume mit hygienischer Bedeutung gefordert, dass die inneren Oberflächentemperaturen ϑ_{si} um mindestens (1 . . . . . . 2) K über der Taupunkttemperatur der Raumluft ϑ_S liegen.

Der erforderliche Wärmedurchlasswiderstand und der entsprechende Wärmedurchgangskoeffizient zur Verhütung von Tauwasserbildung auf der inneren Oberfläche von Außenbauteilen können nach folgenden Formeln ermittelt werden:

$$\frac{1}{\Lambda} > R_{si} \frac{\vartheta_i - \vartheta_e}{\vartheta_i - \vartheta_S} - (R_{si} + R_{se})$$

$$k < \frac{\vartheta_i - \vartheta_e}{R_{si}(\vartheta_i - \vartheta_S)}$$

Anwendungsbeispiel
Für einen Wohnraum mit $\vartheta_i = 20°C$ und $\varphi_i = 60\%$ ist bei $\vartheta_e = -14°C$ der zur Verhütung von Tauwasserbildung auf der inneren Oberfläche der Außenwand erforderliche Wärmedurchlasswiderstand bzw. Wärmedurchgangskoeffizienten zu ermitteln.

Taupunkt aus **Tabelle 1.21**: $\vartheta_S = 12{,}0°C$
Forderung: $\vartheta_{si} > \vartheta_S = 12{,}0°C$

Entsprechend den Formeln erhält man den zur Verhütung von Tauwasser erforderlichen Wärmedurchlasswiderstand:

$$\frac{1}{\Lambda} > \left(0{,}13 \frac{20-(-14)}{20-12} - (0{,}13+0{,}04)\right) m^2K/W = 0{,}383 \ m^2K/W$$

Wärmedurchgangskoeffizienten:
$$U < \frac{20-12}{0{,}13(20-(-14))} \ W/(m^2K) = 1{,}81 \ W/(m^2K)$$

Beim rechnerischen Nachweis zur Vermeidung von Feuchtezuständen, die das Wachsen von Schimmelpilzen ermöglichen, wird in Deutschland während des Winters von einem Innenraumklima von $\vartheta_i = 20°C$ und einer relativen Luftfeuchtigkeit von $\varphi_i = 50\%$ ausgegangen. Das Außenklima wird nach DIN 4108-2 zu $\vartheta_e = -5°C$ und $\varphi_e = 80\%$ angenommen. Von Einfluss aber auch der innere Wärmeübergangskoeffizient α_i, da $\alpha_i \rightarrow 0$ streben kann wegen fehlender Konvektion und im Winkelbereich gleicher

Strahlungsfaktoren ε. Nachstehend sind in **Bild 1.47** sowohl die Einflüsse der Werte für α_i als auch die Einflüsse geometrischer Wärmebrücken auf die minimale Oberflächentemperaturen beispielhaft dargestellt [29].

Konstruktion		min ϑ_{si} [°C]					
		$\alpha_i = 1$	$\alpha_i = 2$	$\alpha_i = 3$	$\alpha_i = 4$	$\alpha_i = 5$	$\alpha_i = 8$
ungestörte Wand	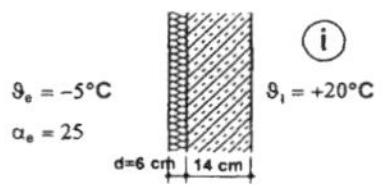	10,7	14,1	15,7	16,6	17,2	18,2
zweidimensionale Ecke	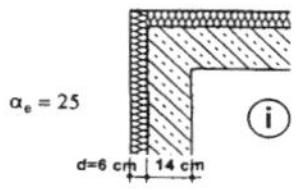	8,5	12,2	14,0	15,0	15,7	16,9
dreidimensionale Ecke	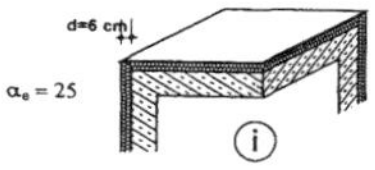	6,3	10,0	11,9	13,1	13,9	15,3
dreidimensionale Ecke mit Attika	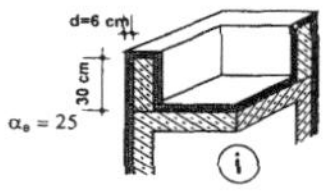	4,5	8,2	10,2	11,4	12,3	13,9

Bild 1.47. Einflüsse der Konstruktion und des Wärmeübergangswiderstandes α_i in W/(m²K) auf innere Oberflächentemperatur.

Als besonderer Problembereich bei monolithischen Außenwandkonstruktionen stellt sich die Baustofffeuchte heraus. Wärmedämmende Bausteine werden in einem relativ feuchten Zustand vielfach auf die Baustelle geliefert und haben während der Bauphase, bedingt durch die Witterung, noch weitere Feuchte aufgenommen. Die Abgabe der Feuchte erfolgt im bewohnten Zustand über einen Zeitraum von etwa 3 Jahren. Messungen haben ergeben, dass die Heizenergien von Messperiode zu Messperiode ständig abnahmen durch Verringerung des Baustofffeuchtegehaltes. Es muss künftig bei monolithischen Konstruktionen darauf geachtet werden, dass diese vor hohen Feuchteeinträgen geschützt werden [30].

1.15.2 Temperaturfaktor f_{Rsi}

Winkel von Außenbauteilen mit gleichartigem Aufbau mit Anforderungen nach DIN 4108-2 Tabelle 3 und nach DIN 4108 Beiblatt 2 bedürfen keines besonderen Nachweises für Schimmelpilzbildung als Funktion raumseitiger Oberflächentemperaturen. Bei abweichenden Konstruktionen muss der Temperaturfaktor an der ungünstigsten Stelle die Mindestanforderung f_{Rsi} ≥ 0,70 erfüllen, d.h. eine raumseitige Oberflächentemperatur von ϑ_i ≥ 12,6°C einhalten. Temperaturfaktor (dimensionslose Verhältniszahl) nach DIN EN ISO 10211-2:

$$f_{Rsi} = \frac{\vartheta_{si} - \vartheta_e}{\vartheta_i - \vartheta_e}$$

$$\vartheta_{si} = f_{Rsi} \cdot (\vartheta_i - \vartheta_e) + \vartheta_e$$

Worin bedeuten:

ϑ_{si} ... die raumseitige Oberflächentemperatur in °C

ϑ_i ... die Innenlufttemperatur in °C

ϑ_e ... die Außenlufttemperatur in °C

Die Berechnung minimaler Oberflächentemperaturen von flächigen Bauteilen bzw. im Bereich von Wärmebrücken zur Vermeidung einer Schimmelpilzbildung erfolgt nach DIN EN 10211-1 bzw. -2 mit den Randbedingungen nach DIN 4108-2.

Schimmelpilzbildung auf Bauteiloberflächen ist besonders im Gebäudebestand häufig in Bereichen von Außenbauteilen mit niedrigen inneren Oberflächentemperaturen anzutreffen. Hierbei ist zu beachten, dass die zur Vermeidung von Tauwasserbildung auf raumseitigen Oberflächen einzuhaltende relative Luftfeuchte im Innern eines Gebäudes von

$$\varphi \leq \left(\frac{109,8 + f_{Rsi} \cdot (\vartheta_i - \vartheta_e) + \vartheta_e}{109,8 + \vartheta_i} \right)^{8,02} \cdot 100\%$$

zur Vermeidung von Schimmelpilzbildung nicht genügt. Bereits vor Tauwasserbildung setzt aufgrund der Porosität der meisten Baustoffe - in Wirklichkeit wird es bei diesen Baustoffen praktisch niemals zur reinen Tauwasserbildung kommen, da der Kapillartransport sehr wirksam ist und große Mengen an Wasser abtransportiert werden - Schimmelpilzbildung ein und zur Vermeidung muss nach heutigem Kenntnisstand [31] folgende Bedingung eingehalten werden:

$$\phi \le 0,8 \cdot \left(\frac{109,8 + f_{Rsi} \cdot (\vartheta_i - \vartheta_e) + \vartheta_e}{109,8 + \vartheta_i} \right)^{8,02} \cdot 100\%$$

für übliche, wohnähnliche Nutzung ist in DIN 4108-2 für f_{Rsi} ein Grenzwert von 0,7 festgelegt, bei dessen Einhaltung eine schimmelpilzfreie Konstruktion zu erwarten ist. Dabei liegen folgende Randbedingungen zugrunde:

Innenlufttemperatur	ϑ_i = 20°C
Relative Luftfeuchte innen	ϕ_i = 50%
Außenlufttemperatur	ϑ_e = -5°C
Wärmeübergangswiderstand innen (beheizte Räume)	R_{si} = 0,25 m²K/W
wie vor, (unbeheizte Räume)	R_{si} = 0,17 m²K/W
Wärmeübergangswiderstand außen	R_{se} = 0,04 m²K/W
kritische zugrundegelegte Luftfeuchte für	
Schimmelpilzbildung auf der Bauteiloberfläche	ϕ_{si} = 80%

Für Bauteile, die an das Erdreich oder an unbeheizte Kellerräume und Pufferzonen grenzen, ist von den in DIN 4108-2 Tabelle 5 angegebenen Randbedingungen auszugehen:

Keller	θ_i = 10°C
Erdreich	θ_i = 10°C
Unbeheizte Pufferzone	θ_i = 10°C
Unbeheizter Dachraum	θ_i = -5°C

Bildet sich Schimmel, obwohl die Konstruktion höhere f_{Rsi}-Werte aufweist als 0,7, ist die Raumluftfeuchte und damit das Nutzerverhalten Schadensursache. Bei Werten unter 0,7 trägt die Konstruktion zumindest eine „Teilschuld".

Im Bereich von Fenstern und Fassadenteilen wird dieser Grenzwert häufig unterschritten. Hier wird sogar Tauwasserbildung toleriert.

Zwischen den üblicherweise verwendeten Putzmaterialien gibt es hinsichtlich der Schimmelpilzbildung zwar einen Unterschied, der aber als schwach einzustufen ist. Anstriche und Tapeten können das Schimmelpilzwachstum fördern.

Materialien unterhalb der obersten Beschichtung beeinflussen das Schimmelpilzwachstum nicht. Maßgebend ist die oberste Schicht (Anstrich, Tapete, Schmutzschicht usw.).

Bei gleichbleibend hoher relativer Luftfeuchte an der Oberfläche erhöht sich das Schimmelwachstum mit zunehmender Oberflächentemperatur drastisch.

Organische Ablagerungen auf Baustoffoberflächen verstärken das Schimmelpilzwachstum in besonderer Weise. Bei starker Verschmutzung wird der Untergrund quasi wirkungslos. Die Verschmutzung bestimmt das Wachstum allein.

Die Zeitdauer einer hohen Feuchtebelastung auf der Baustoffoberfläche ist von großem Einfluss. Bei verschmutzten Bauteiloberflächen reichen bereits kurze tägliche Feuchteperioden für das Schimmelpilzwachstum [32].

Anwendungsbeispiel

Raumseitige Oberflächentemperatur $\vartheta_{si} = 17{,}6°C$
Außenlufttemperatur $\vartheta_{e} = -5°C$
Innenlufttemperatur $\vartheta_{i} = 20°C$

$$f_{Rsi} = \frac{(17{,}6 - (-5))}{(20 - (-5))} = 0{,}90 > 0{,}70.$$

Die Anforderungen können eingehalten werden, die Konstruktion ist in Bezug auf den Tauwasserausfall und die Schimmelpilzbildung mangelfrei.

Anwendungsbeispiel

Für den Schnitt - Massivwand ist der Temperaturdifferenzquotient f für unterschiedliche WLG-Werte tabellarisch zu ermitteln.

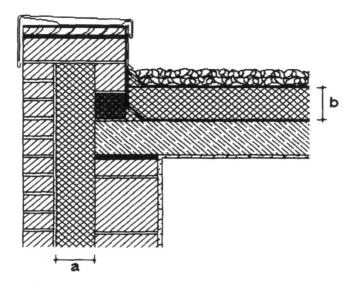

	f_{Rsi}		
b [mm]	a =100 mm	a =120 mm	a =140 mm
80	0,837	0,844	0,849
100	0,851	0,858	0,864
120	0,861	0,868	0,874
140	0,868	0,875	0,881
160	0,873	0,880	0,886
180	0,877	0,886	0,890

f_{Rsi}-Werte für verschiedene Randbedingungen:
a: Dicke der Wanddämmung WLG 040
b: Dicke der Dachdämmung WLG 040

Anwendungsbeispiel

Der Temperaturbeiwert für die Verbindung zwischen Fenster und Wand ist
zu ermitteln.

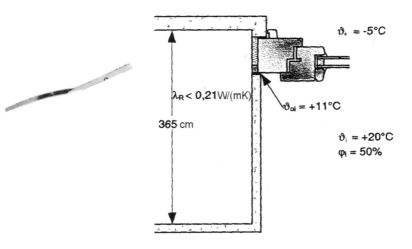

Einbausituation und der daraus entstehenden Temperaturbeiwert f

$$f_{Rsi} = \frac{11-(-5)}{20-(-5)} = 0,64 \le f_{min}$$

1.16 Sommerlicher Wärmeschutz

Die bisherigen Regelungen zum sommerlichen Wärmeschutz in den bauaufsichtlich eingeführten Normen hatten im wesentlichen empfehlenden Charakter. In Verbindung mit der EnEV muss nach DIN 4108-2 für den von sommerlicher Überhitzung am meisten gefährdeten Raum der Nachweis erbracht werden, dass der Sonneneintragskennwert der transparenten Bauteile einen Maximalwert nicht überschreitet. Mit dieser Maßnahme soll für Wohn- und ähnlich genutzte Gebäude im Sommer auf Anlagentechnik zur Kühlung verzichtet werden können.

Besonders Niedrigenergiehäuser sind empfindlich gegen Sommerwärme. Ihre hohe Wärmedämmung hält die Wärme in den Räumen, so dass die Sonne bereits bei mittleren Außenlufttemperaturen die Räume unerträglich aufheizen kann. Selbstverständlich könnten Klimaanlagen die Raumtemperaturen regulieren. Das hieße aber, die Energieeinsparung während der Heizperiode in der warmen Jahreszeit wieder verlieren. Einfacher ist es, sommerlichen Wärmeschutz durch ausreichend große Wärmespeichermassen gleich einzuplanen, **Bild 1.48**.

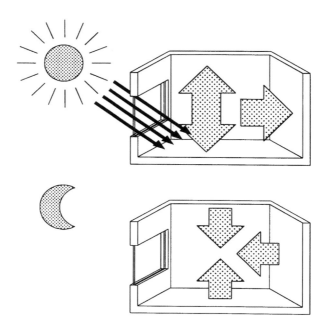

Bild 1.48. Die Wärmespeichermassen massiver Wände und Decken speichern tagsüber die Sonnenwärme und geben sie abends an den Raum zurück.

Schwere Wände lassen zusätzlich Temperaturspitzen nur langsam und stark abgeschwächt nach innen gelangen - die sogen. Phasenverschiebung. Leichte Bauteile haben weniger Wärmespeichermasse. Einflussgrößen auf den sommerlichen Wärmeschutz:

– Gesamtenergiedurchlässigkeit der Verglasung
– Wirksamkeit der Sonnenschutzvorrichtung
– Verhältnis der Fensterfläche zur Grundfläche des Raumes
– wirksame Speicherfähigkeit der raumumschließenden Flächen
– Lüftung, besonders in der zweiten Nachthälfte
– Fensterorientierung und -neigung
– interne Wärmequellen

Um einen energiesparenden sommerlichen Wärmeschutz sicherzustellen, sind bei Gebäuden, deren Fensterflächenanteil f = 30% überschreitet, die Anforderungen an die Sonneneintragskennwerte oder die Kühlleistung nach EnEV § 4 Abs. (4) einzuhalten.

Als höchstzulässige Sonneneintragswerte sind die in DIN 4108-2 Anhang A1 Abschnitt 8 festgelegten Werte einzuhalten und nach dem dort genannten Verfahren zu bestimmen.

Ein weiterer Hinweis im Anhang A1, Ziffer 2.9 gilt den Gebäuden, bei denen durch die nutzungsbedingte Belastung eine Lüftung und Kühlung notwendig ist. Die Einhaltung der höchstzulässigen Sonneneintragswerte wird gekoppelt an Minimierung der Kühllast bezogen auf das zu kühlende Gebäudevolumen, fälschlicherweise bezeichnet als Kühlleistung [33].

Im Sommer sind die außenklimatischen Randbedingungen von denen im Winter ganz verschieden. Im Winter ändern sich die Außentemperaturen so verhältnismäßig langsam, dass es üblich ist anzunehmen, der Wärmedurchgang erfolge im stationären Zustand, d.h. man benutzt zu seiner Bestimmung einen konstanten Rechenwert der Außentemperatur. Anders sieht die Sachlage im Sommer aus. Die auf die Außenflächen eines Gebäudes einfallende Sonnenstrahlung ändert sich im Verlauf eines Tages stündlich, ebenso wie die Außenlufttemperatur. Während der auf die Fenster entfallende Anteil der Sonnenstrahlung fast unverzüglich im Innenraum eines Gebäudes wärmewirksam wird, wird der auf die nichttransparenten Bauteilflächen entfallende Anteil in diesen, je nach Größe ihrer Maße und Art ihres Aufbaus zunächst gespeichert und tritt erst nach Stunden in den Innenraum über. Der Wärmedurchgang im Sommer ist daher fast ausschließlich durch die Größe der Fenster bestimmt. Die Innenraumtemperatur nimmt bei Sonneneinstrahlung mit der Fenstergröße beträchtlich zu. Bei einem ungeschützten Fenster mit einer Strahlungsdurchlässigkeit von ungefähr 80% ist bei einem Fensterflächenanteil von 25% nach Südwesten in einem Aufenthaltsraum (**Bild 1.49**) eine Innenraumtemperatur von etwa 26°C zu erwarten, was noch im Rahmen der im Mittel zu erwartenden Außenlufttemperatur liegt. Bei z.B. 65% Fensterflächenanteil steigt die zu erwartende Innentemperatur über 30°C an, was unbedingt Maßnahmen zur Herabsetzung der Strahlungsdurchlässigkeit der Fenster notwendig macht [34].

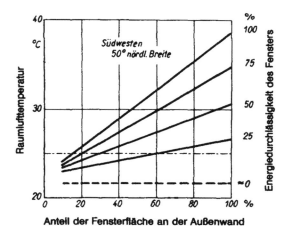

Bild 1.49   Innenraumtemperatur bei Sonneneinstrahlung im Sommer [25; 34].

Für einen bezüglich sommerlicher Überhitzung zu untersuchenden Raum oder der Raumbereiche (Raumgruppen) ist der Sonneneintragskennwert S zu ermitteln:

$$S = \frac{\sum \left(A_{W,j} \cdot g_{total,j}\right)}{A_G}$$

A_W ist die solarwirksame Fensterfläche in m². Bei Räumen mit zwei oder mehr Fensterfronten ist es die Summe der Fensterflächen. Es gelten die Maße der lichten Rohbauöffnungen. A_G ist die Nettogrundfläche des Raumes oder des Raumbereiches in m².

Analysiert man besonders den Sonneneintragswert und eine Reihe von baulichen Randbedingungen und Bewertungsmöglichkeiten so zeigt sich, dass dieser gute Ansatz einige Probleme in sich birgt, deren Ursache darin liegt, dass vor allem das Gebäude, speziell die transparenten Außenbauteile und nicht auch die Nutzung betrachtet wird. Die bauklimatische Definition findet nur ungenügend Berücksichtigung.

Der Gesamtenergiedurchlassgrad der Verglasung einschließlich des Sonnenschutzes kann vereinfacht wie folgt berechnet werden

$$g_{total} = g \cdot F_c$$

g ist der Gesamtenergiedurchlassgrad der Verglasung nach DIN EN 410 einschließlich Sonnenschutz. F_c der Abminderungsfaktor für die fest installierten Sonnenschutzvorrichtungen nach DIN 4108-2 / A1 Tabelle 8. Der Abminderungsfaktor für hinterlüftete Markisen mit 0,4 ist zu hoch angesetzt, wenn man von allgemein üblichen Stoffen mit geringem Transmissionsgrad ausgeht. Übliche dekorative Vorhänge gelten nicht als Sonnenschutzvorrichtung.

Für Abdeckwinkel, die geringer sind als der in DIN 4108-2 / A1 geforderte Mindestabdeckwinkel, existiert keine quantitative Aussage zur tatsächlichen Verschattungswirkung.

Damit zu Wohn- und ähnlichen Zwecken dienende Gebäude im Sommer möglichst ohne Anlagentechnik zur Kühlung auskommen und zumutbare Temperaturen nur selten überschritten werden, darf der raumbezogene Sonneneintragskennwert S den Höchstwert S_{max} nicht überschreiten.

Liegt der Fensterflächenanteil f_s unter den nachstehend angegebenen Grenzen so kann auf einen Nachweis verzichtet werden:

Neigung der Fenster gegenüber der Horizontalen	Orientierung der Fenster	f
von 0° bis 60°	alle Orientierungen	$f \leq 15\%$
über 60° bis 90°	West über Süd bis Ost	$f \leq 20\%$
über 60° bis 90°	Nordost über Nord bis Nordwest	$f \leq 30\%$

Der Sonneneintragskennwert S darf nach DIN 4108-2 / A1 einen Höchstwert S_{max} nicht überschreiten, d.h. $S_0 \leq S_{max}$. Der Höchstwert S_{max} wird als Summe aus Basiswert S_0 und allen zutreffenden Zuschlagswerten ΔS_x nach dem Bonus-Malus-Prinzip ermittelt. Für den Basiswert wird $S_0 = 0,12$ angenommen nach folgenden Überlegungen:

Behagliche Raumtemperaturen, d.h. ϑ_i < Grenz-Raumtemperatur zu 90% der Aufenthaltszeit, für

Sommer-Klimaregion	Grenz-Raumtemperatur
A: sommerkühle Gebiete $\vartheta_{e, \text{Monat, m}} \leq 16,5°C$ (Mittelgebirgslagen, Küstenregionen der Nordsee)	25°C
B: gemäßigte Gebiete $\vartheta_{e, \text{Monat, m}} < 18°C$ (überwiegender Anteil am Gebiet der Bundesrepublik Deutschland)	26°C
C: sommerheiße Gebiete $\vartheta_{e, \text{Monat, m}} \geq 18°C$ (Flußniederungen, z.B. der Oberrheingraben)	27°C

Dann gilt für die Basiskennwerte S_0 zur Berücksichtigung der unterschiedlichen Sommer-Klimaregionen: $S_0 = 0{,}12$.

Der Grenzwert ist so gewählt, dass die Einhaltung behaglicher Verhältnisse ohne Installation einer Raumkühlung erreichbar ist. Nach Ergebnissen praktischer Untersuchungen nach DIN 4108-2 müsste der Basiskenn-
wert betragen für die Klimaregion

$$A: S_0 = 0{,}18$$
$$B: S_0 = 0{,}14$$
$$C: S_0 = 0{,}10$$

Somit: $$S_{max} = S_0 + \Sigma \Delta S_x$$

Der Zuschlagswert ΔS_x ist DIN 4108-2 / A1 Tabelle 9 zu entnehmen je
nach Gebäudelage und Gebäudebeschaffenheit. Beispiele (Negative Korrekturwerte, Maluspunkte, Positive Korrekturwerte, Pluspunkte):

- Gebäude der Klimaregion
  A $\Delta S_x = 0$
  B $\Delta S_x = -0{,}01$
  C $\Delta S_x = -0{,}025$
- Sonnenschutzverglasung mit
  $g \leq 0{,}4$ $\Delta S_x = +0{,}03$
- erhöhte Nachtlüftung während der zweiten Nachthälfte $n \geq 1{,}5 \ h^{-1}$
  leichte und sehr leichte Bauart $\Delta S_x = +0{,}02$
  schwere Bauart $\Delta S_x = +0{,}03$

Die genannten Abschlagswerte erscheinen willkürlich und kaum konstruktiv nachvollziehbar bzw. sind für die Realisierung (z.B. Nachtlüftung mittels Fensterlüftung) z.T. realitätsfremd. Für leichte oder extrem leichte
Bauarten, für hohen Fensteranteil und geneigte Fenster gibt es Minuspunk-
te, für Sonnenschutzverglasung, erhöhte Nachtlüftung und nord-orientierte
Räume gibt es Pluspunkte.

Bei der Ermittlung von S_{max} werden zusätzlich noch die wirksame Wärmespeicherfähigkeit der raumumschließenden Flächen sowie Lüftung, besonders
in der zweiten Nachthälfte, berücksichtigt. Als Konsequenz für die bauliche
Praxis ergibt sich, dass in Regionen mit einer Mitteltemperatur von über 18°C
in den Sommermonaten Dachflächenfenster ohne wirksamen außenliegenden
Sonnenschutz nicht mehr verwendet werden dürfen. Eine durchaus auch in
städtebaulicher Hinsicht positive Beschränkung [19]. Durch die Berücksichtigung des Sonneneintragskennwertes der transparenten Bauteile als wesentli-

cher Kennwert für den sommerlichen Wärmeschutz wird auch die untergeordnete Bedeutung der in letzter Zeit häufiger in der Diskussion stehende Dämpfungsbeiträge der Opaken Außenbauteile deutlich.

Unzureichend werden die inneren Wärmebelastungen durch die Nutzung der Räume charakterisiert. Dies ist bedenklich, da durch die EnEV die äußeren Wärmebelastungen durch Transmission minimiert werden und somit in der Belastung der Räume die inneren Wärmebelastungen Größenordnungen erreichen, die nur ein mehrfaches (2 bis 4mal) so groß sein können, wie die äußere Wärmebelastung durch Transmission. Zur Reduzierung der äußeren Wärmebelastung durch transparente Bauteile wird zwar folgerichtig auf niedrige Gesamtenergiedurchlassgrade und effektive Sonnenschutzvorrichtungen orientiert [33].

Die sich bei Überwärmung des Gebäudes einstellenden Temperaturen innerhalb eines Gebäudes können zwar relativ exakt quantifiziert werden und erlauben neben der Angabe von Maximal- oder Minimalwerten von Lufttemperaturen oder empfundenen Temperaturen auch Aussagen über die Häufigkeiten des Auftretens und Überschreitens einzelner Temperaturwerte. Im Rahmen von üblichen Planungsaufgaben sind derartige Berechnungen jedoch zu aufwendig und kostspielig. Deshalb ist zu fordern, dass die in DIN 4108-2 / A1 formulierten Forderungen zur Vermeidung unbehaglicher Temperaturen im Sommer detailliert werden, um wirklich nahezu alle in der Praxis auftretenden Fälle erfassen zu können und in die Energieeinsparverordnung aufgenommen werden. Hierdurch soll sichergestellt werden, dass in möglichst vielen Fällen behagliche raumklimatische Verhältnisse auch im Sommer ohne Kälteanlagen sichergestellt werden können.

Es wird jedoch immer Fälle geben, in denen auf eine solche Kühlung nicht verzichtet werden kann, besonders bei Gebäuden mit sehr hohen internen Wärmelasten. Der dann erforderliche Kühlkälte- bzw. Kühlenergiebedarf ist ebenfalls in die Bilanzierung einzubeziehen, so dass dann alle für die thermische und lichttechnische Konditionierung notwendigen Energieverbräuche erfasst werden.

Im Verwaltungsbau kann die Versorgung der Räume mit Tageslicht zur zentralen Aufgabe werden. Im Allgemeinen führt es dazu, dass die für die Nutzung notwendige Beleuchtung eine Wärmebelastung darstellt, die in der gleichen Größenordnung liegt, wie die durch die Sonnenschutzmaßnahme erreichte Reduzierung.

Die inneren Wärmebelastungen in Büroräumen werden neben der Beleuchtung vor allem durch technologische Einrichtungen (PC, Drucker usw.) und die Mindestbeleuchtungsstärke bei Bildschirmarbeitsplätzen bestimmt und sind keinesfalls mehr „besondere Fälle".

Hinsichtlich der wirksamen Speicherfähigkeit der Raumumschließungs-flächen wird zwar bei den Konstruktionen in Bauarten unterschieden, je-doch gibt es keine quantitative Zuordnung und auch keinen Verweis zu der Bewertung nach der Richtlinie VDI 2078 „Kühllastregeln". Hier wäre es zweckmäßig, die Bewertung mittels der Admittanz des Raumes bzw. des mittleren Schichtspeicherkoeffizienten und der speicherwirksamen Bau-werksmasse eindeutig zu regeln. Besonders durch Einbauten und Möblie-rung, untergehängte Deckenkonstruktionen oder auch Doppelböden bzw. gestelzte Fußböden kann die Speicherfähigkeit erheblich beeinflusst wer-den. Bei der Lüftung sollte geprüft werden, ob eine Lüftung über das Fens-ter möglich, praktikabel und zumutbar ist (**Bild 1.50**). Dies sowohl in der Nutzungszeit der Räume bzw. Gebäude als auch außerhalb der Nutzungs-zeit (Nachtstunden). Gerade bei der Fensterlüftung sind solche Aspekte wie Lüftungsdauer, Lüftungseffektivität der Fensterkonstruktion, Schall-schutz, Sicherheit (Objektschutz) unbedingt zu beachten.

Die Außenlufttemperatur hat den größten Einfluss auf das Fensteröff-nungsverhalten. Je wärmer es draußen wird, desto länger werden die Fens-ter geöffnet. Der Einfluss der Solarstrahlung ist gering, eine scheinbare Abhängigkeit ist auf die Außenlufttemperatur zurückzuführen. Erst bei Windgeschwindigkeiten über 10 m/s reduzieren sich die Fensteröffnungs-zeiten.

Wohnungen in Mehrfamiliengebäuden weisen höhere Fensteröffnungs-zeiten auf. Dies hängt damit zusammen, dass in diesen Wohnungen eine kleinere Wohnfläche je Bewohner vorliegt als in Einfamilien- und Reihen-häuser. Zwischen 10 und 16 Uhr und 16 bis 22 Uhr sind die Öffnungszei-ten etwa gleich hoch. Ebenfalls etwa gleich, aber kleiner sind sie in der Zeit zwischen 22 bis 4 Uhr und 4 bis 10 Uhr.

Ein sehr inhomogenes Verhalten unter den Lüftergruppen liegt bei der Betrachtung der unterschiedlichen Wohnräume vor. Trotz Lüftungsanlagen haben die Nutzer offensichtlich ein großes Bedürfnis, das Fenster zu öff-nen [38].

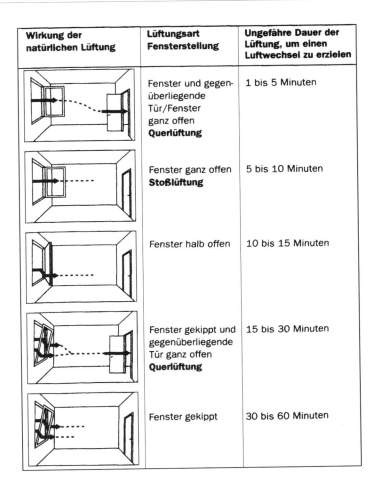

Wirkung der natürlichen Lüftung	Lüftungsart Fensterstellung	Ungefähre Dauer der Lüftung, um einen Luftwechsel zu erzielen
	Fenster und gegen-überliegende Tür/Fenster ganz offen **Querlüftung**	1 bis 5 Minuten
	Fenster ganz offen **Stoßlüftung**	5 bis 10 Minuten
	Fenster halb offen	10 bis 15 Minuten
	Fenster gekippt und gegenüberliegende Tür ganz offen **Querlüftung**	15 bis 30 Minuten
	Fenster gekippt	30 bis 60 Minuten

Bild 1.50. Richtig lüften.

Die Wirkung der intensiven Nachtlüftung ist unbestritten, wenn ein ausreichend großer Luftvolumenstrom realisiert werden kann ($n \geq 6 \ldots 10$ 1/h) und eine ausreichende thermische Speicherfähigkeit gegeben ist [35].

Eine willkürliche Festlegung der wirksamen thermischen Speicherfähigkeit der Raumumschließungskonstruktion stimmt oft nicht mit der baulichen Realität überein. DIN 4108-2 / A1 ermöglicht nur eine Bewertung der äußeren Sonnenschutzmaßnahmen bezogen auf den sommerlichen Wärmeschutz. Die Hinweise zur Lüftung, thermischen Speicherung und Nutzung sind nur verbal gegeben, ohne den Planer bzw. Architekten die Möglichkeiten der Einflussnahme zu geben oder bauseitige Maßnahmen zu bewerten [35].

Beide klimatischen Extremfälle: „Winter und Sommer" müssen betrachtet werden und auch Vorbemessungsverfahren sollten darauf ausgerichtet werden. Besonders ist der Bauwerksmasse hinsichtlich ihres thermischen Speicherverhaltens besonderes Augenmerk zu schenken. Ein energetisch optimiertes Vorbemessungsverfahren kann nur dann als zweckmäßig und sinnvoll angesehen werden, wenn das jährliche Gesamtklima (Winter, Sommer und Übergangszeitraum) die tatsächlichen bzw. zu erwartenden Nutzungsbedingungen und das thermische Verhalten eines Raumes bzw. Gebäudes in die Untersuchungen und Berechnungen einbezogen werden. Die Wärmespeicherung von Baustoffen und Bauteilen hat mehrfache Bedeutung:

– Zum Ausgleich der Temperaturschwankungen bei intermittierender Heizung.
– Zum Abbau von Temperaturspitzen unter sommerlichen Klimabedingungen.
– Zur passiven Nutzung von Solarstrahlung durch Zwischenspeicherung der Wärme.

In allen diesen Fällen handelt es sich um die temperaturausgleichende Wirkung der Wärmespeicherung, die für die Behaglichkeit und für eine sparsame Energieverwendung besonders wichtig ist.

Speicherfähige Gebäude, d.h. solche aus möglichst dicken Wänden im Gegensatz zu Fachwerk- oder Holzbauten, galten in der Vergangenheit als besonders solide und komfortabel. In Bezug auf den thermischen Komfort des Gebäudes liegt das vor allem an den früheren, heute nicht mehr üblichen Heizsystemen. Die extrem schlecht regelbaren Ofenheizungen hatten starke Schwankungen in ihrer Wärmeabgabe. Überhitzung und Verlöschen des Feuers wechselten sich ab. Eine gut speicherfähige Bauweise bewirkte, dass die Wände nach dem Verlöschen des Feuers im Ofen, die vorher aufgenommene Wärme wieder in den Raum abgab und dass dadurch eine zu schnelle Auskühlung verhindert wurde. Eine Überhitzung hingegen wurde noch als angenehm empfunden, weil die Wärme z.T. benötigt wurde, um die ausgekühlten Wände aufzuheizen.

Ähnliche Kriterien gelten für den sommerlichen Wärmeschutz und für die passive Nutzung der Sonnenstrahlung. Beim sommerlichen Wärmeschutz kommt es ebenfalls auf eine Zwischenspeicherung der Wärme in Bauteilen an. Dadurch entsteht ein angenehmes, ausgeglichenes Raumklima, auch bei stark schwankenden Außentemperaturen. Für die passive Nutzung der Solarenergie (Solarstrahlung) hat die Wärmespeicherung der Innenbauteile eine ähnliche Bedeutung, wie auch für den sommerlichen

Wärmeschutz. Die durch große Südfenster eingestrahlte Sonnenenergie wird in den bestrahlten Innenbauteilen (Fußboden, Innenwände usw., auch eigens zu diesem Zweck innerhalb des Raumes errichtete speicherfähige Bauteile, wie Massive Brüstungen, Sitzbänke o.ä.) zwischengespeichert und zeitlich verzögert wieder an den Raum abgegeben. In Bezug auf die Einsparung von Heizenergie sind die o.g. Aspekte in ihrer Wirkung gegenläufig:

– Bei intermittierendem Heizen in wenig benutzten Räumen kann die größere Einsparung an Heizenergie durch geringere Wärmespeicherung erreicht werden, da im Idealfall keinerlei Energie für das Aufheizen von Speichermassen verloren geht.

– Bei der passiven Nutzung von Solarenergie hingegen bewirken größere Speichermassen einen zusätzlichen Energiegewinn aus Sonneneinstrahlung, der zur Einsparung konventioneller Energie führt.

Welches der beiden Kriterien im Einzelfall überwiegt, hängt von weiteren Randbedingungen ab. Man wird daher in der Praxis häufig einen Mittelwert der Wärmespeicherung anstreben und damit Temperaturen im Gebäude erreichen, die für den Nutzer bei geringem Aufwand möglichst lange im Behaglichkeitsbereich bleiben [36].

In der EnEV wurde nicht mehr das in der WSVO'95 bekannte Rechenverfahren für den äquivalenten Wärmedurchgangskoeffizienten $k_{F, eq}$ übernommen, obwohl dieses Rechenverfahren in der Fensterindustrie und Fensterinstallationspraxis heute auch noch üblich ist. Umschrieben würde dann das Rechenverfahren für $k_{F, eq}$ lauten:

$$U_{W, eq} = U_W - S \cdot g$$

Der Solargewinnkoeffizient S hängt von der Himmelsrichtung ab und beträgt nach der WSVO'95:

$$\text{Südorientierung } S = 2{,}40 \ W/(m^2K)$$
$$\text{Ost-/Westorientierung } S = 1{,}65 \ W/(m^2K)$$
$$\text{Nordorientierung } S = 0{,}95 \ W/(m^2K)$$

Durch die Umstellung des g-Wertes nach DIN EN 410 erhöhen sich die Zahlenwerte des Gesamtenergiedurchlasses g gegenüber den bisherigen Werten. Bei hohen g-Werten vergrößern sich diese um ca. 3%, bei niedrigen g-Werten (z.B. bei Sonnenschutzverglasungen) um ca. 1%.

Beispiele für argongefüllte Wärmedämmgläser gelistet nach dem Bilanz-$U_{W, eq}$-Wert aus dem VFF Merkblatt ES, 01 enthält die folgende Tabelle:

U_g-Wert Glas	g-Wert (gem. EN 410)	SZR	U_W-Wert Fenster[1]	Bilanz-$U_{W,eq}$-Wert Fenster[1]		
W/(m²K)	%	mm	W/(m²K)	N	O/W	S
1,5	64	14	1,7	1,09	0,64	0,16
1,3	64	16	1,6	0,99	0,54	0,06
1,2	61	16	1,5	0,92	0,49	0,04
1,1	54	16	1,5	0,99	0,61	0,20
0,9	45	12+12	1,3	0,87	0,56	0,22

[1] Als Rahmen für Fenster wurden Rahmen mit einem U_f-Wert zwischen 1,6 und 2,0 W/(m²K) zugrunde gelegt.

So sind in einer Südfassade eingebaute Fenster mit Bilanz $U_{W,eq}$-Werten jeder sehr gut gedämmten Wand ebenbürtig, wenn nicht sogar überlegen. In Ost/West-Richtung sind sie ebenbürtig. Auf weitere Einzelheiten sei auf das VFF-Merkblatt ES.04 „Sommerlicher Wärmeschutz" verwiesen.

Die Forderungen in DIN 4108-2 / A1 an den sommerlichen Wärmeschutz sind deshalb so wichtig, weil einerseits die Energieeinsparverordnung auf die Einhaltung hierzu ausdrücklich hinweist und es andererseits für die Klimatechnik noch keine Aussagen z.B. Primärenergiefaktoren hinsichtlich des Energieverbrauchers gibt. Anscheinend sind aber die Angaben in DIN 4108-2 / A1 hierzu ohne Fach- und Sachkenntnis aus der Lüftungsbranche, der Bauklimatik, der Praxis sowie aus Regressansprüchen und Urteilen zum sommerlichen Klima gemacht worden.

Die Einhaltung eines „mittleren Luftwechsels" von n = 3 je Stunde, um die Überwärmung eines Raumes durch die Außenluft zu vermeiden, ist vielleicht und unter bestimmten Randbedingungen für Räume mit sehr geringer innerer Wärmelast zutreffend, z.B. mit 5 bis 6 W/m² allgemein für Wohngebäude und aus Untersuchungen ableitbar, kann aber nicht so verallgemeinert werden. Die Berechnung eines optimalen Außenluftstromes kann jederzeit nachvollzogen werden und ist vor allem vom Sekundärspeicherverhalten eines Raumes abhängig, wie folgendes Anwendungsbeispiel zeigt.

Nicht nachvollziehbar ist die Begrenzung des „mittleren Luftwechsels" auf n = 0,3 je Stunde außerhalb der Nutzungszeit des Raumes bzw. bei gezielter Erhöhung auf n = 2,0 je Stunde, während in DIN 4108-2 / A1 sogar ein Abschlag bei der Berechnung für ΔS_x vorgegeben wurde und der Einfluss der „intensiven Nachtlüftung" bei Außenluftwechsel von über 6 bis 10 je Stunde in Fachkreisen allgemein anerkannt wird.

Anwendungsbeispiel

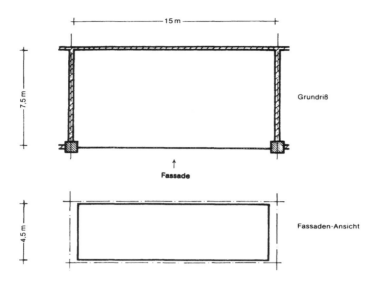

Überprüfung des sommerlichen Wärmeschutzes gemäß EnEV §4 (4) nach DIN 4108-2 / A1 Abschnitt 8 für einen Büroraum im sommerkühlen Gebiet der Nordsee (Sommer-Klimazone A) mit

Außenwandfläche $A_{HF} = 15$ m $\cdot$ 4,5 m = 67,5 m²
Fensterfläche $A_{W,S} = 14,6$ m $\cdot$ 4,1 m = 60 m²
Fensterflächenanteil $f = \dfrac{60 \text{m}^2}{67,5 \text{m}^2} = 0,89$

Innenwände aus 24 cm dickem Mauerwerk aus Kalksandstein $\rho = 1600$ kg/m³, mit 1,5 cm dickem Putz aus Kalkmörtel $\rho = 1800$ kg/m³. Decke und Fußboden bestehen aus 20 cm dickem Normalbeton $\rho = 2400$ kg/m³. Die Decke ist nicht verkleidet, der Fußboden ist mit einem Kunststoffbelag versehen. Vernachlässigung der Maße der Innentüren. Keine erhöhte natürliche Belüftung des Büroraumes.

Gesamtenergiedurchlassgrad g = 0,75 nach DIN EN 410 bzw. DIN V 4108-6 Tabelle 6 für Doppelverglasung aus Klarglas der nach Westen ausgerichteten Fensterfront.

Als Sonnenschutz ist eine außenliegende Jalousie mit drehbaren Lamellen, hinterlüftet, vorgesehen, $F_c = 0,25$ nach DIN 4108-2 / A1 Tabelle 8 bzw. nach DIN V 4108-6 Tabelle 7.

Somit

$$g_{total} = g \cdot F_c = 0,75 \cdot 0,25 = 0,18$$

Solare Fensterfläche des Raumes $A_W = 60 \ m^2$
Fläche der Hauptfassade $A_{HF} = 67,5 \ m^2$
Anteil der solarwirksamen Fensterfläche an der Fassade

$$f_s = \frac{A_{w,s}}{A_{HF}} = \frac{60m^2}{67,5m^2} = 0,89 \ entspr. \ f$$

Nettogrundfläche des Raumes: $A_G = (15,0 \ m - 0,24 \ m) \cdot 7,5 \ m = 110,7 \ m^2$

Sonneneintragswert: $S = \dfrac{60m^2 \cdot 0,18}{110,7m^2} = 0,098 \approx 0,10$

Der Zuschlagwert beträgt nach DIN 4108-2 / A1 Tabelle 9 Klimazone A $\Delta S_x = 0,0$. Andere ΔS_x-Werte entfallen. Folglich $S_{max} = 0,10 < S_0 = 0,12$, d.h. die Grenz-Raumtemperatur beträgt 25°C. Es handelt sich bei dem Büroraum um einen Raum mit schwerer Innenbauart, sofern der Quotient aus der Gesamtmasse der Innenbauteile zur Hauptfassadenfläche über 600 kg/m^2 beträgt. Überprüfung:

Masse der Innenbauteile
  Mauerwerk und Putz
  $2 \cdot (7,5 \ m + 15 \ m) \cdot 4,5 \ m \cdot 0,5 \cdot 0,24 \ m \cdot 1600 \ kg/m^3 + (2 \cdot 7,5 \ m + 15 \ m) \cdot 4,5 \ m \cdot 0,015 \ m \cdot 1800 \ kg/m^3 = 29565 \ kg$
  Decke und Fußboden
  $2 \ (\ 7,5 \ m \cdot 15 \ m) \cdot 0,5 \cdot 0,20 \ m \cdot 2400 \ kg/m^3 = 54000 \ kg$
  Gesamtmasse der Innenbauteile: 83565 kg
  Flächenbezogene Maße der Innenbauart
  $\dfrac{83565kg}{67,5m^2} = 1238 \ kg/m^2$

folglich schwere Bauart. Der Faktor 0,5 berücksichtigt, dass für den Büroraum höchstens die Hälfte der Gesamtmasse angerechnet werden darf, die andere Hälfte der Gesamtmasse zählt zu den umschließenden anderen Räumen. (Die Berechnung der Bauteilschwere ist abweichend von den VDI-Kühllastregeln, hier wird die Gesamtmasse auf die Bodenfläche des Raumes bezogen).
Die Anforderungen der EnEV §4 (4) wird eingehalten.

2 Berechnung des Jahresheizwärme- und des Jahresheizenergiebedarfs nach DIN V 4108-6

2.1 Allgemeines

Nach EnEV Anlage 1 Nr. 2.1.1 ist der Jahres-Primärenergiebedarf und der Jahresheizwärmebedarf nach DIN V 4108-6 Anhang D zu ermitteln.

Die Vornorm lautet: DIN V 4108-6 „Wärmeschutz und Energie-Einsparung in Gebäuden. Teil 6: Berechnung des Jahresheizwärme- und des Jahresheizenergiebedarfs", Ausgabedatum November 2000.

Ergänzend zur Norm erschien ein Beuth-Kommentar von H. Werner [39].

Die Norm beschreibt die zum Wärmeschutz eines Gebäudes verwendeten Begriffe sowie das Verfahren zur Berechnung des jährlichen Heizwärme- und Heizenergiebedarfs unter Berücksichtigung der in Deutschland anzuwendenden Randbedingungen. Das Verfahren ist anwendbar auf Wohngebäude und auf Gebäude, die auf bestimmte Innentemperaturen beheizt werden müssen.

Im Fall von Nachweisen von öffentlich rechtlichen Anforderungen sind ein Heizperioden- und ein Monatsbilanzverfahren dargestellt, deren Randbedingungen im Anhang D der Norm angegeben sind.

DIN V 4108-6/A1 enthält die Änderungen zur Norm. Ferner wurden alle bekannt gewordenen Druckfehler berücksichtigt.

Der Kommentar [39] erläutert die einzelnen Rechenschritte und enthält Änderungen zum Normblatt, die im August 2001 erschienen sind:

DIN V 4108-6/A1 „Wärmeschutz und Energie-Einsparung in Gebäuden. Teil 6: Berechnung des Jahresheizwärme- und des Jahresheizenergiebedarfs. Änderung A1."

Tabelle 2.01 enthält eine umfassende Zusammenstellung aller Definitionen und Berechnungsgrundlagen nach DIN V 4108-6 mit Erläuterungen und Berechnungshinweisen.

Tabelle 2.01. DIN 4108-6: Definitionen und Berechnungsgrundlagen der Energieeinsparung

neues Symbol	altes Symbol	Einheit	Erläuterung	Berechnung
Geometrische Daten (außenmaßbezogen)
A	A	m^2	Wärme übertragende Hüllfläche eines Gebäudes	
V_e	V	m^3	beheiztes Gebäudevolumen	
A/V_e	A/V	m^{-1}	Verhältniswert (Grundlagen der Anforderungen)	
A_N	A_N	m^2	Gebäudenutzfläche (Bezugsfläche der Anforderungen)	$A_N = 0{,}32 \cdot V_e$
V	V_L	m^3	anrechenbares Luftvolumen	$V = 0{,}76 \cdot V_e$ (kleinere Gebäude) $V = 0{,}80 \cdot V_e$
Wärmetechnische Daten
Q_p''		$kWh/(m^2a)$	flächenbezogener Jahres-Primärenergiebedarf	$Q_p'' = e_p \cdot (Q_h'' + Q_{tw}'')$
e_p		–	Anlagen-Aufwandszahl	DIN V 4701-10
Q_h''	Q''_H	$kWh/(m^2a)$	flächenbezogener Jahres-Heizwärmebedarf	$Q_h'' = Q_h/A_N$
Q_{tw}''		$kWh/(m^2a)$	Trinkwasserwärmebedarf	$Q_{tw}'' = 12{,}5$ bei Wohngebäuden
Q_h	Q_H	kWh/a	Jahres-Heizwärmebedarf	$Q_h = \Sigma\, Q_{h,M/pos}$ (mit $Q_{h,M/pos} = Q_{h,M} > 0$)
$Q_{h,M}$	–	$kWh/Monat$	monatlicher Heizwärmebedarf (Monatsbilanzverfahren)	$Q_{h,M} = Q_{l,M} - \eta_M \cdot Q_{g,M}$
$Q_{l,M}$		$kWh/Monat$	monatliche Wärmeverluste	$Q_{l,M} = 0{,}024 \cdot H_M \cdot (\theta_i - \theta_{e,M}) \cdot t_M$
H		W/K	spezifischer Wärmeverlust	$H = H_T + H_V$
θ_i		$°C$	Innenlufttemperatur	
$\theta_{e,M}$		$°C$	Außenlufttemperatur	
t_M		$d/Monat$	Anzahl der Tage des Monats	
$Q_{g,M}$		$kWh/Monat$	monatliche Wärmegewinne	$Q_{g,M} = 0{,}024 \cdot (\Phi_{S,M} + \Phi_{i,M}) \cdot t_M$
$\Phi_{S,M}$		W	monatlicher solarer Wärmegewinn	$\Phi_{S,M} = \Sigma\, (A_j \cdot g_j \cdot F_{s,j} \cdot F_c \cdot F_w \cdot F_F \cdot I_{s,j,M})$
$\Phi_{i,M}$		W	monatliche interne Wärmegewinne	$\Phi_{i,M} = q_i \cdot A_N$
q_i		W/m^2	flächenbezogene interne Wärmeleistung	$q_i = 5$ Wohn- und sonst. Gebäude $q_i = 6$ Büro- und Verwaltungsgeb.
η_M		–	monatlicher Ausnutzungsgrad der Wärmegewinne	
H_T		W/K	spezifischer Transmissionswärmeverlust	$H_T = \Sigma\, (U \cdot A_i \cdot F_{xi}) + \Delta U_{WB} \cdot A$
U	k	$W/(m^2K)$	Wärmedurchgangskoeffizient	DIN EN ISO 6946
F_{xi}		–	Temperatur-Korrekturfaktor	DIN V 4108-6
ΔU_{WB}		$W/(m^2K)$	Wärmebrückenkorrekturwert	$\Delta U_{WB} = 0{,}10$ ohne Nachweis $\Delta U_{WB} = 0{,}05$ Konstruktionen nach DIN 4108 Beiblatt 2 genaue Ermittlung nach DIN EN ISO 10211-2: $\Delta U_{WB} = [\Sigma\, (\psi \cdot l \cdot F)]/A$
ψ		W/mK	längenbezogener Wärmebrückenverlustkoeffizient	z.B. aus Wärmebrückenkatalogen
H_V		W/K	spezifischer Lüftungswärmeverlust	$H_V = 0{,}34 \cdot n \cdot V$
n	β	h^{-1}	Luftwechselrate bei natürlicher Lüftung	$n = 0{,}7$ $n = 0{,}6$ bei Nachweis n_{50} 3 h^{-1}
H'_T		W/m^2K	spezifischer flächenbezogener Transmissionswärmeverlust	$H'_T = H_T/A$
C_{wirk}		$(Wh)/K$	wirksame Wärmespeicherfähigkeit — Ausnutzungsgrad	$C_{wirk} = 15$ (leichte Gebäude) $C_{wirk} = 50$ (schwere Gebäude)
			wirksame Wärmespeicherfähigkeit — Nachtabsenkung	$C_{wirk} = 12$ (leichte Gebäude) $C_{wirk} = 18$ (schwere Gebäude)

DIN V 4108-6 ist durch Baufachleute installiert worden mit dem Ziel, die wärmetechnischen Gebäudedaten in die Bautechnik (nicht in die Gebäudetechnik) einzuordnen.

Die Zielgröße, mit Hilfe der die neuen Anforderungen gestellt werden, ist der nutzflächen- oder volumenbezogene „Jahresheiz*energie*bedarf", der sich vom bisherigen „Jahres*heizwärme*bedarf" folgendermaßen unterscheidet:

Während man unter „Jahresheizwärmebedarf" die für einen Zeitraum eines Jahres rechnerisch ermittelte Wärmemenge versteht, die einem Gebäude zugeführt werden muss, um es auf eine durchschnittliche Innenlufttemperatur zu beheizen, ist der „Jahresheizenergiebedarf" der Energiebetrag, der in Form eines Energieträgers aufzubringen ist, um den Jahresheizwärmebedarf mit Hilfe eines Heizungssystems zu erzeugen. In den Jahresheizenergiebedarf geht dementsprechend auch der Jahresnutzungsgrad eines Heizungssystems ein.

Der Heizenergiebedarf wird im sog. Normalverfahren nach DN V 4108-6 mit Hilfe des Monatsbilanzverfahrens und vorgegebenen Randbedingungen, wie z.B. Luftwechsel, Innentemperatur, Klimaregion bestimmt. Alternativ kann für kleinere, einfache Gebäude ein vereinfachter Nachweis, das sog. Heizperiodenbilanzverfahren, ähnlich dem bisherigen Normalverfahren in der WSVO´95 durchgeführt werden. Da man davon ausgeht, dass in Zukunft der professionelle Energiesparnachweis in der Mehrzahl der Fälle mit einem Rechner durchgeführt werden wird, sollte man besonders für komplexere oder besonders passiv solar wirksame Gebäude in der EnEV das sog. Monatsbilanzverfahren anwenden, da in diesem Fall die bauphysikalischen Einflussgrößen genauer Berücksichtigung finden und daher ein der Wirklichkeit besser angepasstes Ergebnis erzielt wird.

Der primäre Zweck der DIN V 4108-6 ist ein Planungsinstrument zur Ermittlung einer heute wichtigen Zielgröße, den Heizenergiebedarf, zur Verfügung zu stellen, damit Architekten, Bauingenieure und sonstige Planer in der Lage sind, bereits im Vorfeld der eigentlichen Planung richtige Entscheidungen bezüglich des zu erwartenden Energieverbrauchs treffen zu können.

Wie die Praxis neuzeitlicher Architektur allerdings zeigt, wird ein derartiges Planungsinstrument leider noch viel zu wenig genutzt, wahrscheinlich weil in Architektenkreisen die einfache Anwendung viel zu wenig bekannt ist.

Die EnEV dagegen hat die Aufgabe, Anforderungen an den Heizenergiebedarf zu stellen und zwei Methoden für den Nachweis zu: eine vereinfachte Methode für kleine Wohngebäude bis 2 Vollgeschosse und 3 Wohneinheiten oder eine Monatsbilanzierung nach DIN V 4108-6 ohne

Einschränkung der Gebäudeart. Der ermittelte Heizenergiebedarf hat mit dem individuellen Heizenergieverbrauch eines bestimmten Hauses nur bedingt etwas zu tun.

Der Heizenergiebedarf bezieht neben dem vom Gebäude abhängigen Heizwärmebedarf auch noch die technischen Verluste des Heizungssystems, die Energieaufwendungen für Warmwasser und eventuelle Gewinne durch regenerative Systeme mit ein, wie aus **Tabelle 2.02** hervorgeht.

Tabelle 2.02. Heizenergiebedarf nach der EnEV

$$Q = Q_h + Q_w + Q_t - Q_r$$

Q_h : Heizwärmebedarf
Q_w : Warmwasserwärmebedarf
Q_t : heizungstechnische Verluste
Q_r : Wärmegewinne durch regenerative Energiequellen

Ansatz in der EnEV:

$$Q = e \, (Q_h + Q_w) - Q_r \quad \text{oder}$$
$$Q = Q_h \cdot (e_h + e_{h,el}) + Q_w \cdot (e_w + e_{w,el}) - Q_r$$

Q_w: Nutzwärmebedarf für Warmwasserbereitung
  bei Wohngebäuden: 4 kWh/m³a;
  bei Nichtwohnbauten: 0 kWh/m³a;

e_h : therm. Aufwandszahl für die Heizung;
$e_{h,el}$: elektr. Aufwandszahl für die Heizung;
e_w : therm. Aufwandszahl f. Warmwasserbereitg.;
$e_{w,el}$: elektr. Aufwandszahl f. Warmwasserbereitung.

Standardwerte:

z.B.: e = 1,22 ; bzw. e_h = 1,09; $e_{h,el}$ = 0,01;
          e_w = 1,4; $e_{w,el}$ = 0,004

wobei η_h : Nutzungsgrad der Heizung

$$\eta_h = Q_h/Q$$

Zwei Methoden zur Ermittlung des Heizwärmebedarfs sind nach DIN V 4108-6 möglich wie **Tabelle 2.03** zeigt.

Tabelle 2.03.   Zwei Methoden zur Ermittlung des Heizwärmebedarfs.

1) Monatsbilanzierung

2) Heizperiodenbilanzierung für kleine Gebäude

1) Monatsbilanzierung

Monatliche Heizwärmebedarf:

$$Q_{h,M} = Q_{T,M} + Q_{L,M} - \eta_M (Q_{S,M} + Q_{i,M})$$

$$Q_{h,a} = \sum_{M=1-12} Q_{h,M} \qquad \text{Jahresheizwärmebedarf}$$

und $Q = e (Q_h + Q_W) - Q_r$

Wärmeverluste über:

- Transmission: $Q_T = H_T (\vartheta_i - \vartheta_a) t_M$ mit $H_T = \sum_{(x)} F_x U_x A_x$

- Lüftung: $Q_L = n V(\rho c)_L (\vartheta_i - \vartheta_a) t_M$

Wärmegewinne:

$Q_{i,M} = 5 \text{ W/m}^2 \cdot A_{nutz} \cdot t_M$ Interne Gewinne

$Q_{S,M} = \sum(F_{s,i} F_{c,i} g_j I_{j,M} A_{i,j}) \cdot t_M$ Solare Gewinne (brutto)

2) Heizperiodenbilanzierung (für kleine Wohngebäude)

nach EnEV: $Q_h = 66 (H_T + H_V) - \eta_{Hp}(Q_i + Q_S)$
und $Q = e (Q_h + Q_W) - Q_r$

max. zulässiger Heizenergiebedarf ohne Warmwasser:

$$Q_{zul} = 8,28 + 22,59 \cdot A/Ve < Q$$

H_T : Spezifische Transmissionswärmeverlust [W/K]

H_V : Spezifische Lüftungswärmeverlust [W/K]

Q_i : Interne Wärmegewinne

Q_S : Solare Wärmegewinne

η_{Hp} : mittlerer Ausnutzungsgrad $\eta_{Hp} = 0,96$

Die Auslegung des Wärmeerzeugers und der entsprechenden Anlagenbedingungen gehört nicht zum Anwendungsbereich dieser Norm. Jedoch wird eine vereinfachte Methode zur Abschätzung des Spitzenleistungsbedarfs beschrieben. Diese Methode gib die Leistung an, die notwendig ist, um die Raumsolltemperatur unter konstanten üblichen Spitzenbedingungen aufrechtzuerhalten.

Einflussgrößen auf den Energiebedarf sind nach dieser Norm: Außenklima, Dämmniveau, Luftdichtheit, Solareigenschaften des Gebäudes, Interne Wärmegewinne durch Benutzer und die Eigenschaften des Heizungssystems. Somit sind für jede dieser Faktoren zur Durchführung einer Berechnung Angaben erforderlich. In vielen Fällen liegen die benötigten Informationen in nationalen Normen oder in anderen entsprechenden Dokumenten vor. Diese sollten angewendet werden, sofern sie zur Verfügung stehen. Zu dieser Norm werden jedoch Anhänge bereitgestellt, welche Zahlenwerte oder Methoden zur Bestimmung solcher Werte angeben, falls die benötigte Information anderweitig nicht verfügbar ist.

Die Wärmebilanz wird durch folgendes definiert:

- Transmissions- und Lüftungswärmeverluste von innen nach außen oder zu unbeheizten Räumen.
- Transmissions- und Lüftungsverluste oder –gewinne mit angrenzenden Zonen mit festen Temperaturen.
- Interne Nettowärmegewinne, das ist die Nettomenge an Wärme, die tatsächlich an das Gebäude abgegeben wird.
- Die Netto-Sonnenwärmegewinne.
- Die Wärme, die benötigt wird, um Warmwasser bereitzustellen.
- Die Wärmeabgabe vom Raumheizsystem.
- Die Wärmeabgabe vom Wärmeerzeuger, Verteilung, Wärmeabgabe und Regelungssystem.

Interne und solare Nettogewinne beinhalten keinen Anteil, der entweder durch gesteigerte Lüftung während Zeiten hoher Solargewinne verloren geht, oder zum Temperaturanstieg über dem Soll-Punkt beträgt. Die Methode ist nur für den gesamten Jahresheizwärmebedarf gültig. Neben der jährlichen Methode zur Bestimmung der Heizzeit ist auch eine monatliche Berechnung möglich.

Für den Mindestluftwechsel werden verschiedene Dichtheitsstufen angegeben, bezogen auf einen Druckunterschied von 50 Pa:

- Beim Mehrfamilienhaus (0,5 bis 2fach) bei hoher Dichtheitsstufe, (2 bis 5fach) bei mittlerer Dichtheitsstufe und (5 bis 10fach) bei niedriger Dichtheitsstufe.
- Bei einem Einfamilienhaus mit hoher Dichtheitsstufe der Gebäudehülle (1 bis 4fach), bei mittlerer Dichtheitsstufe (4 bis 10fach) und bei niedriger (10 bis 20fach).

Der Unterschied zwischen Ein- und Mehrfamilienhäusern steht im Zusammenhang mit den typischen Unterschieden beider Außenwandflächen bei gegebenem Innenvolumen [40].

Die Norm DIN V 4108-6 dient zur Umsetzung der europäischen Norm durch Festlegung diverser Randbedingungen, die typisch für Deutschland sind. Auch wurden in dieser Norm die Randbedingungen festgelegt, die für einen in Deutschland durchzuführenden Energiesparnachweis anzusetzen sind. Mit Hilfe der Rechenregeln können Computerprogramme erstellt werden, die als Planungsinstrumente für energiesparende Gebäude dienen können.

Die Energieeinsparverordnung (EnEV) selbst dient primär nicht zur Ermittlung eines zu erwartenden Energieverbrauchs, sondern dient lediglich als Nachweisverfahren für in Deutschland geltende Energieeinsparanforderungen. Hierbei werden in vereinfachter Weise typische, den mittleren Nutzungsverhältnissen angepasste Randbedingungen zugrundegelegt. Es werden 2 Methoden für den Nachweis angeboten, für kleine Gebäude die sog. Heizperiodenbilanzierung und alternativ die genauere Monatsbilanzierung. Die Rechenmethode der EnEV sollte nicht für zu erwartende Heizenergieverbräuche verwendet werden; dazu eignen sich die in den beiden o.g. Richtlinien dargestellten Rechenverfahren.

Mit dem Monatsbilanzverfahren gemäß EnEV Anhang 1 Nr. 2.1.1 lassen sich umfängliche bauliche und anlagentechnische Maßnahmen über das vereinfachte Heizperiodenbilanzverfahren nach EnEV Anhang 1 Nr. 3 hinaus bewerten.

Der wesentliche Unterschied zum vereinfachten Verfahren der EnEV besteht darin, dass monatliche Gesamtbilanzen gebildet werden. Dabei wird im jeweiligen Monat aus dem Gewinn-/Verlustverhältnis der Ausnutzungsgrad η_a der Gewinne gebildet und daraus der monatliche Heizwärmebedarf ermittelt. Abschließend werden die positiven monatlichen Heizwärmebedarfswerte addiert und führen so zum Jahresheizwärmebedarf Q_h. Gegenüber dem vereinfachten Verfahren lassen sich folgende Maßnahmen bilanzieren:
- Differenzierte Bewertung von Bauteilen an unbeheizte Bereiche des Gebäudes und an das Erdreich.

- Berücksichtigung von Zusatzverlusten aus Flächenheizungen.
- Berücksichtigung maschineller Lüftung mit und ohne Wärmerückgewinnung.
- Berücksichtigung individueller interner Wärmegewinne.
- Berücksichtigung individueller Verschattungen.
- Berücksichtigung unbeheizter Glasvorbauten.
- Berücksichtigung solarer Wärmegewinne von opaken Bauteilen.
- Berücksichtigung Transparenter Wärmedämmungen.
- Berücksichtigung des genauen Speichervermögens eines Gebäudes.
- Berücksichtigung individueller Heizungstemperaturabsenkungen.

Die Rechenvorgänge sind in Einzelfällen sehr kompliziert und werden in diesem Kapitel nur auszugsweise aufgeführt, um einen Überblick über das Verfahren zu erhalten. Das genaue Studium der Norm DIN V 4108-6 ist unbedingt erforderlich. Verschiedene PC-Nachweisprogramme sind auf dem Markt und sehr sorgfältig zu prüfen wegen der oft vereinfachenden Annahmen.

2.2   Erläuterungen zum vereinfachten Nachweisverfahren nach der EnEV

Für genauere Ermittlungen des Jahres-Primärenergiebedarfs wird in der Regel von der monatlichen Wärmebilanz ausgegangen. Durch Aufsummieren der monatlichen Werte, sofern diese positiv sind, ergibt sich der Energiebedarf für die Heizperiode: Monatsbilanzverfahren. Diese Verfahren liegt der DIN EN 832 – Wärmetechnisches Verhalten von Gebäuden – zugrunde.
    Für vereinfachte Berechnungen wird, wie bislang in den deutschen technischen Regeln üblich, die Wärmebilanz nicht monatlich, sondern für die gesamte Heizperiode ermittelt (Heizperiodenbilanzverfahren). Ein Heizperiodenbilanzverfahren steht bei richtig gewählten Randbedingungen in seiner Aussage dem Monatsbilanzverfahren nicht nach [25].
    Die EnEV §3 Absatz (2) Ziffer 1 präzisiert die Randbedingungen zum Heizperiodenbilanzverfahren nach DIN V 4108-6 und bezeichnet die so definierte Nachweisprozedur als „Vereinfachtes Verfahren" im Sinne der EnEV:
- ausschließlich Wohngebäude mit einem Fensterflächenanteil f ≤ 30%. Zu beachten ist für die Berechnung des Fensterflächenanteiles Nr. 2.8 im Anhang 1 der EnEV.

- Die räumliche Teilbeheizung wird dadurch berücksichtigt, dass die mittlere Raumtemperatur mit 19°C in Ansatz gebracht wird. Der WSVO'95 lag eine mittlere Raumtemperatur von 20°C zugrunde.
- Wärmebrücken nach den Planungsbeispielen in DIN 4108 Beiblatt 1.
- Das Nettoinnenvolumen V wird konstant mit $0,8 \cdot V_e$ ermittelt.
- Keine Berücksichtigung von Glasvorbauten und von Transparenter Wärmedämmung.
- Keine Berücksichtigung der Speicherfähigkeit massiver Konstruktionen.
- Keine Berücksichtigung der Solarabsorption auf Außenoberflächen.
- Keine Berücksichtigung der von den Haupthimmelsrichtungen abweichenden Orientierungen.
- Keine Berücksichtigung individueller Fensterrahmenanteile und Verschattungen.

Der Nachweis der Anforderungen an den Jahresheizwärmebedarf nach der EnEV wird nach einem dem Heizperiodenbilanzverfahren entsprechenden Jahresbilanzverfahren durchgeführt, in dem auch Heiztage außerhalb der eigentlichen Heizperiode, nämlich sommerliche Heiztage, im Heizwärmebedarf näherungsweise miterfasst werden. Im Jahresbilanzverfahren werden Heizgradtagszahlen, die nur für bestimmte Heizgrenztemperaturen gelten, verwendet; sie sind wiederum vom Wärmebedarfsniveau des Gebäudes abhängig [25].

Jahresheizwärmebedarf Q_h = [Jahres-Transmissionswärmebedarf Q_T + Jahres-Lüftungswärmebedarf Q_L] – [Jahres-Solargewinne Q_S + Jahres-Interne Wärmegewinne Q_I].

$$e_P = \frac{\text{Primärenergiebedarf zur Erzeugung von Heizwärme und Trinkwasser}}{\text{Heizwärme und Trinkwarmwasserbedarf des Gebäudes}} = \frac{Q_P}{Q_h + Q_W}$$

Ermittlung der Wärmeverluste:
Summiert werden alle mit den U_i-Werten multiplizierte Bauteilflächen A_i unter Berücksichtigung der dazugehörenden Temperatur-Korrekturfaktoren F_{xi} nach EnEV Anhang 1 Tabelle 3. Die temperaturspezifischen Transmissionswärmeverluste H_T eines Gebäudes errechnen sich dann wie folgt:

$$H_T = \Sigma\ U_i \cdot A_i \cdot F_{xi} + 0,05 \cdot A \quad \text{in W/K}$$

Die Temperatur-Korrekturfaktoren F_{xi} stellen gegenüber den Werten des ausführlichen Monatsbilanzverfahrens in der Regel eine auf der sicheren Seite liegende Vereinfachung dar. Nicht beheizte Treppenräume oder angrenzende Gebäudeteile mit „wesentlich niedrigeren" Raumtemperaturen

(**Bild 2.01 a**) können alternativ auf zwei Arten behandelt werden. Dabei ist es unerheblich, ob derartige Räume in das Gebäude integriert oder an das Gebäude angelehnt werden.

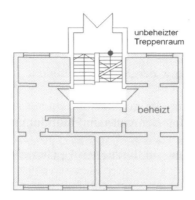

Bild 2.01 a.   Behandlung unbeheizter Treppenräume.

Fall 1 (**Bild 2.01 b**)
Der unbeheizte Treppenraum wird in das beheizte Gebäude mit einbezogen. Die an die Außenluft grenzenden Bauteile des Treppenraumes gehören zur wärmetauschenden Hüllfläche des Gebäudes. Das Volumen V wird unter Einbeziehung des Treppenraumes ermittelt.

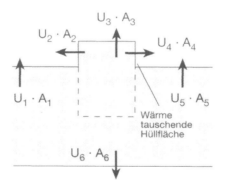

Bild 2.01 b.   Berechnung nach EnEV „einschließend".

Fall 2 (**Bild 2.01 c**)
Der unbeheizte Treppenraum wird aus dem beheizten Gebäude ausgegrenzt. Die Bauteile zwischen beheiztem Gebäude und Treppenraum gehören zur wärmetauschenden Hüllfläche des Gebäudes. Der Wärmedurch-

gangskoeffizient dieser Bauteile darf mit dem Faktor 0,5 gewichtet werden. Das Volumen V wird unter Ausschluss des Treppenraumes ermittelt.

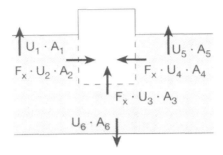

Bild 2.01 c.   Berechnung nach EnEV „ausgrenzend".

Damit wird im Vergleich zu einem Gebäude mit beheiztem Treppenraum das A/V_e-Verhältnis aus energetischer Sicht merklich ungünstiger, was höhere Anforderungen an den mittleren U-Wert und damit an die wärmetechnische Qualität der Außenhülle nach sich zieht. Auch wenn der U-Wert dieser Wände mit dem Faktor 0,5 gewichtet wird, gehen in die Rechnung doch erhebliche Verluste ein. Ursache dafür ist die hohe Rohdichte der Außenwände, die aufgrund der Schallschutzforderungen in der Regel notwendig ist. Um nicht auf Zusatzdämmungen zurückgreifen zu müssen, sollte der Treppenraum beheizt (temperiert) werden.

Beim Mehrgeschossbau ist die Wärmeabgabe aus den beheizten Räumen ohnehin so groß und die Kaltluftzufuhr so gering, dass für den Treppenraum die „wesentlich" niedrigeren Temperaturen nicht zutreffen.

Aus bauphysikalischen und energieökonomischen Gründen ist eine wärmetechnische Trennung des innenliegenden Treppenraumes von den anderen Gebäudeteilen abzulehnen [12].

Bei Fenster und Türen gelten die lichten Wandöffnungsmaße. Bauteilvorsprünge ≤ 20 cm dürfen vernachlässigt werden. Der Term 0,05 · A beinhaltet die Transmissionswärmeverluste über Wärmebrücken, die sich pauschal über die Hüllfläche A bezogen ergeben, wenn nach den Planungsbeispielen der DIN 4108 Beiblatt 2 vorgegangen wird; vgl. für ΔU_{WB} = 0,05 W/(m²K) die Hinweise unter EnEV Anhang 1 Nr. 2.5 b.

Zum Nachweis der Nebenanforderungen an den spezifischen, auf die Hüllfläche bezogenen Transmissionswärmeverlust auf die Gebäudehüllfläche nach EnEV Anhang 1 Tabelle 1 Spalten 5 und 6 ist wie folgt zu beziehen:

$$H'_T = \frac{H_T}{A} \quad \text{in W/(m}^2\text{K)}$$

Im Prinzip ist dies der gleiche Rechenvorgang für einen mittleren Wärmedurchgangskoeffizienten H'_T wie in der bisherigen Wärmeschutzverordnung, dort wurde ein mittlerer Wärmedurchgang k_m ermittelt.

Beim vereinfachten Rechenverfahren für kleinere Wohngebäude sollten die Anforderungen an Außenwände höchstens $U \leq 0,4$ W/(m^{2}K) betragen; denn dieser Wert kann schon mit sehr guten Ziegeln ($\lambda = 0,16$ W/(mK)) und 36,5 cm Dicke erreicht werden, dies ohne separate Wärmedämmschicht [41].

Die Lüftungswärmeverluste ergeben sich in Abhängigkeit von der Luftwechselrate n in h^{-1} (nach DIN EN ISO 7345) mit der spezifischen Wärmekapazität der Luft c = 0,34 Wh/(m^{3}K) sowie dem beheizten Luftvolumen des Gebäudes V = 0,80 · V_e:

$$H_V = c \cdot n \cdot V = c \cdot n \cdot 0,80 \cdot V_e \quad \text{in W/K}$$

für n = 0,7 h^{-1} (ohne Dichtheitsprüfung)

$$H_V = 0,34 \cdot 0,7 \cdot 0,80 \cdot V_e \quad \text{in W/K}$$
$$H_V = 0,19 \cdot V_e \quad \text{in W/K}$$

und mit Dichtheitsprüfung für n = 0,6 h^{-1}

$$H_V = 0,163 \cdot V_e \quad \text{in W/K}$$

Im Vereinfachten Verfahren beinhalten die vorherigen Rechenformeln ein Netto-Volumen V von 0,80 · V_e ohne Berücksichtigung des Gebäudetyps (EnEV Anhang 1 Nr. 2.4). Im Monatsbilanzverfahren darf mit V = 0,76 · V_e für Wohnhäuser mit bis zu 3 Vollgeschossen oder über dem tatsächlichen, individuell ermittelten Nettoraumvolumen V gerechnet werden. Dadurch sind u.U. erhebliche Entlastungen beim baulichen Wärmeschutz möglich.

Für Bauwerksvolumen V_e zwischen 300 m^3 und 30 000 m^3 beträgt der Korrekturfaktor für das Netto-Volumen V nach **Bild 2.02** 0,7 bis 0,9, der in der EnEV gewählte Faktor von 0,8 entspricht diesem Mittelwert. Eine weitere Unterteilung nach Gebäudetyp und der Baukonstruktion erscheint nicht möglich.

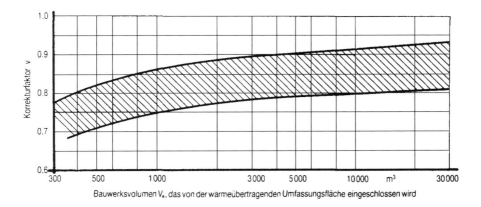

Bild 2.02.   Gebäudekorrekturfaktoren [64].

Das vereinfachte Verfahren erlaubt keine Bewertung von mechanischen Lüftungsanlagen bei der Ermittlung des Heizwärmebedarfs. Derartige Techniken können erst bei der Festlegung der Aufwandszahlen der Anlagentechnik Berücksichtigung finden.

Die Lüftungswärmeverluste eines Gebäudes hängen in unterschiedlicher Weise von der Windgeschwindigkeit und Windrichtung, der Temperaturdifferenz zwischen innen und außen, der Gebäudeform, der Dichtheit des Gebäudes, den Lüftungsgewohnheiten der Nutzer und vom Lüftungssystem ab. Es ist mit einem vertretbaren Aufwand nicht möglich, alle Einflüsse mit genügender Genauigkeit zu erfassen. Die Nutzereinflüsse können sehr stark variieren und wirken sich relativ stark auf die Lüftungswärmeverluste aus. Daher wird in der EnEV näherungsweise von einem in der Heizzeit mittleren (konstanten) Luftwechsel n ausgegangen [25].

Ermittlung der Wärmegewinne:
Unter „internen Wärmegewinn" sind im allgemeinen alle innerhalb einer Gebäudehülle vorhandenen Energiequellen zu verstehen, die dem Raum Wärme zuführen können. Dazu zählen u.a.:
-   Jährliche Wärmeabgabe von Personen. Neben der bekannten Wärmeabgabe des Menschen spielt die Anzahl der Personen während der Betriebstage (Heizperiode) eine wesentliche Rolle.
-   Jährliche Wärmeabgabe für Geräte. Hierunter fallen Büromaschinen, Elektromotore, Heiz- und Kocheinrichtungen sowie sonstige Wärmequellen. Weiterhin sind Faktoren, wie die Gleichzeitigkeit der Geräte, deren Restwärme, Speicherung ggf. zu berücksichtigen.

- Jährliche Wärmeabgabe durch Beleuchtung. Dieser Wert ist erheblich von der Betriebszeit der Innenraumbeleuchtung (künstliches Licht) und deren Nennbeleuchtungsstärke für Glüh- und Leuchtstofflampen abhängig.

Diese Aufzählung zeigt die große Schwankungsbreite durch die zahlreichen Unwägbarkeiten interner Wärmegewinne Q_I. Eine genaue Berechnung bereits im Planungsstadium eines Gebäudes ist kaum möglich, man ist daher auf Erfahrungswerte angewiesen. H. Werner macht in seiner Diss. 1979 Über „Bauphysikalische Einflüsse auf den Heizenergieverbrauch" folgende Angaben [42]:

Die Höhe der Wärmeabgabe des Menschen (und von Tieren) hängt stark von den thermischen Umgebungsbedingungen und vom Bewegungszustand ab. Ein normal bekleideter Mensch bei leichter Beschäftigung gibt nach den Erkenntnissen der Wärmephysiologie bei 20°C Raumlufttemperatur ca. 120 W an Wärme ab, wobei der durch Verdunstung von Wasser auf der Haut bedingte „feuchte" – latente – Wärmeanteil ca. 25% ausmacht. Der restliche durch Konvektion und Strahlung bewirkte „trockene" Anteil beträgt dann ca. 90 W. Bei einer mittleren Belegung von ca. 70% ergibt sich eine tägliche Energieabgabe je Person von etwa 90 · 0,70 · 24 = 1500 Wh = 1,5 kWh als Standardfall. Der Wohnraum ist in Ostdeutschland mit 2,4 und in Westdeutschland mit 2,3 Personen je Wohneinheit belegt [43]. Wärmegewinne aufgrund innerer Wärmequellen in Wohnungen sind eine Schwierigkeit, um „mittlere" oder „norm"-mäßige Verhältnisse zu definieren. Die Werte streuen erheblich und können nur im Einzelfall quantifiziert werden. Latentwärme infolge Feuchteabgabe wird nicht berücksichtigt.

Je nach Anzahl und Benutzung der elektrischen Geräte in einem Wohngebäude variiert der durchschnittliche tägliche Stromverbrauch für eine Wohnung nach Angaben von Kliemt in der Zeitschrift „Elektrowärme intern." 1975 zwischen 2 und 12 kWh. Untersuchungen der Universität Karlsruhe bestätigen, dass Wärmegewinne im Gebäude von mehr als 10 kWh möglich sind. Für den Standardfall wurde im Rahmen der Verordnung ein niedrigerer Wert (Gleichzeitigkeit, Ausstattung, Speicherung usw.) je Wohneinheit von täglich 3,5 kWh angenommen [44; 45].

Der Wärmegewinn aus Warmwasser in Wohnungen unterliegt je nach Komfortbedürfnis und Nutzungsgewohnheiten der Bewohner großen Schwankungen. Mittlere Verbräuche liegen zwischen 50 und 100 Liter pro Person und Tag. Bei zentralen Brauchwassererwärmungsanlagen liegen die Warmwassertemperaturen meist zwischen 50 und 60°C. Bevor dieses Wasser von der Erwärmungsanlage über die Verbrauchsstelle in die Abwasserleitungen gelangt, gibt es auf seinem Weg durch das Gebäude bis zur Hälfte der aufgewendeten Heizenergie wieder an das Gebäude ab. Legt man einen mittleren Wärmerückgewinnungsanteil von 25% zugrunde, so ergibt sich bei einem durchschnittlich täglichen Warmwasserverbrauch von 70 Liter/Person ein Wärmegewinn von ca. 1 kWh je Person und Tag als Standardfall. Je nach Nutzung des Brauchwassers, Erwärmungssystems und Länge der Wasserleitung im Gebäude liegen die ohne zusätzliche apparativen Aufwand erzielten Wärmegewinne zwischen 15 und 50 Wh/m² Tag, wobei sich die Abwassertemperaturen bei Mischung zwischen Warm- und Kaltwasser zwischen 20 und 25°C bewegen [44; 45].

Die Wärmeabgabe der warmwasserführenden Rohrleitungen einschließlich Zirkulationsleitungen wird in der DIN V 4701-10 energetisch berücksichtigt!

Die installierte Lampenleistung im Wohnbereich kann je nach Lichtausbeute des Leuchtkörpers und individuellem Helligkeitsbedürfnis sehr unterschiedlich sein und schwankt i.a. zwischen 5 und 25 W/m² Wohnfläche. Je nach durchschnittlicher täglicher Einschaltdauer und gleichzeitiger Inbetriebnahme währen der Heizperiode können Energiegewinne zwischen 5 und 50 Wh/m² Tag erzielt werden. Legt man z.B. eine installierte Lampenleistung von 10 W/m² Wohnfläche zugrunde und geht davon aus, dass ca. ein Drittel der Lampen ungefähr vier Stunden brennen, so ergibt sich ein täglicher Energiegewinn je Wohneinheit von ca. 15 Wh/m² Tag als Standardfall. Berücksichtigt wurden hierbei Beleuchtungsstärken zwischen 300 und 100 lux.

Der gesamte Stromverbrauch für Beleuchtung wird weitgehend den Innenräumen als Wärme zugeführt. Auch die erzeugte sichtbare Strahlung wird letztendlich in Wärme umgewandelt. – Der mittlere jährliche Stromverbrauch für die Beleuchtung wird meist mit etwa 300 bis 400 kWh pro Haushalt angegeben. Neuere Untersuchungen deuten jedoch auf höhere Werte von ca. 500 bis 600 kWh pro Jahr und Haushalt hin. Aufgrund der jahreszeitlichen Veränderung der täglichen Hellstunden und der Außenhelligkeit reduziert sich der mittlere täglich Stromverbrauch im Juni auf etwa 50% der Dezemberwerte. Bezogen auf die Heizperiode ergibt sich somit ein mittlerer täglicher Stromverbrauch für die Beleuchtung von etwa 1,8 kWh pro Haushalt. Hiervon werden über zwei Drittel in den Abendstunden zwischen 16 und 24 Uhr benötigt. Ein weiterer Schwerpunkt liegt morgens zwischen 5 und 10 Uhr. Hauptverbrauchsort ist der Wohnbereich innerhalb der Wohnung.

Der gesamte Stromverbrauch für Fernsehen, Radio wird der Wohnung, vornehmlich im Wohnbereich am Nachmittag und Abend als Wärme zugeführt. Der mittlere tägliche Stromverbrauch liegt bei etwa 0,5 kWh pro

Haushalt mit leicht fallender Tendenz aufgrund des geringeren Leistungs-
bedarfs neuerer Geräte.

Der gesamte Stromverbrauch für Kühlen und Gefrieren wird am Kon-
densator als Wärme an die Räume abgegeben. Aufstellungsort ist in der
Regel die Küche, bei Einfamilienhäusern wird der Gefrierschrank z.T.
auch im Keller oder Hauswirtschaftsraum aufgestellt (etwa 10% der Geräte). Die Wärmeabgabe ist kontinuierlich über den Tag verteilt. Der mittlere
tägliche Stromverbrauch für einen Kühlschrank beträgt etwa 1 kWh, für
ein Gefriergerät etwa 1,8 kWh. Da nur jeder zweite Haushalt ein Gefriergerät besitzt, beträgt der Wärmeeintrag in die Wohnung durch Kühlen und
Gefrieren im Mittel etwa 1,9 kWh pro Tag, bei voll ausgestatteten Haus-
halten jedoch ca. 2,8 kWh [46].

Etwa 75% aller Haushalte in der Bundesrepublik Deutschland kochen
elektrisch. Daher erscheint es gerechtfertigt, die Verbrauchszahlen hierfür
repräsentativ heranzuziehen. Der größte Teil des Stromverbrauchs von im
Mittel etwa 400 bis 500 kWh pro Jahr und Haushalt wird in der Küche als
Wärme freigesetzt. Ein Teil dieser Wärme wird z.T. in Form von Wasser-
dampf, durch Lüften (Dunstabzugshaube oder Fensteröffnen) abgeführt
und kommt daher nicht der Raumheizung zugute. Weiterhin wird ein Teil
als heißes Wasser weggeschüttet. Es kann daher angenommen werden,
dass knapp die Hälfte des Stromverbrauchs für das Kochen als Wärme in
der Küche verbleibt, was einem mittleren täglichen Wert von ca. 0,6 kWh
entspricht, wobei die Verbrauchsschwerpunkte um die Mittagszeit und am
frühen Abend liegen [46].

Bei der Waschmaschine werden nur knapp 10% der zugeführten elektrischen Energie über die Oberfläche des Gerätes als Wärme in den Raum
abgegeben. Der Rest (über 90%) wird mit dem Abwasser abgeführt. Hiervon gelangt wieder ein - allerdings geringer - Teil über die Wärmeabgabe
der Abwasserschläuche und der Abwasserrohre in beheizte Räume, so dass
als Saldo insgesamt etwa 10% im Raum (vornehmlich Bad, aber auch Küche und z.T. auch unbeheizte Waschküche) wirksam werden. Bei einem
jährlichen Stromverbrauch für die Waschmaschine von etwa 300 bis 500
kWh pro Haushalt, sind dies im Mittel dann ca. 0,1 kWh pro Tag und
Haushalt. - Während nahezu jeder Haushalt (90%) eine Waschmaschine
besitzt, sind weniger als 10% der Haushalte mit Wäschetrocknern ausge-
rüstet. Der Anteil der Wärmeabgabe an den Raum liegt bei der Waschmaschine unter 10% der zugeführten elektrischen Energie. Der Jahres-
verbrauch beläuft sich auf etwa 300 bis 500 kWh je Haushalt, wenn er ein
solches Gerät einsetzt. Daraus lässt sich insgesamt folgern, dass der Betrag
der Wäschetrockner zu den „inneren Wärmequellen" im Durchschnitt ver-

nachlässigt werden kann, zumal Wäschetrockner - soweit möglich - im Keller oder Waschküche aufgestellt werden [46].

Bei Geschirrspülern werden ca. 70% der zugeführten elektrischen Energie als Wärme mit dem Wasser abgeleitet. Von den restlichen 30% sind nochmals ca. 5% abzuziehen, da sie als latente Wärme nicht für die Raumheizung nutzbar sind. Der jährliche Stromverbrauch für das Geschirrspülen liegt zwischen ca. 450 bis 700 kWh. Somit ist mit einem durchschnittlichen Wärmeeintrag in Küchen mit Geschirrspülmaschinen von etwa 0,4 kWh pro Tag zu rechnen. Im Mittel aller Haushalte sind es jedoch nur 0,1 kWh pro Tag, da die Gerätesättigung bei derzeit etwas über 20% liegt [46].

Sonstige elektrische Geräte: Hierunter fallen alle bisher nicht genannten Geräte wie Bügeleisen, Kaffeemaschinen, Küchenmaschinen, Grillgeräte, Föhn u.a., außer Warmwasserbereiter, deren Stromverbrauch größtenteils (geschätzt ca. 75%) der Raumerwärmung zugute kommen. Hieraus resultiert daher ein mittlerer Wärmeeintrag pro Haushalt von ca. 0,5 kWh pro Tag [46].

Werte für unterschiedliche Wärmequellen im Haushalt enthält auch die Richtlinie VDI 3808.

Andere Prozesse, wie z.B. die Verdunstung von Pflanzen oder durch Spritzwasser im Bad, die der Raumluft Wärme entziehen, werden aufgrund der fehlenden statistischen Angaben über die transportierten Wassermassen vernachlässigt [47; 25].

Je nach Schwankungsbreite ergeben sich somit durch unterschiedliche Komfortansprüche, Belegungsgrade und Wohnungsgrößen tägliche mittlere Energieabgaben durch internen Wärmegewinn für Wohneinheiten mit 4 Personen je Quadratmeter Wohnfläche für:

- Beleuchtung   0,005 ... *0,02* ... 0,05 kWh/m²Tag
- elektrische Geräte   0,02 ... *0,06* ... 0,1 kWh/m²Tag
- Warmwasserverbrauch 0,015 ... *0,03* ... 0,05 kWh/m²Tag
- Personen   0,01 kWh/m²Tag

Summe: 0,12 kWh/m²Tag entsprechend 120 Wh/m²Tag

Die Zahl der Heiztage beträgt in der Bundesrepublik im Mittel etwa 185 Tage/Jahr. Nimmt man den mittleren Grenzwert an, so errechnet sich aus der angegebenen Summe des internen Wärmegewinns von ca. 120 Wh/m²Tag ein Wert von 22 000 Wh/m²a bzw. 22 kWh/m²a. Die EnEV gibt auf die Gebäudenutzfläche bezogen für Wohngebäude an

$$Q_I = 22 \cdot A_N \quad \text{in } kWh/m^2 \cdot a$$

Die Nutzfläche A_N ist eine fiktive Größe, die nur bei einer Bruttoge-schosshöhe von 3,125 m mit der wahren Gebäudenutzfläche überein-stimmt [48].

Aus Messergebnissen lassen sich überschläglich nach Literaturangaben für den nutzbaren Wärmegewinn durch Personen und Geräte angeben: 11 kWh/m²a bis 15 kWh/m²a.

Richtwerte für mittlere interne Wärmeleistung verschiedener Wärme-quellen in Gebäuden bei verschiedenen Nutzungsarten enthält DIN V 4108-6 Tabelle 2: Der vielfach in der Literatur angegebene interne Wär-megewinn von 122 kWh/Tag und je Wohneinheit entspricht einer durch-schnittlichen Leistung von 6,1 W/m² [49].

Auf Nichtwohngebäude, die nicht der Produktion von Wirtschaftsgütern dienen, wie z.B. Verwaltungsgebäude, Schulen, Kindergärten, Kran-kenhäusern usw. sind die hier angestellten Überlegungen nur schwer über-tragbar. Verwaltungsgebäude werden - anders als Wohngebäude - in der Regel lediglich an Wochentagen und auch hier nur während der Büroar-beitszeiten, genutzt. In den übrigen Zeiten wird die Raumtemperatur durch die Heizungsanlage auf Nacht- bzw. Wochenendbetrieb abgesenkt. Wäh-rend der Nutzungszeiten in neuzeitlichen Verwaltungsgebäuden sind meist eine Vielzahl elektrischer Verbraucher eingeschaltet, wie z.B. Beleuch-tung, Computer, Drucker, Kopierer etc. Die durchschnittliche Belegungs-dichte und die Intensität der Nutzung der elektrischen Verbraucher ist viel höher als im Wohnbereich. Zur Bewertung des Einflusses interner Wärme-quellen im Verwaltungsbau auf die Energiebilanz beträgt etwa 20 bis 30 W/m². Damit ist das Spektrum praktisch auftretender Wärmelasten zufrie-denstellend abgedeckt. Die Beleuchtungsenergie ist in den internen Wärmelasten enthalten [50]. Doch, glaubt man einer Reihe von Fachleuten auf Tagungen, Symposien und Kongressen, sollen wir zwischenzeitlich den „Lasten-Zenit" bereits überschritten haben.

Hieraus erklärt sich, dass sich bei vielen Verwaltungsgebäuden kein Heizproblem, sondern ein Überhitzungsproblem bzw. Kühlproblem ergibt. Aus der relativ hohen Belegungsdichte und der Kompaktheit der Gebäude ergibt sich bei vielen Verwaltungsgebäuden die Notwendigkeit der mecha-nischen Lüftung. Das Überhitzungsproblem ist bei Hochhäusern größer, da bewegliche, außenliegende Sonnenschutzvorrichtungen meist nicht zu realisieren sind. Der Bedarf an elektrischer Energie für Kunstlicht ist bei Verwaltungsgebäuden bis zu 10mal höher als bei Wohngebäuden und kann

– primärenergetisch gewichtet – sogar die Größenordnung des Heizprimärenergiebedarfes erreichen [51].

Die bei der Berechnung des Lüftungswärmebedarf genannten Reduktionsfaktoren für die Berechnung des Lüftungswärmebedarfes dürfen bei der Inanspruchnahme der erhöhten Werte für interne Wärmegewinne bei Bürogebäuden nicht angewendet werden!

Grundsätzlich sollte ein Grundriss so konzipiert werden, dass Räume, in denen interne Wärmegewinne anfallen, im beheizten Bereich angeordnet sind. Dies betrifft im besonderen Maße den Heizraum bzw. Aufstellungsraum des Wärmeerzeugers, da hier durch Umwandlungsvorgänge und Speicherverluste jährlich beim Einfamilien-Wohnhaus etwa 1000 kWh freigesetzt werden. Ebenso sollte versucht werden, dass leistungsstarke elektrische Geräte, wie Waschmaschinen, Trockner möglichst im beheizten Bereich platziert sind, da diese 500 kWh und mehr im Jahr an Energie umsetzen. Bei der Grundrisskonzeption sollte ferner darauf geachtet werden, dass Räume, in denen hohe interne Gewinne anfallen, z.B. Küchen und Hausarbeitsräume, zur Vermeidung von Überhitzungseffekten nicht eine zu hohe solare Einstrahlung erhalten. Diese Räume sind sinnvoll im Norden als Pufferräume anzuordnen [30].

Nach einer anderen Untersuchung über die internen Wärmegewinne kommt Rouvel [25] zu einem fast gleichen Ergebnis. Er untersuchte bei durchschnittlicher Wohnungs- und Haushaltsgröße (2,7-Personen-Haushalt) und fand eine Tagesdurchschnittsleistung für interne Wärmequellen von 7 W/(m²Tag). Für 185 Heiztage ergibt sich:

$$7 \cdot 185 \cdot \frac{24}{1000} = 31,1 \ kWh/(a \cdot m^2 Wohnfl.)$$

Die Gebäudenutzfläche A_N hängt mit der Wohnfläche für ein Wohngebäude wie folgt zusammen (VDI 2067 Blatt 2):

Wohnfläche $\approx 0,68 \cdot$ Bruttogeschossfläche

Nettogeschossfläche $\approx 0,87 \cdot$ Bruttogeschossfläche

Nettogeschossfläche $\approx \dfrac{0,87}{0,68} \cdot$ Wohnfläche

Nettogeschossfläche $\approx 1,28 \cdot$ Wohnfläche

Somit:

$$\frac{31,1}{1,28} \text{ kWh/(m}^2\text{Nettogeschossfl.·a)} = 24,3 \text{ kWh/(m}^2\text{Nettogeschossfl.·a)}$$

Unter Berücksichtigung eines mittleren Nutzungsgrades $\eta \approx 0,90$ ergibt sich für die nutzbare interne Wärme

$$0,90 \cdot 24,3 \text{ kWh/(m}^2\text{a)} \approx 22 \text{ kWh/(m}^2\text{a)}$$

Vergleichbare Werte ergeben sich nach der Richtlinie VDI 2067 Blatt 2. Wie in dieser Richtlinie erläutert wird, dürfen für ausschließliche Nutzungen als Büro- und Verwaltungsgebäude die internen Wärmegewinne ca. 25% höher als für Wohnungsnutzungen angesetzt werden.

Die internen Wärmequellen sind mit 22 kWh/(m²a) sehr hoch angesetzt. Zur Einordnung: Der durchschnittliche Stromverbrauch in der Bundesrepublik beträgt je m² Wohnfläche und Jahr etwas mehr als 30 kWh/(m²a). Dabei fällt ein Großteil in den Nassräumen oder außerhalb der beheizten Wohnräume an und kann zur Deckung des Wärmebedarfs so gut wie nicht beitragen. Ferner ist davon auszugehen und aus Gründen des Umweltschutzes auch zu hoffen, dass Haushaltsgeräte sowie die Beleuchtung in Zukunft wesentlich weniger Strom verbrauchen werden. Auf diese niedrigeren internen Wärmequellen sollten jedoch Häuser abgestimmt werden, wenn man ihre zu erwartende Nutzungsdauer betrachtet. In der Literatur findet man ernstzunehmende Vorschläge, welche bis auf 8 kWh/(m²a) heruntergehen. Es wird daher empfohlen, die internen Wärmequellen höchstens in halber Höhe, d.h. mit 11 kWh/(m²a) anzusetzen. Die nutzbare Abwärme der Personen ist darin enthalten, sie beträgt durchschnittlich 3 kWh/(m²a) [52]. Diese Werte decken sich auch mit Messungen von Rouvel [46], **Bild 2.03**.

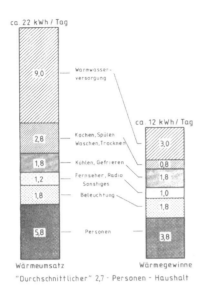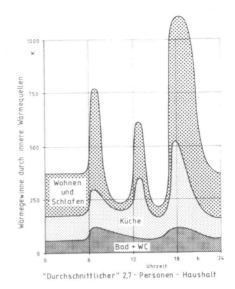

Bild 2.03. Innere Wärmequellen (links) und Tagesgang durch innere Wärmequellen (rechts), nach [46].

Die Solargewinne Q_S durch die Fensterflächen werden nach folgender
Beziehung ermittelt:

$$Q_S = \Sigma I_{s,j} \cdot \Sigma 0{,}567 \cdot g_i \cdot A_{w,i} \quad \text{in kWh}$$

worin die Abminderungsfaktoren bedeuten (vgl. DIN V 4108-6 Kap.
5.5.2.2):

1,0 Verschattungsfaktor, ohne Verschattung

0,70 Verglasungsanteil des Fensters infolge des Fensterrahmens

0,90 Mittlerer solarer Ausnutzungsgrad durch Sonnenschutz, Verschmutzung usw.

0,90 Abminderungsfaktor (Effekt) des nicht senkrechten Strahlungseinfalls durch die Fensterfläche.

Das Produkt ergibt 0,567.

Es wird in der Regel von einer (nahezu) verschattungsfreien Lage ausgegangen (Abminderungsfaktor $F_S = 1{,}0$). Dies entspricht nach DIN V 4108-6
einer Horizontalverschattung von 10° bis 15°, also in einer Situation, bei
der z.B. einer 3-geschossigen Bebauung ein Abstand von 40 m bis 50 m
zur Nachbarbebauung eingehalten wird und keine weiteren „Schattenspen-

der" (Baumbepflanzungen, Balkonüberstände) zu finden sind. In der Realität beträgt die Minderung der solaren Einstrahlung durch Verschattung (Nachbarbebauung, Bäume, Balkon-, Dachüberstände) im günstigsten Fall ca. 20% bei freier Lage. Im städtischen Umfeld beträgt die Minderung eher 50%. Hinzu kommt noch eine in der DIN V 4108-6 völlig vernachlässigte Größe, nämlich die Verschmutzung transparenter Bauteile. Im Mittel wird hier ein Minderungsfaktor von (5 bis 10) % erreicht (DIN 5034-3, Tabelle 1).

g_i ist der wirksame Gesamtenergiedurchlassgrad auf eine senkrechte Fläche (eine Korrektur auf die Abweichung des nicht senkrechten Strahlungseinfalls ist bereits vorstehend erfolgt). Richtwerte für den Gesamtenergiedurchlassgrad g_i enthält DIN V 4108-6 Tabelle 6 bzw. Produktspezifikationen und Abminderungsfaktoren hierzu für Sonnenschutzeinrichtungen Tabelle 7 der Norm.

Die bestrahlte Fensterfläche $A_{w, i}$ wird aus den lichten Rohbauöffnungsmaßen ermittelt.

Die Solarstrahlung $I_{s, j}$ ist von der Himmelsrichtung und der Neigung der bestrahlten Fensterfläche abhängig.

Die vorgegebene Formel für nutzbare solare Wärmegewinne berücksichtigt einen mittleren Nutzungsgrad – etwa 80% - für die an Heiztagen in den Raum eingestrahlte Sonnenenergie. Außerdem liegt der Formel ein mittlerer Glasflächenanteil der Fenster und Fenstertüren von etwa 70% zugrunde. Dieser Wert ist – nach der Richtlinie VDI 2078 – abhängig von der Fensterbauart, der Wandöffnung der inneren Fensterleibung, von Kämpfer, Mittelstück und Sprossen. Holzfenster, einfach oder doppelt verglast, sowie Verbundfenster haben bei einer Wandöffnung von 1; 2; 3; 5; 8 m² einen Glasflächen-Anteil von 58; 67; 71; 73; 75 %, bei Holzdoppelfenstern, Kunststofffenstern (und Stahlfenstern) schwanken die Werte für 1; 2; 3; 5; 8 m²: 48; 60; 65, 69; 71% (77; 86; 88; 90%). Schaufenster: 90%, Balkontüren mit Glasfüllung: 50%. Abschläge für Fenster mit Kämpfer oder mit Mittelstück – 5%, für Sprossen - 3%. Der in der EnEV gewählte Anteil ist ein annehmbarer Kompromiss.

Für die durchschnittliche Verschattung der Fenster und Fenstertüren wurden 70% berücksichtigt. Die durch die Fassadengestaltung eines Gebäudes bewirkte Verschattung von Fensterflächen ist von der Tages- und Jahreszeit abhängig. Sie kann für beliebige Zeiten anhand geometrischer Beziehungen berechnet werden. Über beschattete transparente Flächen enthalten die Richtlinie VDI 2078 „Kühllast-Regeln" ein Diagramm und Berechnungsverfahren für Beschattungen durch Wandvorsprünge, zurückgesetzte Scheiben, Blenden usw. sowie DIN V 4108-6 in Tabellen 7 und 8 sowie Tabellen 10 und 11. Umständlich in der Feststellung der Verschattung ist die durch Nachbargebäude wegen der Vielzahl der möglichen Anordnungen. Der in der EnEV gewählte hohe Anteil schließt wegen der Ungenauigkeit der Parameter eine Überbewertung der solaren Wärmegewinne aus. Die Forderung, Glasfassaden nach Süden zu optimieren ist eine Bedingung, die nicht jedes Grundstück erfüllen kann.

Das Strahlungsangebot ist von der Orientierung und Neigung transparenter Bauteile abhängig. Anhaltswerte finden sich in der Richtlinie VDI 2067 Blatt 2 Tabelle 2 für die TRY Region 6. Die Strahlungsangaben einfach verglaster Flächen sind abhängig vom Trübungsfaktor T und der Himmelsrichtung. Als Trübungsmittelwert kann T = 4 (Großstadt) angenommen werden. Danach beträgt die jährliche flächenbezogene Gesamtstrahlungssumme unter Berücksichtigung eines Gebäudefaktors (für freistehende Einfamilienhäuser 0,90, Eck-Reihenhäuser 0,95 [Mittelwert] und Reihenhäuser, Mehrfamilienhäuser 1,0) und eines Glasflächenanteils für die Himmelsrichtung

Norden	90 kWh/(m²a)
Nordosten	120 kWh/(m²a)
Osten	140 kWh/(m²a)
Südosten	300 kWh/(m²a)
Süden	270 kWh/(m²a)
Südwesten	250 kWh/(m²a)
Westen	170 kWh/(m²a)
Nordwesten	120 kWh/(m²a)

Berücksichtigt man noch einen anteiligen mittleren jährlichen Globalstrahlungsanteil für die Himmelsrichtungen, so decken sich die Zahlen mit den Angaben nach DIN 4710 für das Strahlungsangebot in der EnEV, **Bild 2.04**, [53].

Für große Fensterflächen steigt zwar der absolute Energiegewinn an, der auf die Fensterfläche bezogene Energiegewinn, d.h. die Ausnutzung des Strahlungsangebotes geht dagegen stark zurück. Diese Tendenz wird auch nicht durch den mit steigendem Fensterflächenanteil zunehmenden Wärmschutz kompensiert. Bei großen Fensterflächen übertrifft der aktuelle Wärmeverlust das Sonnenstrahlungsangebot und verschlechtert damit die Ausnutzung der Strahlungsenergie.

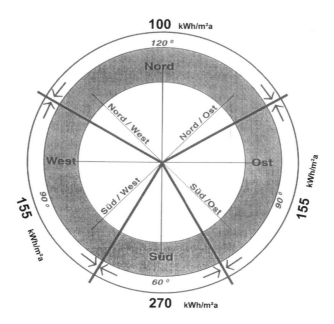

Bild 2.04.   Solares Strahlungsangebot nach der EnEV.

Sind die Süd-, West- und Ostflächen eines Gebäudes immer besonnt?
Hierbei besteht das Problem, dass in der Praxis nach der EnEV pauschal
Gesamtstrahlungssummen abhängig von der Himmelsrichtung eingesetzt
werden, obwohl die entsprechenden Flächen kaum besonnt sind, zumindest nicht im tiefen Winter [54]. Selbst Südflächen sind bei einem großen
Teil der Bauten im tiefsten Winter höchstens zur Hälfte besonnt. Es wäre
daher angemessen die Werte im Regelfall zu halbieren [41].

   Inwieweit die solare Einstrahlung als Gewinn nutzbar wird, hängt von
Gebäudeeigenschaften - Schwere der Bauweise - Ausstattung der Räume -
Teppichboden - abgehängte Decken - Heizsystemen u.a. Faktoren ab, die
nicht in DIN V 4108-6 erfasst werden, deren Einfluss aber nach den Kühllastregeln durchaus berechnet werden können.

   Man kann davon ausgehen, dass die solare Strahlung nicht direkt auf die
speichernden Massen trifft, sondern auf Teppichböden, Mobiliar u.ä. mit
nur geringer Speicherfähigkeit und geringer Wärmeleitfähigkeit. Dadurch
wird primär mit nur geringer zeitlicher Verzögerung die Raumluft erwärmt
und dann durch Konvektion und Wärmestrahlung die Wärme an und in die
Speichermassen übertragen.

Unterschiede bei den Heizsystemen, Heizkörper und Fußbodenheizung werden sich dadurch ergeben, dass die Bodentemperatur bei Heizkörpern nahezu die Raumtemperatur besitzt, bei Fußbodenheizung aber je nach Wärmebedarf ca. 25°C betragen wird. Auch wenn mit Beginn der solaren Einstrahlung und Anstieg der Raumlufttemperatur die Regelung der Wärmezufuhr sofort drosselt und unterbricht, wird vor allem bei Fußbodenheizungen die im System gespeicherte Wärme noch an den Raum abfließen. Mit steigender Raumtemperatur wird der „Selbstregeleffekt" die Wärmeabgabe verringern und begrenzen.

Naturgemäß ist bei der Fußbodenheizung der Temperaturanstieg höher als bei Heizkörpersystemen. Bei Wegfall der Einstrahlung fällt aber auch die Raumtemperatur langsamer von dem Ausgangswert ab. Dies ist dadurch zu erklären, dass die Wärme aus dem Fußboden bei steigender Raumtemperatur nicht abfließen konnte und nun bei sinkender Raumtemperatur wieder zur Heizung zur Verfügung steht. Durch diesen Effekt werden die Nachteile der Fußbodenheizung hinsichtlich des Temperaturverlaufs beim über den Tag summierten Heizwärmeverbrauch nahezu ausgeglichen. Ein gewisser Mehrverbrauch muss vorhanden sein, weil die Transmissions- und Lüftungsverluste während der Zeit höherer Lufttemperatur größer sind.

Man kann also davon ausgehen, dass mit Heizkörpern der solare Gewinn und die solare Nutzung der anfallenden Energie zwar etwas besser sind, als bei der Fußbodenheizung, die Unterschiede aber zu vernachlässigen sein dürften, angesichts der Untersicherheit, die von vornherein in der Berechnung des Strahlungsgewinns liegen. Es ist daher mit Recht keine Differenzierung nach Heizsystemen in DIN V 4108-6 und der EnEV vorgenommen worden [55].

Der jährliche Heizwärmebedarf Q_h ergibt sich aus den zuvor ermittelten Wärmeverlusten und Wärmegewinnen wie folgt

$$Q_h = 66 \cdot (H_T + H_V) - 0,95 \cdot (Q_I + Q_S) \quad \text{in kWh}$$

mit dem Heizgradtagszahlfaktor 66 und einem Nutzungsgrad der Wärmegewinne von 0,95 (95%).

Erläuterung des Heizgradtagszahlfaktors 66 mit Hilfe des Transmissionswärmeverlustes, gleiche Überlegungen gelten auch für den Lüftungswärmeverlust. Nach den Gesetzen der Wärmeübertragung gilt für ein Gebäude allgemein für die Heizperiode HP:

$$Q_T = 24 \cdot z \cdot U_m \cdot \Delta\vartheta \cdot A \quad \text{in kW/HP}$$

mit

z   Anzahl der Heiztage in der HP, z = 185 in DIN V 4108-6 festgelegt mit der Heizgrenztemperatur für Neubauten (nach der EnEV) mit $\vartheta_{e,d} \approx 10°C$ konstant. Diese Heizgrenztemperatur ist stark vom Wärmeschutzniveau und der Nutzbarkeit solarer Energiegewinne abhängig und als problematisch anzusehen.

U_m Mittlerer Wärmedurchgangskoeffizient in $W/(m^2K)$

$\Delta\vartheta$ Temperaturdifferenz $(\vartheta_i - \vartheta_e)$ in K

A   Äußere Wärmeübertragungsfläche des Gebäudes in m^2

Gt   = $z \cdot \Delta\vartheta$ ist die Gradtagszahl

$\Delta\vartheta$ für die gewählte HP geschätzt mit (5 bis 10) K . . . (20 bis 25) K $\approx$ 15 K

Dies führt zur Annahme einer durchschnittlichen Außentemperatur von ca. 3,3°C.

Gt $\approx 185 \cdot 15 K \cdot Tage/HP \approx 2750 K \cdot Tage/HP$

Die EnEV sieht als eine Randbedingung eine Nachttemperaturabsenkung der Heizungsanlage vor. Dies führt zu einer Abminderung der Heizgradtagszahl von etwa 5%, somit Gt $\approx 2900 K \cdot Tage/HP$.

$$Q_T = 24 \cdot Gt \cdot U_m \cdot A$$

Für U_m Umrechnung von $W/(m^2K)$ in $kW/(m^2K)$, d.h. Division mit dem Faktor 1000, somit wird

$$Q_T = 66 \cdot U_m \cdot A = 66 \cdot H_T$$

Näherungsweise kann die Gradtagszahl auch gemäß folgender Approximationsformel - nach Gerth - berechnet werden:

$$Gt = -4155,6 + 1,911 \cdot H + 143,64 \cdot GBR + 51,2 \cdot GLA + f$$

mit

H   . . . Höhe über NN in m

GBR . . . geographische Breite in Grad

GLA . . . geographische Länge in Grad

f = 0 außer bei

- dichter Bebauung: f = - 240,9
- Gewässernähe: f = - 88,4
- enge Tallage: f = + 174,2

Die Grundlage der Berechnungsverfahren für die Primärenergiefaktoren liefert der sogen. „Winterfall", nämlich die Annahme von 185 Heizgradtagen. Wer eine andere Basis wählt, z.B. das Monatsbilanzverfahren, muss zwangsläufig zu abweichenden Ergebnissen kommen. In jedem Fall dann, wenn er die standardisierte Wärmebedarfsberechnung akzeptiert, für die Anlagendimensionierung aber die erwähnte Monatsbilanz heranzieht. Eine Gegenrechnung mit der 185-Tage-Basis ergibt erhebliche Unterschiede.

Nicht ganz eindeutig war man sich in den Ausschüssen zur EnEV in den angeschlossenen Normen, ob sich diese Verschiebungen wieder relativieren, wenn man sowohl beim Gebäude als auch bei der Anlage mit den gleichen Heiztagen rechnet. Auf der anderen Seite scheint die mögliche „Fehlerrate" nicht über 2% oder 3% hinauszugehen, so dass insgesamt dieser Punkt nicht die Relevanz haben dürfte, mit der in den Gremien diskutiert wurde. Vielleicht ist dieser Faktor aber doch nicht ganz so bedeutungslos. Denn sollten die Passivhäuser an Zuspruch gewinnen, müsste man sich speziell für sie noch einmal detaillierter über die Zahl der Heiztage unterhalten. Die Passivhaus-Architekten behaupten, nicht häufiger als an 90 Tagen im Jahr den Heizkessel einschalten zu müssen. Dagegen verweisen Gegenrechnungen, nach denen selbst bei solch hohem Dämmstandard der Heizkessel an 150 oder 160 Tagen im Jahr in Betrieb sein müsste [56]. Hier ist aber die Frage: Wie ist der Heizfall definiert? Konkret an jenen Tagen, an denen die Temperaturen in den Referenzräumen aufgrund der Witterungsverhältnisse keine 19°C erreichen! Diese 19°C-Schwelle ist die Grenze zwischen dem „Sommerfall" und dem „Winterfall" und eine Erklärung, warum es keine oder noch keine Klimatechnik-Primärenergiefaktoren gibt. Denn nach dem Rücktritt und der Wiederbesetzung des DIN-NHRS-Arbeitskreises DIN 4701-11 wird es wahrscheinlich sehr lange keine Kennwerte von RLT-Anlagen geben.

Der Einfluss der Nutzer wird durch die Parameter Raumlufttemperatur, Dauer der Temperaturabsenkung in der Nacht, Lüftungsverhalten und Höhe der internen Wärmequellen bestimmt. Eine Absenkung der Raumlufttemperaturen um 2 K verringert den Jahresheizwärmebedarf um 27%. Bei einer Absenkung um 4 K mindert sich der Jahresheizwärmebedarf sogar um 34%. Die Entscheidung, ob eine derartige Maßnahme für die Senkung des Heizwärmebedarfs zur Anwendung kommen kann, liegt ausschließlich beim jeweiligen Nutzer und kann nicht als generelle Lösung angesehen werden. Durch die Verkürzung der täglichen Heizdauer ist ebenfalls eine Verringerung des Jahresheizwärmebedarfs möglich [47].

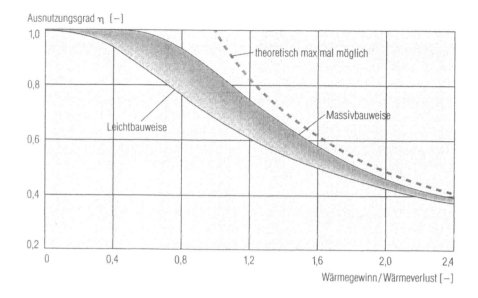

Bild 2.05. Ausnutzungsgrad der Gewinne in Abhängigkeit vom Wärmegewinn-/
Verlustverhältnis nach DIN V 4108-6.

Der im Nachweis festgelegte Ausnutzungsgrad η_P der internen und solaren
Gewinne beträgt unabhängig von der Bauweise (Wärmespeicherfähigkeit
des Gebäudes) 0,95 (95%) und fließt in die Energiebilanz ein. Die Gewinne lassen sich nur bedingt zur Reduktion des Heizwärmebedarfs ausnutzen.
Sind sie innerhalb eines Bilanzzeitraumes sehr viel größer als die Verluste
zur gleichen Zeit, können sie aufgrund der beschränkten Speicherfähigkeit
nicht immer vollständig zu Heizzwecken genutzt werden. Sie führen dann
zu Überhitzungen, die meist von den Nutzern durch Raumlüftung beseitigt
werden. Dies völlig alltägliche Phänomen wird in der Energiebilanz durch
den Ausnutzungsgrad η_P berücksichtigt. Die in **Bild 2.05** als theoretisch
bezeichnete Kurve stellt die obere Begrenzungslinie des Ausnutzungsgrads
dar. Praktisch ist daher nur der schraffierte Bereich nutzbar. Der durchschnittliche Nutzungsgrad üblicher Massivgebäude übersteigt $\eta_P = 95\%$,
bei Leichtbauten liegt er etwa 5% niedriger.

Der Einfluss der Gebäudeschwere auf den Energieverbrauch wird meis-
tens überschätzt. Er ist für den Sollbetrieb von Gebäuden gering (5 bis
10%). Dazu ist zu beachten, dass mit zunehmender Gebäudeschwere bei
durchgehendem Heizbetrieb der Energieverbrauch auf höherem Niveau
zwar abnimmt, bei Abschaltung in der Nacht auf niedrigem Niveau jedoch
zunimmt [57].

Neben den vorgenannten Einflussgrößen gibt es noch weitere, nicht entwurfsrelevanten Größen, die den Heizenergiebedarf beeinflussen. Die wichtigsten sind [30]:
- das Nutzerverhalten,
- der Gebäudestandort.

Der Nutzer bestimmt durch sein Verhalten mehr als jede Technologie den Energieverbrauch. Zum einen verursachen erhöhte Temperaturen in einem Einfamilienwohnhaus jährlich Energiemehrverbräuche von 1000 bis 1500 kWh je Grad. Ein vermehrtes Fensteröffnen trägt ebenfalls erheblich zum Mehrverbrauch bei. Die Erhöhung des Luftwechsels um 0,1-fach verursacht jährliche Mehrverbräuche von ca. 1500 kWh. So kann ein Hausbewohner, der im Mittel sein Haus um 2 K wärmer hält und seine Fenster doppelt so lange geöffnet lässt wie ein durchschnittlicher Nutzer - womit er den Luftwechsel um ca. 0,4-fach erhöht -, einen Heizenergiemehrverbrauch von ca. 10000 kWh jährlich verursachen.

Der Standort kann ebenfalls den Heizenergieverbrauch eines Gebäudes stark beeinflussen. Zum einen bewirkt rauhes Klima in den Höhenlagen deutlich niedrigere Außenlufttemperaturen als etwa das milde Klima des Rheingrabens. Darüber hinaus sorgen sonnenreichere Standorte in Süddeutschland für größere solare Substitutionspotentiale als Standorte in Norddeutschland. In Bezug auf mittlere deutsche Klimaverhältnisse, wie sie die Region Würzburg beschreibt, gibt es für Einfamilienhäuser eine klimabedingte Spannweite von bis zu 5000 kWh/a Mehrverbrauch, z.B. in Hof und bis zu 3000 kWh/a Minderverbrauch z.B. in Freiburg i.Br.

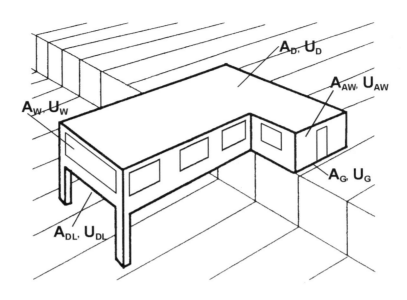

Bild 2.06   Ermitteln der wärmeübertragenden Umfassungsflächen eines Gebäudes.

Die Temperatur-Korrekturfaktoren F_{xi} nach EnEV Anhang 1, Tabelle 3 von Bauteilen sind aus der Wärmebilanz eines Gebäudes entstanden. Die Transmissionswärmeverluste ergeben sich als Summe der Transmissionswärmeverluste über die einzelnen Flächenanteile der wärmeübertragenden Umfassungsfläche nach **Bild 2.06**, wobei mit Berücksichtigung von DIN V 4108-6, Tabellen 1 und 3 (Indices), bedeuten:

A_{AW} . . .   Fläche der an die Außenluft grenzenden Wände, im ausgebauten Dachgeschoss auch die Fläche der Abseitenwände zum nicht wärmegedämmten Dachraum. Es gelten die Gebäudeaußenmaße. Gerechnet wird von der Oberkante des Geländes oder, falls die unterste Decke über der Oberkante liegt, von der Oberkante dieser Decke bis zu der Oberkante der obersten Decke oder Oberkante der wirksamen Dämmschicht.

A_W . . .   Fensterfläche (Fenster, Fenstertüren, Türen und Dachfenster), soweit sie zu beheizende Räume nach außen abgrenzen. Sie wird aus den lichten Rohbaumaßen ermittelt.

A_D . . .   nach außen abgrenzende wärmegedämmte Dach- oder Dachdeckenfläche.

A_G ... Grundfläche des Gebäudes, sofern sie nicht an die Außenluft grenzt. Sie wird aus den Gebäudeaußenmaßen bestimmt. Gerechnet wird die Bodenfläche auf dem Erdreich oder bei unbeheizten Kellern die Kellerdecke. Werden Keller beheizt, sind in der Gebäudegrundfläche A_G neben der Kellergrundfläche auch die erdreichberührten Wandflächenanteile zu berücksichtigen.

A_{DL} ... Deckenfläche, die das Gebäude nach unten gegen die Außenluft abgrenzt.

$$A = A_{AW} + A_W + A_D + A_G + A_{DL}$$

U ... bedeuten die zugehörigen Wärmedurchgangskoeffizienten der Flächenanteile A_{AW}, A_W usw.

θ_i ... Innentemperatur.

θ_e ... Außenlufttemperatur.

$U_{AW} \cdot A_{AW} \cdot (\theta_i - \theta_e) + U_W \cdot A_W \cdot (\theta_i - \theta_e) + U_D \cdot A_D \cdot (\theta_i - \theta_D) + U_G \cdot A_G \cdot (\theta_i - \theta_G) + U_{DL} \cdot A_{DL} \cdot (\theta_i - \theta_e) + U_{AB} \cdot A_{AB} \cdot (\theta_i - \theta_{AB}) = U_m \cdot A \cdot (\theta_i - \theta_e)$

Aus dieser Gleichung erhält man für den mittleren Wärmedurchgangskoeffizienten der wärmeübertragenden Umfassungsfläche eines Gebäudes

$$U_m = \frac{U_{AW} \cdot A_{AW} + U_W \cdot A_W + \frac{\theta_i - \theta_D}{\theta_i - \theta_e} \cdot U_D \cdot A_D + \frac{\theta_i - \theta_G}{\theta_i - \theta_e} \cdot U_G \cdot A_G + U_{DL} \cdot A_{DL} + \frac{\theta_i - \theta_{AB}}{\theta_i - \theta_e} \cdot U_{AB} \cdot A_{AB}}{A}$$

Hieraus lassen sich die Temperatur-Korrekturfaktoren F_{xi} herleiten:

Faktor 0,8
Bei nicht durchlüfteten Flachdächern beträgt der Faktor 1,0. Für nicht ausgebaute und nicht beheizte Dachräume lässt sich der Faktor   überschläglich abschätzen:

$$\frac{\theta_i - \theta_D}{\theta_i - \theta_e} \approx \frac{20 - (0)}{20 - (-15)} \approx 0,6$$

In EnEV Anhang 1, Tabelle 3 wurde ein mittlerer Faktor von 0,8 gewählt. Bei nicht durchlüfteten Flachdächern wirkt sich die Besonnung energieverbrauchsmindernd aus, so dass auch der Faktor 0,8 gerechtfertigt erscheint.

Faktor 0,5
Nimmt man unter der Gebäudegrundfläche Temperaturen zwischen 0°C und 5°C an, so ergibt sich der Faktor zu:

$$\frac{\theta_i - \theta_G}{\theta_i - \theta_e} \approx \frac{20 - (0...5)}{20 - (-15)} \approx 0,5$$

Für Gebäudeflächen, die an Gebäudeteile mit wesentlich niedrigeren Innentemperaturen grenzen, können ähnliche Überlegungen gestellt werden, außenliegende Treppenräume, Lagerräume usw. haben Innentemperaturen < 10°C.

Faktor 1,0
Aus der Bilanzgleichung gilt die Überlegung:

$$\frac{\theta_i - \theta_e}{\theta_i - \theta_e} = 1$$

Relativ kleine, nicht beheizte Nebenräume, wie sie z.B. bei ausgebauten Dachgeschossen zwischen Abseitenwand und Kniestock vorkommen, sind beim Transmissionswärmeverlust der Abseitenwand aus Gründen der Rechenvereinfachung mit einem Reduktionsfaktor von 0,8 zu berücksichtigen. Das gleiche gilt sinngemäß auch für kleine, nicht begehbare Spitzböden über dem ausgebauten Dachgeschoss [9].

Für angrenzende Gebäudeteile mit wesentlich niedrigeren Raumtemperaturen ist $F_{xi} = 0,5$ zu wichten. Das sind solche Räume mit Raumtemperaturen von < 10°C, Zuordnung solcher Räume und Gebäudeteile nach DIN 4701. Im Regelfall sind solche Räume nicht beheizt: Lagerräume, Treppenräume, Garagen, aber frostfrei zu halten! Bei Abseiten-Wänden, Spitzboden-Decken usw. wird der Faktor 0,8 durch die „Zusatz-Dämmwirkung" der außen vor dem Hüllbauteil liegenden Aufbauten gerechtfertigt. Bei dem in der EnEV erreichten Dämmniveau wird aber dieser Effekt praktisch bedeutungslos [58].

Die Tabelle 3 in der EnEV Anhang 1 ist ein Auszug aus DIN V 4108-6, dort Tabelle 3.

2.3 Wärmeverluste nach dem Monatsbilanzverfahren

Summiert werden alle mit deren U_i-Werten multiplizierten Bauteilflächen A_i unter Berücksichtigung der dazu gehörenden Temperatur-Korrekturfaktoren F_{xi}. Daraus folgt der temperaturspezifische Transmissionswärmeverlust H_T eines Gebäudes:

$$H_T = \Sigma U_i \cdot A_i \cdot F_{xi} + H_{WB} + \Delta H_{T,FH} \quad \text{in W/K}$$

Der Temperatur-Korrekturfaktor F_{xi} ist DIN V 4108-6 Tabelle 3 zu entnehmen. Die in der Tabelle angegebenen Werte für erdreichberührte Bauteile sind nach DIN EN ISO 13 370 monatlich genau ermittelt worden.

Der Term H_{WB} gibt die Transmissionswärmeverluste über Wärmebrücken an, die nach DIN V 4108-6 gesondert ausgewiesen werden müssen. Die EnEV bietet im Anhang 1 Nr. 2.5 drei verschiedene Nachweisverfahren an:
- Berücksichtigung durch Erhöhen des Wärmedurchgangskoeffizienten U_i um $\Delta U_{WB} = 0,1$ W/(m²K) für die gesamte wärmeübertragende Umfassungsfläche, $H_{WB} = \Delta U_{WB} \cdot A_i = 0,1 \cdot A_i$ in W/K.
- Bei Anwenden von Planungsbeispielen nach DIN 4108 Beiblatt 2: Berücksichtigung durch Erhöhen der Wärmedurchgangskoeffizienten U_i um $\Delta U_{WB} = 0,05$ W/(m²K) für die gesamte wärmeübertragende Umfassungsfläche, $H_{WB} = \Delta U_{WB} \cdot A_i = 0,05 \cdot A_i$ in W/K.
- Durch genauen Nachweis der Wärmebrücken nach DIN V 4108-6 in Verbindung mit weiteren anerkannten Regeln der Technik (DIN EN ISO 10211-2 und 3): $H_{WB} = \Sigma l \cdot \psi_e$ in W/K mit ψ_e längenbezogener Wärmebrückenverlustkoeffizient der Wärmebrücke in W/(m·K) nach DIN EN ISO 10211, l die Länge der Wärmebrücke in m.

Wärmebrücken können durch thermisch getrennte Außenbauteile, außenliegende Dämmsysteme und einer Ausbildung der Dämmung von Deckenauflagern über mehrere Steinschichten bei monolithischem Mauerwerk vermieden werden [59].

Werden Außenbauteile mit integrierten Heizflächen, Flächenheizungen wie z.B. Fußboden- oder Wandheizungen eingesetzt, entstehen durch deren über die Raumtemperatur liegenden Systemtemperaturen zusätzliche Wärmeverluste, die bilanziert werden müssen:

– in Bauteilen an die Außenluft:

$$\Delta H_{T,FH} = \Sigma \; R_i \, / \, (1/U_0 - R_i) \cdot H_0 \cdot \xi \quad \text{in W/K}$$

– in Bauteilen an das Erdreich grenzend:

$$\Delta H_{T,FH} = \Sigma \; R_i \, / \, (A_h \, / \, L_s - R_i) \cdot H_0 \cdot \xi \quad \text{in W/K}$$

Für L_s kann vereinfachend U_0 eingesetzt werden

– in Bauteilen an unbeheizte Räume:

$$\Delta H_{T,FH} = \Sigma \; R_i \, / \, (1 \, / \, (b \cdot U_0) - R_i) \cdot H_0 \cdot \xi \quad \text{in W/K}$$

Für b kann vereinfachend F_{xi} eingesetzt werden.

Hierin bedeuten:

R_i Wärmedurchlasswiderstand zwischen Heizelement und Raumluft (Bereich der Heizplatte) in m^2K/W

U_0 Wärmedurchgangskoeffizient des Bauteils in $W/(m^2K)$

H_0 spezifischer Wärmeverlust des angrenzenden beheizten Raumes, ermittelt ohne Berücksichtigung des Heizelements in der Gebäudehülle

ξ Deckungsanteil des Raumwärmebedarfs, der durchschnittlich durch das heizende Teil der Gebäudehülle gedeckt wird

A_h Heizfläche in der Gebäudehülle.

Zusätzliche Wärmeverluste anderer Systeme, wie die belüfteter Solarwände (Trombewände) oder belüfteter Bauteile an der Gebäudehülle sind nach DIN EN 832 zu berechnen.

Lüftungswärmeverluste:

– bei freier Lüftung.
  Die temperaturspezifischen Lüftungswärmeverluste eines Gebäudes mit Fensterlüftung ergeben sich aus dem belüfteten Netto-Volumen V, des Luftwechsels und der spezifischen Wärmespeicherkapazität von $c = 0,34 \; Wh/(m^3K)$: $H_V = 0,34 \cdot n \cdot V$ in W/K
  Das Netto-Volumen V ergibt sich nach EnEV Anhang 1 Nr. 2.4 für kleine Wohngebäude unter 3 Vollgeschossen zu $V = 0,76 \cdot V_e$. Größere Wohngebäude und Nichtwohngebäude sind mit $V = 0,8 \cdot V_e$ zu berechnen. Darüber hinaus darf für alle Gebäude aber das tatsächliche, individuell ermittelte Nettoraumvolumen V in Ansatz gebracht werden. Dadurch sind u.U. erhebliche Entlastungen beim baulichen Wärmeschutz möglich.

Bei der Berechnung von H_V wird ein Luftwechsel n = 0,7 h^{-1} standardmäßig festgelegt und n = 0,6 h^{-1} für Gebäude, deren Gebäudehülle luftdicht ist und dies durch einen Blower-Door-Test nachgewiesen wird. Luftwechsel zwischen unbeheizten Räumen und der Außenumgebung nach DIN EN ISO 13789 n_{ue} = 0,5 h^{-1}.

– bei maschineller Lüftung.

Es gibt folgende Verfahren:

- Abluftanlagen. Die Abluft wird raumweise oder zentral mechanisch abgeführt. Die Zuluft erfolgt dezentral über Fenster oder Einströmöffnungen in den Wohnräumen.

- Zentrale Zu- und Abluftanlagen. Zu- und Abluft werden in einem Lüftungssystem für das gesamte Gebäude zentral geführt.

- Lüftungsanlagen mit Wärmerückgewinnung. Zu- und Abluftführung erfolgen zentral. 70% bis 90% der Abluft-Wärme werden durch einen Wärmetauscher entzogen und zur Erwärmung der Zuluft eingesetzt.

Gebäude mit einer mechanischen Lüftungsanlage mit oder ohne Wärmerückgewinnung weisen neben der planmäßigen Lüftung zusätzliche Lüftungswärmeverluste über Leckagen oder zusätzliches Fensterlüften auf. Daher ergibt sich ein zusammengesetzter Luftwechsel n:

$$H_V = 0,34 \, (n_{Anl} \cdot (1 - \eta_V) + n_x) \cdot V \quad \text{in W/K}$$

worin bedeuten:

n_{Anl} Anlagenluftwechsel, nach DIN V 4701-10 z.B. etwa n_{Anl} = 0,4 h^{-1}

η_V Nutzungsfaktor des Abluft-Zuluft-Wärmeübertragers (Wärmetauschersystems) nach DIN V 4701-10

n_x zusätzlicher Luftwechsel infolge Undichtheiten und Fensteröffnen, nach DIN V 4108-6 kann mit n_x = 0,2 h^{-1} gerechnet werden, wenn keine genaueren Angaben vorliegen. Für Zu- und Abluftanlagen gilt n_x = 0,2 h^{-1} und für reine Abluftanlagen n_x = 0,15 h^{-1} (DIN V 4108-6 Tabelle D3).

EnEV Anhang 1 Nr. 2.10 erlaubt die Anrechnung von Lüftungsanlagen nur für den Fall, dass eine besonders luftdichte Gebäudehülle vorhanden ist. Deren Dichtheit muss mittels Blower-Door-Test nachgewiesen werden. Die Berücksichtigung der Lüftungswärmeverluste im EnEV-Nachweis kann ebenfalls mit Hilfe von DIN V 4701-10 erfolgen, so dass an dieser Stelle mit dem Luftwechsel n = 0,6 h^{-1} und

$$V_H = 0,34 \cdot 0,6 \cdot V \text{ in W/K}$$

gerechnet werden kann. Dies ist dann besonders zu empfehlen, wenn der Nutzungsgrad des Wärmetauschersystems der Lüftungsanlage noch nicht bekannt ist.

Aus den temperaturspezifischen Wärmeverlusten H_T und H_V lassen sich die monatlichen Wärmeverluste $Q_{I,M}$ ermitteln:

$$Q_{I,M} = (H_T + H_V) \cdot \frac{24}{1000} \, (\theta_i - \theta_{e,M}) \cdot t_M \quad \text{in kW}$$

worin bedeuten

t_M Anzahl der Tage des betreffenden Monats, z.B. $t_M = 30$ Tage/Monat.

$(\theta_i - \theta_{e,M})$ Temperaturdifferenz zwischen Innenlufttemperatur θ_i und der Außenlufttemperatur $\theta_{e,M}$.

Im Rahmen des EnEV Nachweisverfahrens muss für $\theta_{e,M}$ mit den Temperaturen des mittleren deutschen Standortes nach DIN V 4108-6 Tabelle D.5 gerechnet werden. Diese Tabelle ist eine Zusammenfassung für 15 Referenzregionen in der Bundesrepublik nach DIN V 4108-6 Bild A 1, für die die Tabellen A 1 bis A 3 die jeweiligen Außenlufttemperaturen $\theta_{e,M}$ enthalten. Daher können die in der Normtabelle D.5 angegebenen Klimadaten durchaus um 30% nach oben und unten zu den tatsächlichen, in einem aktuellen Jahr gemessenen Temperaturen bzw. Einstrahldaten abweichen, so dass ein Vergleich zu tatsächlichen Energieverbräuchen immer nur in Verbindung mit einer Klimadatenkorrektur möglich ist. Diese kann z.B. nach der Richtlinie VDI 3807 „Energieverbrauchswerte für Gebäude" erfolgen.

Die Innenlufttemperatur θ_i soll für beheizte Gebäude nach der EnEV mit 19°C angenommen werden. Darin enthalten ist ein Teilheizungsfaktor für indirekt beheizte Räume innerhalb der thermischen Hülle und für Zeiten mit unplanmäßig reduzierten Raumtemperaturen.

2.4 Wärmegewinne nach dem Monatsbilanzverfahren

− Interne Wärmegewinne
   Die monatlichen Wärmegewinne $Q_{i,M}$ errechnen sich aus nutzflächenabhängigen Wärmeleistungen. Richtwerte hierzu enthält DIN V 4108-6 Tabelle 2 für verschiedene Wärmequellen in Gebäuden bzw. für verschiedene Nutzungsarten. Für den Nachweis nach der EnEV sind zu wählen.

q_i = 5 W/m²   bei Wohngebäuden, 24 Stunden täglich, entspricht 43,8 kWh/(m²a)

q_i = 6 W/m²   bei Büro- und Verwaltungsgebäuden.

Der letztere Wert ist unverständlich und lässt sich nicht begründen aus der Nutzung der vielen ständig betriebsbereiten Kopierer, PC-Anlagen und der erhöhten Wärmeabgabe durch Beleuchtung. Heute werden und künftig energiesparende Geräte (sogen. Green-PCs) eingesetzt und bei der Beleuchtung werden Abluftleuchten in klimatisierten Büroräumen Betrieben.

Somit interne Wärmegewinne:

$$Q_{i,M} = q_i \cdot A_N \cdot \frac{24}{1000} \cdot t_M \quad \text{in kWh}$$

worin

t_M die Anzahl der Tage des Monats

A_N = $0,32 \cdot V_e$ die beheizte Gebäudenutzfläche ist.

– Solare Wärmegewinne durch transparente Bauteile
   Die Solargewinne $Q_{s,M}$ durch die Fenster- und Fenstertürflächen können für alle Himmelsrichtungen und für Horizontalflächen nach DIN V 4108-6 ermittelt werden:

$$Q_S = \Sigma \, I_{S,M} \cdot \Sigma \, F_S \cdot F_F \cdot F_C \cdot 0,9 \cdot g \cdot A_W \cdot \frac{24}{1000} \cdot t_M \quad \text{in kWh}$$

worin bedeuten

F_F Abminderungsfaktor für den Rahmenanteil, der dem Verhältnis der durchsichtigen Fläche zur Gesamtfläche der verglasten Einheit entspricht. Sofern keine genaueren Werte bekannt sind, wird F_F = 0,7 gesetzt.

F_S Abminderungsfaktor für Verschattung, er berücksichtigt dauerhaft vorhandene bauliche Verschattungen. Der F_S-Wert ist nach verschiedenen Teilbestrahlungsfaktoren in DIN V 4108-6 Tabellen 9 bis 11 aufgelistet. Für den EnEV-Nachweis ist pauschal F_S = 0,9 festgelegt.

F_C Abminderungsfaktor für Sonnenschutzvorrichtungen. Nur abweichend von Eins zu berücksichtigen, wenn permanenter Sonnenschutz unabhängig von der Sonneneinstrahlung in Betrieb ist.

F_C sollte bei der Ermittlung des Heizwärmebedarfs immer F_C = 1,0 betragen, d.h. keine Sonnenschutzvorrichtung eingesetzt. Für andere Berechnungen ist DIN V 4108-6 Tabelle 7 heranzuziehen.

g   Der wirksame Gesamtenergiedurchlassgrad nach DIN V 4108-6 Tabelle 6, dort wird g als Gesamtenergiedurchlassgrad $g_\perp$ auf eine vertikale Fläche angegeben. Da die Sonne nicht senkrecht auf die Verglasungsflächen fällt, sind die nach DIN 410 ermittelten $g_\perp$-Werte für das hier anzuwendende Berechnungsverfahren um 15% zu reduzieren, um den effektiven wirksamen g-Wert zu ermitteln. Somit $g = 0,85 \cdot g_\perp$.

A_W Fenster-, Fenstertürfläche (Bruttofläche) bezogen auf das Rohbaumaß.

Zur Wintersonnenwende muss für die Dauer von mindestens 2 Stunden täglich Verschattungsfreiheit für passiv sonnenenergienutzende Fenster gegeben sein. Das bedeutet in Süd/Nord-Richtung einen Sonnenhöhenwinkel von 20° und einen Azimutwinkel von 14°. Die Außenwand mit der größten prozentualen Fensterfläche muss nach Süden orientiert sein. Abweichungen können bis zu 20° toleriert werden [59].

Oft werden auch tatsächlich vorhandene Beschattungen in der Planungsphase nicht berücksichtigt. Ferner müssen bei Optimierungsberechnungen Fenster die kaum diffuse Lichteinstrahlung bekommen, weil sie sich in einem Lichtschacht befinden, oder sehr stark verschattet sind, ohne Solarbonus berechnet werden. Hier darf nach der Energieeinsparverordnung jedoch der Bonus für Nordorientierung eingesetzt werden. Es gibt auch viele Fälle, bei denen Fenster durch Balkone, Dachvorsprünge und dergleichen verschattet sind und nur sehr wenig diffuse Sonneneinstrahlung abbekommen. In diesem Fall müssten die Abminderungsfaktoren bei allen Optimierungen stark abgemindert, bzw. sogar ganz gestrichen werden [52].

Die Solarstrahlung $I_{s,M}$ ist für verschiedene Standorte Deutschlands in DIN V 4108-6 Tabellen A 1 und A 3 sowie Bild A 1 angegeben. Im Rahmen des EnEV-Nachweises muss mit Strahlungsdaten des mittleren deutschen Standortes nach DIN V 4108-6 Tabelle D.5 gerechnet werden.

– Solare Wärmegewinne durch opake Bauteile
   Anmerkung: Die solaren Wärmegewinne über opake Bauteile können nach der EnEV im Monatsbilanzverfahren nach DIN V 4108-6 vernachlässigt werden; falls aber opake Bauteile dennoch in die Bilanzierung einbezogen werden, dann ist sowohl die solare Einstrah-

rung einbezogen werden, dann ist sowohl die solare Einstrahlung (kurzwellig) als auch die thermische Abstrahlung (langwellig) zu berücksichtigen.

Auch opake, d.h. nicht transparente Gebäudeoberflächen nehmen Solarstrahlung auf, wandeln sie in Wärme um und lassen einen Teil dieser Wärme in das Gebäudeinnere. Die Farbgestaltung der Oberfläche beeinflusst die Absorption maßgeblich. Farbgebung von nach Süden, Westen und Osten gerichteten Wandoberflächen, dunkelabsorbierend; von Wänden mit Dämmsystemen möglichst hell. Eckverstärkung der Außenwände als Mittel zur Verringerung der geometrisch bedingten Verdichtung des Wärmeabflusses an Außenwandecken [59]. Dies wird durch den Strahlungsabsorptionsgrad α für das energetisch wirksame Spektrum des Sonnenlichts beschrieben. Die Berechnung erfolgt nach der Formel

$$Q_{S,op} = U \cdot A_j \cdot R_e \, (\alpha \cdot I_{s,j} - F_f \cdot h_r \cdot \Delta\theta_{er}) \cdot \frac{24}{1000} \cdot t_M \quad \text{in kWh}$$

U Wärmedurchgangskoeffizient des Bauteils einschließlich transparenter Wärmedämmung, falls sie vorhanden ist

A_j Gesamtfläche des Bauteils in der Orientierung j

R_e äußerer Wärmedurchlasswiderstand des Bauteils (einschließlich des Wärmedurchlasswiderstandes einer transparenten Wärmedämmung und des äußeren Wärmeübergangswiderstandes), d.h. von der absorbierenden Schicht bis außen

$I_{s,j}$ globale Sonneneinstrahlung der Orientierung j, nach DIN V 4108-6 Tabelle D.5, in W/m²

α Absorptionskoeffizient des Bauteils für Solarstrahlung, nach DIN V 4108-6, Tabelle 8

F_f Formfaktor zwischen dem Bauteil und dem Himmel; $F_f = 1$ für waagerechte Bauteile bis 45° Neigung, $F_f \approx 0,5$ für senkrechte Bauteile. Abweichend dürfen die Rahmenanteile F_f (sowie der Verschattungsfaktor F_S) an spezielle Gegebenheiten angepasst werden nach DIN V 4108-6 Tabelle 9 bis 11

h_r Äußerer Abstrahlkoeffizient für langwellige Abstrahlung, in erster Näherung gilt nach DIN V 4108-6 $h_r = 5 \cdot \varepsilon$, worin ε der Emissionsgrad für die Wärmestrahlung der Außenfläche ist, $\varepsilon \approx 0,9$. Somit $h_r = 5 \cdot 0,9 = 0,45$

$\Delta\theta_{er}$ mittlere Differenz zwischen der Temperatur der Umgebungsluft und der scheinbaren Temperatur des Himmels, vereinfachend kann $\Delta\theta_{er} \approx 10$ K angenommen werden

t_M Anzahl der Tage des Monats

Die Gewinne auf opaken Oberflächen werden direkt von den Transmissionswärmeverlusten der Bauteile abgezogen und gehen damit als sogen. negative Verluste bei der Ermittlung des Gewinn / Verlust - Verhältnisses in den Nenner ein. Solare Wärmegewinne unbeheizter Nebenräume können ggf. nach Reduktion um den Anteil, den der entsprechende Temperaturfaktor vorgibt, mit zu den Gewinnen der beheizten Räume addiert werden.

– Transparente Wärmedämmung
Transparente Wärmedämmsysteme (TWD) lassen einen Teil der auftreffenden Solarstrahlung bis zur dunklen Absorptionsschicht vordringen und führen so zu einer Erhöhung der Wandinnentemperatur. In der Bilanzformel muss daher der g_{Ti} - Wert der transparenten Dämmung inklusive Deckschicht eingesetzt werden sowie der Wärmedurchgangskoeffizient U_e dieser Schichten bekannt sein. Somit:

$$Q_{S,op} = \left(A_j \cdot F_S \cdot F_F \cdot \alpha \cdot g_{Ti} \cdot \frac{U}{U_e} \cdot I_{s,j} - U \cdot A_j \cdot F_f \cdot R_{se} \cdot h_r \cdot \Delta\theta_{er} \right) \cdot \frac{24}{1000} \cdot t_M \text{ in kWh}$$

A_j Gesamtfläche des Bauteils der Orientierung j

F_S Abminderungsfaktor für Verschattung, er berücksichtigt dauerhaft vorhandene bauliche Verschattungen. Der F_S-Wert ist nach verschiedenen Teilbestrahlungsfaktoren in DIN V 4108-6 Tabellen 9 bis 11 aufgelistet. Für den EnEV-Nachweis ist pauschal F_S = 0,9 festgelegt

F_F Abminderungsfaktor für den Rahmenanteil der TWD, nach Herstellerangaben

α Absorptionskoeffizient des Bauteils für Solarstrahlung nach DIN V 4108-6 Tabelle 8

$g_{T,i}$ Gesamtenergiedurchlassgrad der TWD nach Prüfzeugnis. Umfassend informiert hierzu der Fachverband Transparente Wärmedämmsysteme: Bestimmung des solaren Energiegewinnes durch Massivwände mit transparenter Wärmedämmung; Richtlinie des Fachverbandes Transparente Wärmedämmsysteme e.V., Februar 1999

U   Wärmedurchgangskoeffizient der Gesamtkonstruktion einschließlich der TWD

U_e Wärmedurchgangskoeffizient der transparenten Dämmung einschließlich Deckschicht, d.h. aller äußeren Schichten, die vor der absorbierenden Oberfläche liegen, nach Prüfzeugnis oder Information durch den Fachverband Transparente Wärmedämmung

$I_{s,j}$ globale Sonneneinstrahlung der Orientierung j, nach DIN V 4108-6 Tabelle D.5, in W/m²

F_f Formfaktor zwischen dem Bauteil und dem Himmel, $F_f = 1$ für waagerechte Bauteile bis 45° Neigung, $F_f \approx 0,5$ für senkrechte Bauteile

R_{se} $= R_e$ äußerer Wärmedurchlasswiderstand des Bauteils einschließlich des Wärmedurchlasswiderstandes der transparenten Wärmedämmung und des äußeren Wärmeübergangswiderstandes

h_r äußerer Abstrahlungskoeffizient für langwellige Abstrahlung, in erster Näherung gilt nach DIN V 4108-6 $h_r = 5 \cdot \varepsilon$, worin ε der Emissionsgrad für die Wärmestrahlung der Außenfläche ist, $\varepsilon \approx 0,9$, somit $h_r = 5 \cdot 0,9 = 0,45$

$\Delta\theta_{er}$ mittlere Differenz zwischen der Temperatur der Umgebungsluft und der scheinbaren Temperatur des Himmels, vereinfachend kann $\Delta\theta_{er} \approx 10$ K angenommen werden

t_M Anzahl der Tage des Monats.

Bei transparenter Wärmedämmung ist wegen ihrer guten Wirksamkeit in der Regel eine Sommerschattierung erforderlich. Eine temporäre Wärmedämmung durch Rollläden, Dämmläden usw. bringt eine weitere Verbesserung des mittleren Wärmedurchgangskoeffizienten [59].

– Unbeheizte Glasvorbauten
Unbeheizte Räume und Wintergärten wirken als thermische Puffer, da ihre Innentemperaturen meist deutlich über den Außentemperaturen liegen. Die sich einstellende Lufttemperatur hängt von der Bilanz der über die angrenzenden Innenbauteile zugeführten Transmissionswärme, von eventuellen Sonnenwärmegewinnen und den Wärmeverlusten nach außen hin ab [9].
Nicht beheizte Räume und ebenso nicht beheizte Wintergärten mit Trennflächen zum Kernhaus liegen außerhalb der Bilanzierungsgrenze für die Berechnung des Jahresheizwärmebedarfs. Beheizte Wintergärten dagegen liegen innerhalb der Bilanzierungsgrenzen und werden wie eine Zone des Kernhauses behandelt.

Bei Wintergärten (unbeheizt) ist noch zu beachten, dass die direkten Sonnenwärmegewinne des Kernhauses durch den vorgebauten Wintergarten entsprechend durch Reduzierung des g-Wertes der Trennfläche „Wintergarten-Kernhaus" berücksichtigt werden.

Verglaste Loggien, Wintergärten, vom Haupthaus getrennte Anbauten, wie Treppenräume, Windfänge, Balkone, Geräteschuppen u.ä. sind vom Hauptbaukörper thermisch getrennt auszuführen. Aufgrund der schlechten Wärmebilanz sollten sie nicht beheizt werden. Loggien oder Balkone dürfen nur dann verglast werden, wenn sichergestellt ist, dass eine Beheizung vom Nutzer ausgeschlossen ist (automatische Türschließer, Außensteckdosen mit Trenntrafos geringer Leistung usw.). Glashäuser und Wintergärten sind als Kollektoren zur Energiegewinnung nicht geeignet, da das „Leben in Kollektoren" nur zu wenigen Zeiten im Jahr (nur etwa 40% der Tagesstunden) behaglich ist. Die Kosten von Wintergärten stehen in keinem günstigen Verhältnis zu möglichen geringen Energiegewinnen [59].

Die Bilanzierung der Energieströme durch „unbeheizte" Glasvorbauten ist sehr komplex und muss nach den Berechnungsangaben in DIN V 4108-6 Abschn. 6.4.4 erfolgen. Es handelt sich dabei um besonnte Räume, Wintergärten, die an einen beheizten Raum angrenzen, wobei eine Trennwand zwischen dem beheizten Bereich und dem Wintergarten (Glasvorbau) vorhanden ist.

Handelt es sich um beheizte Wintergärten oder Glasvorbauten ohne Trennwand zum beheizten Bereich, werden sie wie die übrigen Räume des Gebäudes berechnet.

Bei einem unbeheizten Glasvorbau werden die durch den Glasvorbau und die angrenzenden Fenster und Wände in das Gebäude einfallenden direkten Gewinne ermittelt. Dann folgt die Berechnung der im Glasanbau absorbierten Energie, die dort zu einer Temperaturerhöhung führt und somit als indirekter Gewinn eine Reduzierung der Transmissionswärmeverluste der angrenzenden Bauteile des Kerngebäudes bewirkt. Folgende Daten sind nach der Norm zur Berechnung notwendig:

- Art der Verglasung des Glasvorbaus, der Wintergartenverglasung
- Bodengrundfläche des Glasvorbaus, z.B. Erdreich
- Absorptionskoeffizient des Bodens im Glasvorbau
- Temperatur-Korrekturfaktor des Glasvorbaus. Er beschreibt den Teil der indirekten Wärmegewinne, die den beheizten Bereich durch die Trennwand erreichen. Hinweise hierzu finden sich in DIN EN ISO 13789
- Kennwerte der Fenster zwischen Kerngebäude und Glasvorbau

- Absorptionskoeffizient der Außenwand des Kerngebäudes im Glasvorbau.

Typische Werte zu den Daten enthält die DIN V 4108-6 in ihren Tabellen. Das Rechenverfahren enthält DIN EN 832 und wurde aus dieser Norm übernommen.

2.5 Heizunterbrechung, Nachtbetriebsabschaltung nach dem Monatsbilanzverfahren

Durch Nachtbetriebsabschaltung der Heizungsanlage oder durch einen abgesenkten Nachtheizbetrieb (z.B. Nachttemperaturabsenkung) wird die Raumlufttemperatur eines Gebäudes vermindert. Bei gut wärmegedämmten Gebäuden werden die energetischen Auswirkungen infolge der Nachttemperaturabsenkung oder Nachtbetriebsabschaltung immer kleiner. Sollte dieser Einfluss bei der Monatsbilanzierung berücksichtigt werden, so enthält DIN V 4108-6 im Anhang C ein Berechnungsverfahren hierzu.

Das Berechnungsverfahren ist aus DIN 832 entnommen worden. Es bewertet den Einfluss der Heizbetriebsunterbrechung besonders bei wärmespeichernden Gebäuden relativ stark. Das Verfahren setzt voraus, dass das Heizsystem in seiner Leistung ausreichend ausgelegt ist, wobei sich die Auslegung auf die Normheizlast nach DIN V 4701-10 bezieht.

Bei den Heizunterbrechungsphasen unterscheidet DIN V 4108-6 Anhang C Tag-, Nacht-, Wochenend- und Langzeitphasen.

Wird anstelle des Monatsbilanzverfahrens eine Heizperioden- oder Jahresheizperiodenbilanzierung vorgenommen, kann der Heizunterbrechungseffekt vereinfacht mit Hilfe eines reduzierten Gradtagwertes F_{Gt} berücksichtigt werden, z.B. $F_{Gt} = 0,5$.

Die aus den internen Wärmequellen und der Sonneneinstrahlung resultierenden Wärmegewinne können von der Schwerebauart besser genutzt werden als von der Leichtbauart, weil bei der Schwerebauart eine Überheizung der Räume überhaupt nicht auftritt oder wesentlich geringer ausfällt. Somit bleiben zusätzliche Energieverluste durch eine Überheizung, die eine Erhöhung der Lüftungs- und Transmissionswärmeverluste zur Folge haben, bei der Schwerebauart kleiner als bei der Leichtbauart. Dem gegenüber verhält sich die Leichtbauart bei einer Nachttemperaturabsenkung günstiger als die Schwerebauart, weil die Raumlufttemperaturen stärker absinken können und somit die Wärmeverluste kleiner sind. Zusätzlich treten infolge der üblicherweise vorhandenen Zonierung in Gebäuden bau-

artbedingte Unterschiede auf, die jedoch nicht durch die Wärmespeicherfähigkeit ausgelöst werden.

Die Leichtbauart verhält sich wegen der geringeren Wärmedurchgangskoeffizienten der Innenbauteile günstiger, weil der Wärmestrom in Räumen mit niedrigeren Temperaturen (z.B. Eingangsbereich und Schlafzim-
mer) kleiner ist [60].

Es sind kaum Unterschiede zwischen den einzelnen Bauarten! Die Unterschiede zwischen den einzelnen Bauarten sind vernachlässigbar gering.
Sie betragen, bezogen auf einen Mittelwert für alle Wärmeschutzniveaus -
nach Untersuchung in [60] für WSVO 1982, WSVO 1985, Niedrigenergiehaus - im Maximum 1,6%.

Bei Verwenden der Raumlufttemperatur als Regelgröße verringert sich
der Jahresheizwärmebedarf, weil sich in den Räumen geringere Lufttemperaturen einstellen. Bei Annahme konstanter Wärmeübergangskoeffizienten
ergibt sich generell ein höherer Jahresheizwärmebedarf. In beiden Fällen
entsteht eine Veränderung der Verbrauchs-Rangfolge.

Die geringe Differenz zwischen den Bauarten macht deutlich, dass die
Wärmespeicherfähigkeit unter den meteorologischen Randbedingungen
Deutschlands hinsichtlich des Jahresheizwärmebedarfs ohne praktische
Bedeutung und vernachlässigbar ist.

Bei der gebäudetechnischen Konstruktion sollte eine Tragkonstruktion
aus Stützen, stabilisierenden Wänden und Decken eingesetzt werden, die
bewusst als Wärmespeichermassen gelten [61].

Nach DIN V 4108-6 ergibt sich bei Heizungsbetriebs- bzw. Nachttemperaturabsenkung ein monatlicher negativer Wärmeverlust ΔQ_{il}, der mit
den Gewinnwärmeverlusten verrechnet wird. Die Norm gibt an, dass die
Größenordnung der Reduktion (verbundene Energieeinsparung nach DIN
V 4108-6 Anhang C, Randbedingungen Anhang D), die im Rahmen des
EnEV-Nachweises mit eine Nachtbetriebsabschaltung bis zu 7 Stunden bei
Wohngebäuden und bis zu 10 Stunden bei Nichtwohngebäuden beträgt
und 3 bis 5% der Gesamtwärmeverluste beträgt und damit bei der Rechen-
genauigkeit kaum ins Gewicht fällt.

Das Verfahren basiert auf der Betrachtung dreier unterschiedlicher Zeit-
räume:

I.   Phase ohne Heizung
II. Phase reduzierte Heizleistung zur Einhaltung einer Mindest-
     innentemperatur
III. Phase Aufheizzeitraum mit größter Heizleistung bis die Sollinnen-
     temperatur erreicht ist.

Nur Phase I geht in das Nachweisverfahren zur EnEV ein.

Für die Dauer der Heizunterbrechung wird eine geringere Außenluftwechselrate zugrunde gelegt, übereinstimmend mit den Angaben zu üblichen Luftwechselraten unbeheizter Räume in DIN EN ISO 13789 Tabelle 1 Fall Nr. 2, daraus resultiert ein der Heizphase verminderter Lüftungswärmeverlust der Abschaltphase. Der Transmissionswärmeverlust der Abschaltphase entspricht dagegen dem der Heizphase, da vereinfachend die gleichen Temperatur-Korrekturfaktoren $F_{x,i}$ anzuwenden sind. Die Raumtemperaturabsenkung führt zu einer stärkeren Reduzierung kleinerer Temperaturdifferenzen als der zwischen Innen- und Außenluft, die Temperatur-Korrekturfaktoren müssten somit sinken.

2.6 Ausnutzungsgrad der Wärmegewinne nach dem Monatsbilanzverfahren

Die internen und solaren Wärmegewinne werden durch den Ausnutzungsgrad η abgemindert, der sich aus der Wärmespeicherfähigkeit des Gebäudes und dem Verhältnis zwischen Wärmegewinn und Wärmeverlust ergibt. Die Gewinne lassen sich nur bedingt zur Reduktion des Heizwärmebedarfs ausnutzen. Sind sie innerhalb eines Bilanzzeitraumes sehr viel größer als die Verluste zur gleichen Zeit, können sie aufgrund der beschränkten Speicherfähigkeit nicht immer vollständig zu Heizwecken genutzt werden. Sie führen dann zu Überhitzungen, die meist von den Nutzern „abgelüftet" werden. Dies völlig alltägliche Phänomen wird in der Energiebilanz durch den Ausnutzungsgrad berücksichtigt, vgl. **Bild 2.05**. Die hierin als theoretisch bezeichnete Kurve stellt die obere Begrenzungslinie des Ausnutzungsgrads dar. Praktisch ist aber nur der schraffierte Bereich nutzbar.

Das Monatsbilanzverfahren lässt eine pauschalierte Bewertung der Speicherfähigkeit eines Gebäudes zu mit einem durchschnittlichen Nutzungsgrad üblicher Massivgebäude von η = 95%, bei Leichtbauten liegt er etwa 5% niedriger, oder aber die exakte Ermittlung aller im Gebäude eingesetzten effektiven Bauteilmassen.

Der Ausnutzungsgrad solarer und interner Wärmegewinne ist bei schwerer Bauweise der Innenbauteile ideal. Wegen der geringen Wärmeeindringtiefe von ca. 12 cm im Tagesgang bei direkter Bestrahlung von senkrecht auf Südfenster zulaufende Wände sind Dicken über 12 cm selbst bei dunkler Oberfläche nicht effizient [59].

Der Ausnutzungsgrad η hängt in starkem Maß vom Verhältnis der Wärmegewinn- / Wärmeverlustverhältnisse des Gebäudes ab.

$$\gamma = \frac{Q_g}{Q_i}$$

Wesentliche Parameter für den Ausnutzungsgrad sind die zulässige Überheizung über die Sollwert-Innentemperatur und die Zeitkonstante τ des Gebäudes:

$$\tau = \frac{C_{wirk}}{H}$$

Diese gibt die Länge der Auskühlzeit eines Gebäudes bei 1 K Temperaturabsenkung an.

Dabei ist
C_{wirk} die wirksame Wärmespeicherfähigkeit
H der spezifische Wärmeverlust.

Liegen keine Angaben vor oder bei vereinfachten Berechnungen, was bei der Erläuterung zur Berechnung angegeben werden muss, können folgende Pauschalwerte angenommen werden:

− C_{wirk} = 15 Wh/(m³K) · V_e für leichte Gebäude, als solche können eingestuft werden Gebäude mit

   • Holztafelbauart ohne massive Innenbauteile
   • abgehängten Decken und überwiegend leichten Trennwänden
   • hohen Räumen (Turnhallen, Museen)

− C_{wirk} = 50 Wh/(m³K) · V_e für schwere Gebäude, als solche können eingestuft werden Gebäude mit massiven Innen- und Außenbauteilen ohne untergehängte Decken.

H spezifischer Wärmeverlust des Gebäudes, $H = H_T + H_V$ in W/K

Sofern die wirksame Wärmespeicherfähigkeit C_{wirk} berechnet werden soll, gilt

$$C_{wirk} = \Sigma \, (c \cdot \rho \cdot d \cdot A)_i$$

Dabei ist i die jeweilige Schicht des Bauteils. Die Berechnung setzt voraus, dass alle Baukonstruktionsflächen in ihrem Schichtenaufbau bekannt sind! Die Summation erfolgt über alle Bauteilflächen des Gebäudes, die mit der Raumluft in Berührung kommen, wobei jeweils nur die wirksamen Schichtdicken d_i berücksichtigt werden. Zur Bestimmung der wirksamen Schichtdicken gelten nach DIN V 4108-6 folgende Regelungen:

– bei Schichten mit einer Wärmeleitfähigkeit $\lambda_i \geq 0,1$ W/(mK)

1) die einseitig an die Raumluft grenzen gilt: Aufsummierung aller Schichten bis zu einer größten Gesamtdicke von $d_{i\,max} = 0,10$ m
2) die beidseitig an die Raumluft grenzen (Innenbauteil), gilt halbe Bauteildicke bei einer Schicht, wenn die Dicke $d \leq 0,20$ m oder höchstens 0,10 m ist, wenn die Dicke $> 0,20$ m ist. Bei mehreren Schichten: Vorgehensweise wie bei 1), allerdings beidseitig angewendet.

– bei raumseitig vor Wärmedämmschichten (z.B. Estrich auf einer Wärmedämmschicht) liegenden Schichten mit einer Wärmeleitfähigkeit $\lambda_i \geq$ 0,10 W/(mK) dürfen nur die Dicken der Schichten bis höchstens 10 cm in Ansatz gebracht werden. Als Wärmedämmschichten gelten Baustoffe mit Wärmeleitfähigkeiten $\lambda_i < 0,10$ W/(mK) und einem Wärmedurchlasswiderstand $R_i > 0,25$ m²K/W. Dämmschichten schotten Speichermassen ab!

Bei Außenbauteilen wird die Fläche A_i über Außenmaße (Bruttofläche) und bei Innenbauteilen über die Innenmaße (Nettofläche) bestimmt.
c_i spezifische Wärmekapazität in kJ/(kgK)
ρ_i Rohdichte in kg/m³

Berechnungsbeispiel

Gegeben ist der Aufbau (von innen nach außen) einer Außenwand mit $A_i =$ 46,82 m²:

Innenputz	$d = 1,5$ cm,	$\lambda = 0,70$ W/(mK),
	$c = 1,0$ kJ/(kgK),	$\rho = 1400$ kg/m³
Mauerwerk	$d = 36,5$ cm,	$\lambda = 0,16$ W/(mK),
	$c = 1,0$ kJ/(kgK),	$\rho = 800$ kg/m³

Außenputz $d = 3,0$ cm, $\lambda = 0,06$ W/(mK),

 $c = 1,0$ kJ/(kgK), $\rho = 300$ kg/m³

Regelung:

Bei Schichten mit $\lambda_i \geq 0,1$ W/(mK), die einseitig an die Raumluft grenzen, gilt Aufsummierung aller Schichten bis zu einer Gesamtdicke von $d_{i,\,max} = 0,10$ m. Somit für den Innenputz der Außenwände $d_i = 1,5$ cm, da $\lambda_i = 0,70$ W/(mK) und für das Mauerwerk $d_i = (10 - 1,5)$ cm $= 8,5$ cm, da $\lambda = 0,16$ W/(mK)

$$
\begin{aligned}
C_{\text{wirk Innenputz}} &= 1,0 \cdot 1400 \cdot 0,015 \cdot 46,82 \text{ kJ/K} \\
&= 983,22 \text{ kJ/K} \\
&= 983,22 \text{ kJ/K} \cdot 0,74 \text{ Wh/kJ} \\
&= 728 \text{ Wh/K}
\end{aligned}
$$

Das bedeutet bei der Dicke der Innenputzschicht von 1,5 cm für den Anteil des Mauerwerks:

$$d_i = (3,0 - 1,5) \text{ cm} = 1,5 \text{ cm}$$

Dicke der wirksamen Wärmespeicherfähigkeit bei einer wirksamen Dicke der an Raumluft angrenzenden Bauteilschichten von max. 3 cm.

$$C_{\text{wirk Mauerwerk}} = 416 \text{ Wh/K}.$$

Somit beträgt die wirksame Wärmespeicherfähigkeit für die Außenwand von $A_i = 46,82$ m² und der Masse von 19,2 m³

$$C_{\text{wirk}} = \frac{(728 + 416)\,\text{Wh/K}}{19,2 \text{ m}^3} = 59,6 \text{ Wh/m}^3\text{K}$$

Für eine detaillierte Betrachtung sind Hinweise in DIN EN 13786 oder DIN 4108-9 enthalten.

Die Energieeinsparung durch Absenkung der Temperatur in den Nachtstunden wird beim

–   Heizperiodenverfahren durch einen Faktor $f_{NA} = 0,95$, mit dem die Gradtagzahl multipliziert wird, unabhängig von der Wärmespeicherfähigkeit der Baukonstruktion erfasst
–   Monatsbilanzverfahren über ein detailliertes Berechnungsverfahren ermittelt, wobei die wirksame Wärmespeicherfähigkeit für

- leichte Gebäude mit $C_{wirk.NA} = 12$ Wh/(m³K) · V_e
- schwere Gebäude mit $C_{wirk.NA} = 18$ Wh/(m³K) · V_e

anzusetzen ist, falls nicht eine detaillierte Erfassung erfolgt.

Bei der Bestimmung der Wärmespeicherfähigkeit gemäß dem Ansatz der DIN V 4108-6 ist zu beachten, dass hier nur mit einer wirksamen Dicke an der Raumluft angrenzenden Schichten von höchstens 3 cm gerechnet wird. Die Heizungsunterbrechungsdauer ist bei Wohngebäuden mit 7 Stunden anzusetzen. Bei Büro- und Verwaltungsgebäuden ist aufgrund der verlängerten Absenkung der Temperatur in den Nachtstunden und an den Wochenenden eine verlängerte Heizungsunterbrechungsdauer zu berücksichtigen. DIN V 4108-6 gibt eine äquivalente Absenkdauer an für
− leichte Gebäude mit $t_u = 11$ h
− schwere Gebäude mit $t_u = 10$ h.

Hieraus wird der Vorschlag abgeleitet, bei Büro- und Verwaltungsgebäuden, unabhängig von der Bauart, eine tägliche Nachtabschaltungsdauer von 10 Stunden zu verwenden.
Der Ausnutzungsgrad η ergibt sich dann nach DIN 832 zu

$$\eta = \frac{1-\gamma^a}{1-\gamma^{a+1}} \quad \text{für } \gamma \neq 1$$

$$\eta = \frac{a}{a+1} \quad \text{wenn } \gamma = 1$$

wobei a ein numerischer Parameter ist, der sich wie folgt berechnet

$$a = a_0 + \frac{\tau}{\tau_0}$$

Dabei ist τ die Zeitkonstante. Die Werte a_0 und τ_0 können aus DIN V 4108-6 Tabelle 12 entnommen werden, wobei für monatliche Berechnungsschritte gilt

$$a_0 = 1, \quad \tau_0 = 16$$

Das sommerliche Wärmeverhalten eines Gebäudes wird im wesentlichen geprägt [62] durch

- die äußeren Lasten in Form der Fenstergröße, des Gesamtenergiedurchlassgrades der Verglasung, eventuell des Abminderungsfaktors von Sonnenschutzvorrichtungen sowie des Absorptionsgrades der Außenbauteile und gegebenenfalls des Transmissionsgrades von transluzenten Wärmedämmsystemen sowie der Fassadenorientierung
- die internen Lasten, konvektiv und radiaktiv
- die Lüftungsmöglichkeiten des Gebäudes, besonders zu Zeiten mit tiefen Außenlufttemperaturen, d.h. während der Nacht, und in diesem Zusammenhang der Wärmespeicherfähigkeit der Baukonstruktion. Beide Größen sind eng miteinander verknüpft. So wird eine hohe Wärmespeicherfähigkeit der Baukonstruktion besonders bei der Möglichkeit einer intensiven Nachtlüftung wirksam.
- den baulichen Wärmeschutz. Ein guter baulicher Wärmeschutz mit kleinen Wärmedurchgangskoeffizienten führt bei sinnvollem Nutzerverhalten und üblichen Randbedingungen ebenfalls zu einer Verbesserung der Behaglichkeit im Sommer.

2.7 Jahresheizwärmebedarf nach dem Monatsbilanzverfahren

Der Jahresheizwärmebedarf Q_h ergibt sich aus der Summierung der monatlichen positiven Bedarfswerte $Q_{h, M}$ zu

$$Q_h = \Sigma \left(Q_{I, M} - \eta_M \cdot (Q_{i, M} + Q_{s, M}) \right) \quad \text{in kWh}$$

2.8 Formblätter

Die folgenden Formblätter [65] können zur Berechnung der Nachweise für die Anforderungen nach der Energieeinsparung (EnEV) verwendet werden:

- **Tabelle 2.04**: Wohngebäude mit normalen Innentemperaturen und einem Fensterflächenanteil f ≤ 30%, vereinfachtes Nachweisverfahren

- **Tabelle 2.05**: Gebäude mit niedrigen Innentemperaturen, vereinfachtes Nachweisverfahren

- **Tabelle 2.06**: Wohngebäude, Monatsbilanzverfahren

Tabelle 2.04. Nachweis der Anforderungen nach Energieeinsparverordnung (EnEV) für Wohngebäude mit normalen Innentemperaturen und einem Fensterflächenanteil von $f \leq 30\%$.

Projekt:								
1	**1 Gebäudedaten**							
2	Volumen: $\quad V_e$ = Nutzfläche: $\quad A_N$ = 0,32 • V_e = 0,32 • _____ = $A / V_e \quad$ =							
3	**2 Wärmeverluste**							
4	**2.1 Spezifische Transmissionswärmeverluste H_T**							
5	Bauteil	Kurzbe-zeichnung	Fläche A_i [m²]	Wärmedurch-gangskoeffizient U_i [W/(m²K)]	U_i•A_i [W/K]	Reduktions-faktor $F_{x,i}$ [ ]	$F_{x,i}$•U_i•A_i [W/K]	
6	Außenwand	AW 1.1				1,00		
7		AW 1.2				1,00		
8	Wand gegen Abseitenraum	AW 2.1				0,80		
9		AW 2.2				0,80		
10	Fenster	W 1				1,00		
11		W 2				1,00		
12	Wand und Decke zu unbeheiztem Raum	IB 1.1				0,50		
13		IB 1.2				0,50		
14	Wand und Decke zu unbeheiztem Keller	IB 2.1				0,60		
15		IB 2.2				0,60		
16	Wand und Decke zu Raum mit niedrigen Innentemperaturen [2)]	IB 3.1				0,35		
17		IB 3.2				0,35		
18	Wand und Decke zu Raum mit wesentlich niedrigeren Innen-temperaturen [3)]	IB 4.1				0,50		
19		IB 4.2				0,50		
20	Dach	D 1.1				1,00		
21		D 1.2				1,00		
22	Decke zum nicht ausgebauten Dachraum	DD 1				0,80		
23		DD 2				0,80		
24	Grundfläche und Wand gegen Erdreich bei beheizten Räumen	G 1				0,60		
25		G 2				0,60		
26	**Summe A =**							
27	Wärmebrückenverluste: ΔU_{WB} = 0,05 • A = 0,05 • _____ =					ΔU_{BW} =		
28	**Spezifische Transmissionswärmeverluste:**					**Summe H_T =**		
29	**2.1.1 Nachweis der flächenbezogenen spezifischen Transmissionswärmeverluste H'_T**							
30	Vorhandene flächenbezogene Transmissionswärmeverluste: vorh. H'_T =H_T / A vorh. H'_T = _____ / _____ =					**vorh. H'_T =**		
31	Zulässige flächenbezogene Transmissionswärmeverluste: zul. H'_T = 1,05 $\quad$ bei A / V_e < 0,2 zul. H'_T = 0,3 + 0,15 / (A / V_e) $\quad$ bei 0,2 < A / V_e < 1,05 zul. H'_T = 0,44 $\quad$ bei A / $V_e \geq$ 1,05					**zul. H'_T =**		
32	**Der Nachweis an die flächenbezogenen Transmissionswärmeverluste ist erbracht wenn gilt:** [4)] **vorh. H'_T = $\quad$ W/(m²K) $\leq \quad$ W/(m²K) = zul. H'_T**							

Wird ein Dachgeschoss beheizt, sind bei der Ermittlung des Fensterflächenanteils die Flächen aller Fenster des beheizten Dachgeschosses in die Fensterfläche A_W und die zur wärmeübertragenden Umfassungsfläche gehörenden Dachflächen in die Fläche der Außenwände A_{AW} einzubeziehen. Es gilt: $f = A_W / (A_W + A_{AW})$.

[2)] Als Räume mit niedrigen Innentemperaturen gelten beheizte Bereiche mit 12°C $\leq \vartheta$ < 19°C.

[3)] Als Räume mit wesentlich niedrigeren Innentemperaturen gelten Bereiche mit ϑ < 10°C (aber frostfrei, d.h. mit einer Innentemperatur $\vartheta \geq$ 5°C).

Fortsetzung Tabelle 2.04

33	2.2 Spezifische Lüftungswärmeverluste H_V				
34	Ohne Dichtheitsprüfung: $H_V = 0,19 \cdot V_e = 0,19 \cdot$ _____ = **Spezifische Lüftungswärmeverluste:**			$H_V =$	
35	Mit Dichtheitsprüfung: $H_V = 0,163 \cdot V_e = 0,163 \cdot$ _____ = **Spezifische Lüftungswärmeverluste:**			$H_V =$	
36	3 Wärmegewinne				
37	3.1 Solare Wärmegewinne Q_S				
38	Orientierung	Strahlungs- intensität I_j [kWh/(m²a)]	Gesamtenergie- durchlassgrad g_i [ ]	Fenster- Teilfläche A_i [m²]	$0,567 \cdot I_j \cdot g_i \cdot A_i$ [kWh/a]
39 40	Südost über Süd bis Südwest	270			
41 42	Nordost über Nord bis Nordwest	100			
43 44	Südwest über West bis Nordwest Nordost über Ost bis Südost	155			
45 46	Fenster mit einer Neigung < 30° [5]	225			
47	Solare Wärmegewinne: $Q_S = \Sigma \, (0,567 \cdot I_j \cdot {}_{gi} \cdot A_i)$			Summe $Q_S =$	
48	3.2 Interne Wärmegewinne Q_I				
49	Interne Wärmegewinne: $Q_I = 22 \cdot A_N = 22 \cdot$ _____			$Q_I =$	
50	4 Jahres-Heizwärmebedarf Q_h				
51	Jahres-Heizwärmebedarf: $Q_h = 66 \cdot (H_T + H_V) - 0,95 \cdot (Q_S + Q_I)$ $Q_h = 66 \cdot ($ _____ + _____ $) - 0,95 \cdot ($ _____ + _____ $) \; Q_h =$				
52	5 Jahres-Trinkwarmwasserbedarf Q_w				
53	**Jahres-Trinkwarmwasserbedarf:**			$Q_w =$	12,5
54	6 Anlagenaufwandszahl e_P				
55	**Anlagenaufwandszahl e_P nach DIN V 4701-10:** [6]			$e_P =$	
56	7 Nutzflächenbezogener Jahres-Primärenergiebedarf Q''_P				
57	Vorhandener nutzflächenbezogener Jahres-Primärenergiebedarf: vorh. $Q''_P = ([Q_h + Q_w] \cdot e_P] / A_N$ vorh. $Q''_P = [($ _____ + _____ $) \cdot$ _____ $] /$ _____ =			vorh. $Q''_P =$	
58	Zulässiger nutzflächenbezogener Jahres-Primärenergiebedarf bei Wohnge- bäuden mit überwiegender Warmwasserbereitung aus elektrischem Strom: zul. $Q''_P = 66 + 2600 / (100 + A_N)$ bei $A / V_e < 0,2$ zul. $Q''_P = 50,94 + 75,29 \cdot (A / V_e) + 2600 / (100 + A_N)$ bei $0,2 < A / V_e < 1,05$ zul. $Q''_P = 130 + 2600 / (100 + A_N)$ bei $A / V_e \geq 1,05$			zul. $Q''_P =$	
59	Zulässiger nutzflächenbezogener Jahres-Primärenergiebedarf bei Wohnge- bäuden mit nicht überwiegender Warmwasserbereitung aus elektrischem Strom: zul. $Q''_P = 66 + 2600 / (100 + A_N)$ bei $A / V_e < 0,2$ zul. $Q''_P = 50,94 + 75,29 \cdot (A / V_e) + 2600 / (100 + A_N)$ bei $0,2 < A / V_e < 1,05$ zul. $Q''_P = 130 + 2600 / (100 + A_N)$ bei $A / V_e \geq 1,05$			zul. $Q''_P =$	
60	**Der Nachweis an den Jahres-Primärenergiebedarf ist erbracht wenn gilt:** [4] vorh. $Q''_P =$ _____ kWh/(m²a) $\leq$ _____ kWh/(m²a) = zul. Q''_P				

[4] Der Nachweis nach Energieeinsparverordnung gilt nur dann als erbracht, wenn sowohl die Anforderungen an die flächenbezogenen Transmissionswärmeverluste H'_T nach Zeile 32 als auch die Anforderungen an den nutzflächenbezogenen Jahres-Primärenergiebedarf Q''_P nach Zeile 60 erfüllt werden.

[5] Fenster mit einer Neigung $\geq 30°$ sind hinsichtlich ihrer Orientierung wie senkrecht stehend einzustufen.

[6] e_P kann sowohl nach dem graphischen Verfahren als auch nach dem Tabellenverfahren in DIN V 4701-10 ermittelt werden.

Tabelle 2.05. Nachweis der Anforderungen nach Energieeinsparverordnung (EnEV) für Gebäude mit niedrigen Innentemperaturen.

Projekt:								
1	**1 Gebäudedaten**							
2	Volumen: $\quad V_e\ =$ Nutzfläche: $\quad A_N = 0{,}32 \cdot V_e = 0{,}32 \cdot$ _____ $=$ $A / V_e \qquad =$							
3	**2 Wärmeverluste**							
4	**2.1 Vorhandene spezifische Transmissionswärmeverluste H_T**							
5	Bauteil	Kurzbe-zeichnung	Fläche A_i [m²]	Wärmedurch-gangskoeffizient U_i [W/(m²K)]	$U_i \cdot A_i$ [W/K]	Reduktions-faktor $F_{x,i}$ [ ]		$F_{x,i} \cdot U_i \cdot A_i$ [W/K]
6	Außenwand	AW 1.1				1,00		
7		AW 1.2				1,00		
8	Wand gegen Abseitenraum	AW 2.1				0,80		
9		AW 2.2				0,80		
10	Fenster	W 1				1,00		
11		W 2				1,00		
12	Wand und Decke zu unbeheiztem Raum	IB 1.1				0,50		
13		IB 1.2				0,50		
14	Wand und Decke zu unbeheiztem Keller	IB 2.1				2)		
15		IB 2.2				2)		
16	Wand und Decke zu Raum mit wesentlich niedrigeren Innen-temperaturen 3)	IB 4.1				0,50		
17		IB 4.2				0,50		
18	Dach	D 1.1				1,00		
19		D 1.2				1,00		
20	Decke zum nicht ausgebauten Dachraum	DD 1				0,80		
21		DD 2				0,80		
22	Grundfläche und Wand gegen Erdreich bei beheizten Räumen	G 1				2)		
23		G 2				2)		
24	Summe A =							
25	Wärmebrückenverluste: $\Delta U_{WB} = 0{,}05 \cdot A = 0{,}05 \cdot$ _____ $=$ bei Bauteilen und Anschlüssen analog der Darstellung in Beiblatt 2 zu DIN 4108:1998-08					$\Delta U_{BW} =$		
26	Wärmebrückenverluste: $\Delta U_{WB} = 0{,}10 \cdot A = 0{,}10 \cdot$ _____ $=$ bei Bauteilen und Anschlüssen die nicht Beiblatt 2 zu DIN 4108:1998-08 entspre-chen					$\Delta U_{BW} =$		
27	**Spezifische Transmissionswärmeverluste:** Summe H_T =							
28	**3 Nachweis der zulässigen flächenbezogenen spezifischen Transmissionswärmeverluste H'_T**							
29	Vorhandene flächenbezogene Transmissionswärmeverluste: vorh. $H'_T = H_T / A$ vorh. $H'_T =$ _____ / _____ $=$					vorh. $H'_T =$		
30	Zulässige flächenbezogene Transmissionswärmeverluste: zul. $H'_T = 1{,}03$ $\quad$ bei $A / V_e < 0{,}20$ zul. $H'_T = 0{,}53 + 0{,}10 / (A / V_e)$ $\quad$ bei $0{,}2 < A / V_e < 1{,}00$ zul. $H'_T = 0{,}63$ $\quad$ bei $A / V_e \geq 1{,}00$					zul. $H'_T =$		
31	**Der Nachweis an die flächenbezogenen Transmissionswärmeverluste ist erbracht, wenn gilt:** vorh. $H'_T =$ _____ W/(m²K) $\leq$ _____ W/(m²K) = zul. H'_T							

1) Als Räume mit niedrigen Innentemperaturen gelten beheizte Bereiche mit 12°C $\leq \vartheta < 19$°C.
2) Die Reduktionsfaktoren erdberührter Bauteile sind DIN V 4108-6:2000-11 Tabelle 3 zu entnehmen. Für genauere Berechnungen kann bei erdberühr-ten Bauteilen alternativ zum Produkt $F_{x,i} \cdot U_i \cdot A_i$ auch der harmonische thermische Leitwert L_s nach DIN EN ISO 13370:1998-12 verwendet werden.
3) Als Räume mit wesentlich niedrigeren Innentemperaturen gelten Bereich mit $\vartheta < 10$°C (aber frostfrei, d.h. mit einer Innentemperatur $\vartheta \geq 5$°C)

Tabelle 2.06. Nachweis der Anforderungen nach Energieeinsparverordnung (EnEV) für Wohngebäude nach dem Monatsbilanzverfahren.

Projekt:							
1	**1. Gebäudedaten**						
2	Volumen (Außenmaß) [m³]		$V_e =$				
	Nutzfläche [m²]		$A_N = 0,32 * V_e = 0,32 *$ _____ = _____				
	A/V_e-Verhältnis [1/m]		$A / V_e =$ _____ / _____ =				
3	**2. Wärmeverlust**						
4	**2.1 Transmissionswärmeverlust [W/K]**						
5	Bauteil	Kurzbezeichnung	Fläche A_i [m²]	Wärmedurchgangskoeffizient U_i [W/(m²K)]	$U_i * A_i$ [W/K]	TemperaturKorrekturfaktor F_{xi} [-]	$U_i * A_i * F_{xi}$ [W/K]
6		AW 1				1	
7		AW 2				1	
8	Außenwand	AW 3				1	
9	(Orientierung: siehe Zeilen 60-65)	AW 4				1	
10		AW 5				1	
11		AW 6				1	
12		W 1				1	
13		W 2				1	
14	Fenster	W 3				1	
15	(Orientierung: siehe Zeilen 49-54)	W 4				1	
16		W 5				1	
17		W 6				1	
18	Außentür	T 1				1	
19		D 1				1	
20	Dach	D 2				1	
21	(Orientierung/Neigung: siehe Zeilen 67-70)	D 3				1	
22		D 4				1	
23	Oberste Geschoßdecke	D 5				0,8	
24		D 6				0,8	
25	Wand gegen Abseitenraum	AbW 1				0,8	
26		AbW 2				0,8	
27	Wände, Türen und Decken	AB 1				0,5	
28	zu unbeheizten Räumen	AB 2				0,5	
29		G 1					
30	Kellerdecke zum unbeheizten Keller,	G 2					
31	Fußboden auf Erdreich, Flächen des beheizten	G 3					
32	Kellers gegen Erdreich,	G 4					
33	aufgeständerter Fußboden	G 5					
34	Σ A_i = A =			Spezifischer Transmissionswärmeverlust Σ $U_i * A_i * F_{xi}$ =			

Fortsetzung Tabelle 2.06

35	Wärmebrücken-korrekturwert	pauschal - <u>ohne</u> Berücksichtigung DIN 4108 Bbl. 2		[W/(m²K)] ΔU_{WB} =		
36		optimiert - <u>mit</u> Berücksichtigung DIN 4108 Bbl. 2		[W/(m²K)] ΔU_{WB} =		
37		detailliert - gem. DIN EN ISO 10211-2		[W/(m²K)] ΔU_{WB} =		
38	Transmissionswärmeverlust:	$H_T = \Sigma (U_i * A_i * F_{xi}) + \Delta U_{WB} * A$ $H_T = \underline{} + \underline{} * \underline{}$				H_T =

39	**2.2 Lüftungswärmeverlust [W/K]**		
40	beheiztes Luftvolumen	kleine Gebäude [1]	$V = 0,76 * V_e = 0,76 * \underline{}$ [m³] V =
41		große Gebäude [2]	$V = 0,80 * V_e = 0,80 * \underline{}$ [m³] V =
42	Luftwechselrate	ohne Dichtheitsprüfung	[h^{-1}] n =
43		mit Dichtheitsprüfung, Fensterlüftung und Zu-/Abluftanlagen	[h^{-1}] n =
44		mit Dichtheitsprüfung, Abluftanlagen	[h^{-1}] n =
45	Lüftungswärmeverlust:	$H_V = 0,34$ Wh/(m³K) $* n * V$ $H_V = 0,34 * \underline{} * \underline{}$	H_V =

46	**3. Wärmegewinne**	
47	**3.1 Solare Wärmegewinne transparenter Bauteile $Q_{s,t}$ [kWh/a]**	

	Orientierung/Neigung	Kurzbezeichnung	Fläche A_i [m²]	Gesamtenergie-durchlaßgrad g_i [-]	Ver-schattung [3] $F_S \le 0,9$ [-]	Minderung Rahmen [4] F_F [-]	Strahlungs-intensität $I_{s,i,M}$ [W/m²]
48							
49		W 1			0,9	0,7	
50		W 2			0,9	0,7	
51		W 3			0,9	0,7	Monatswerte werden nicht dargestellt
52		W 4			0,9	0,7	
53		W 5			0,9	0,7	
54		W 6			0,9	0,7	
55	Solare Wärmegewinne über transparente Bauteile:	$\Phi_{s,t,M} = \Sigma (A_i * g_i * F_{S,i} * F_C * F_W * F_F * I_{s,i,M})$				[W] $\Phi_{s,t,M}$ =	Monatswerte
56		$Q_{s,t,M} = \Sigma (0,024 * \Phi_{s,t,M} * t_M)$				$Q_{s,t,M}$ =	Monatswerte

57	**3.2 Solare Wärmegewinne opaker Bauteile $Q_{s,o}$ [kWh/a]**	

	Orientierung/Neigung	Kurzbezeichnung	Fläche A_i [m²]	Strahlungsab-sorptionsgrad [5] α_i [-]	übrige Parmteter $U_i * R_e$ [-]	$F_{f,i}*h*\Delta\theta_{er}$ [W/m²]	Strahlungs-intensität $I_{s,i,M}$ [W/m²]
58							
60		AW 1		0,50			
61		AW 2		0,50			
62		AW 3		0,50			
63		AW 4		0,50			
64		AW 5		0,50			Monatswerte werden nicht dargestellt
65		AW 6		0,50			
66		T 1		0,50			
67		D 1		0,80			
68		D 2		0,80			
69		D 3		0,80			
70		D 4		0,80			
71	Solare Wärmegewinne über opake Bauteile:	$\Phi_{s,o,M} = \Sigma (U_i * A_i * R_e * (\alpha_i * I_{s,i,M} - F_{f,i} * h * \Delta\vartheta_{er}))$				[W] $\Phi_{s,o,M}$ =	Monatswerte
72		$Q_{s,o,M} = \Sigma (0,024 * \Phi_{s,o,Mi} * t_M)$				$Q_{s,o,M}$ =	Monatswerte

73	**3.3 Interne Wärmegewinne Q_i [kWh/a]**	
74	Interne Wärmegewinne: $Q_{i,M} = 0,024 * q_i * A_N * t_M = 0,024 * 5$ W/m² $* A_N * t_M$	$Q_{i,M}$ =	Monatswerte

[1] kleine Gebäude: bis 3 Vollgeschosse (bis 2 WE) und Ein- und Zweifamilienhäuser bis 2 Vollgeschosse (bis 3 WE);   [2] übrige Gebäude

[3] $F_S = 0,9$ für übliche Anwendungsfälle; abweichende Werte soweit mit baulichen Bedingungen Verschattung vorliegt.

[4] Minderungsfaktor infolge Rahmenanteil $F_F = 0,7$, sofern keine genaueren Werte bekannt sind. Weitere Größen $F_C = 1$ und $F_W = 0,9$ gem. EnEV.

[5] Stahlungsabsorptionsgrad $\alpha = 0,5$; für dunkle Dächer kann abweichend $\alpha = 0,8$ angenommen werden.

Fortsetzung Tabelle 2.06

75		4. Wirksame Wärmespeicherfähigkeit [Wh/K]		
76	wirksame	leichte Bauweise [6]	$C_{wirk,\eta} = 15 * V_e = 15 * $ _____	$C_{wirk,\eta} =$
77	Wärmespeicherfähigkeit	schwere Bauweise [6]	$C_{wirk,\eta} = 50 * V_e = 50 * $ _____	$C_{wirk,\eta} =$
78	für Ausnutzungsgrad:	detaillierte Ermittlung [6] - volumenbezogener Wert	[Wh/(m³K)] $C_{wirk,\eta} / V_e =$	
79	wirksame	leichte Bauweise [6]	$C_{wirk,NA} = 12 * V_e = 12 * $ _____	$C_{wirk,NA} =$
80	Wärmespeicherfähigkeit	schwere Bauweise [6]	$C_{wirk,NA} = 18 * V_e = 18 * $ _____	$C_{wirk,NA} =$
81	bei Nachtabschaltung:	detaillierte Ermittlung [6] - volumenbezogener Wert	[Wh/(m³K)] $C_{wirk,NA} / V_e =$	
82		5. Jahres-Heizwärmebedarf [kWh/a]		
83	Wärmeverlust ohne Nachtabschaltung: [7]	$Q_{l,M} = 0,024 * (H_T + H_V) * (19\ °C - \vartheta_{e,M}) * t_M$		$Q_{l,M} =$
84	Wärmeverlust bei 7 h Nachtabschaltung:	gemäß DIN V 4108-6 Anhang C		$Q_{l,M} =$
85	Wärmegewinn-/-verlustverhältnis:	$\gamma_M = (Q_{s,t,M} + Q_{i,M}) / (Q_{l,M} - Q_{s,o,M})$	$[-]\ \gamma_M =$	
86	Ausnutzungsgrad Wärmegewinne:	$\eta_M = (1 - \gamma_M^a) / (1 - \gamma_M^{a+1})$	$[-]\ \eta_M =$	
87	Jahres-Heizwärmebedarf:	$Q_{h,M} = Q_{l,M} - Q_{s,o,M} - \eta_M * (Q_{s,t,M} + Q_{i,M})$	$Q_{h,M} =$	
88		$Q_h = \Sigma\ (Q_{h,M})_{pos.}$	$Q_h =$	
89	Flächenbezogener Jahres-Heizwärmebedarf: [8]	$Q''_h = Q_h / A_N$ $Q''_h = $ _____ / _____	[kWh/(m²a)] $Q''_h =$	
90		6. Spezifischer flächenbezogener Transmissionswärmeverlust [W/(m²K)]		
91	vorhandener spezifischer flächenbezogener Transmissionswärmeverlust: $H'_{T,vorh} = H_T / A = $		$H'_{T,vorh} =$	
92	zulässiger spezifischer flächenbezogener Transmissionswärmeverlust: $H'_{T,max} = 1,05$ $H'_{T,max} = 0,3 + 0,15 / (A/V_e)$ $H'_{T,max} = 0,44$	bei $A/V_e \leq 0,2$ bei $0,2 < A/V_e < 1,05$ bei $A/V_e \geq 1,05$		$H'_{T,max} =$
93	$H'_{T,vorh} = $ _____ W/(m²K) $\leq$ _____ W/(m²K) $= H'_{T,max}$			
94		7. Ermittlung der Primärenergieaufwandszahl gemäß DIN 4701 - 10 Anhang A (Berechnungsblätter) oder Anhang C (Diagramme)		
95	Anlagen-Aufwandszahl (primärenergiebezogen): *Anlagentyp: Anlage 7 - Niedertemperaturkessel, Aufstellung/Verteilung innerhalb thermischer Hülle*		$e_P =$	
96		8. Jahres-Primärenergiebedarf bezogen auf die Gebäudenutzfläche [kWh/(m²a)]		
97	vorhandener Jahres-Primärenergiebedarf:	$Q''_{P,vorh} = e_P * (Q''_h + 12,5)$ $Q''_{P,vorh} = $ _____ * (_____ + 12,5)	$Q''_{P,vorh} =$	
98	zulässiger Jahres-Primärenergiebedarf:			
99	Wohngebäude (außer solche nach Zeile 100) $Q''_{P,max} = 66 + 2600 / (100 + A_N)$ $Q''_{P,max} = 50,94 + 75,29 * A/V_e + 2600 / (100 + A_N)$ $Q''_{P,max} = 130 + 2600 / (100 + A_N)$	bei $A/V_e \leq 0,2$ bei $0,2 < A/V_e < 1,05$ bei $A/V_e \geq 1,05$		$Q''_{P,max} =$
100	Wohngebäude mit überwiegender Warmwasserbereitung aus elektrischem Strom: $Q''_{P,max} = 88$ $Q''_{P,max} = 72,94 + 75,29 * A/V_e$ $Q''_{P,max} = 152$	bei $A/V_e \leq 0,2$ bei $0,2 < A/V_e < 1,05$ bei $A/V_e \geq 1,05$		$Q''_{P,max} =$
101	$Q''_{P,vorh} = $ _____ kWh/(m²a) $\leq$ _____ kWh/(m²a) $= Q''_{P,max}$			

(Monatswerte)

[6] leichte Bauweise: Holztafelbauart ohne massive Innenbauteile, Gebäude mit abgehängten Decken
   schwere Bauweise: Gebäude mit massiven Innen- und Außenbauteilen ohne abgehängte Decken
   detaillierte Ermittlung: wenn alle Innen- und Außenbauteile festgelegt sind. Hier ist der volumenbezogene Wert anzugeben.
[7] Die Berechnung ohne Nachtabschaltung ist eine informative Option und für den Nachweis EnEV nicht zulässig.
[8] Der flächenbezogene Bedarf wird allgemein mit Q" oder mit q gekennzeichnet.

Fortsetzung Tabelle 2.06

Dokumentation weiterer Randbedingungen der Berechnung

Temperatur-Korrekturfaktoren für den unteren Gebäudeabschluß - F_{xi}

Parameter		
Bodengrundfläche A_G [9]		[m²]
Umfang der Bodengrundfläche (Perimeter) P [9]		[m]
Kenngröße $B' = A_G / (0,5 * P)$		[m]
Wärmedurchlaßwiderstand Bodenplatte R_f bzw. der Kellerwand R_w (der ungünstigere Wert) [10]		[m²K/W]
Flächen	Spezifizierung	F_{xi} [-]
G 1	- nicht festgelegt -	
G 2	- nicht festgelegt -	
G 3	- nicht festgelegt -	
G 4	- nicht festgelegt -	
G 5	- nicht festgelegt -	

[9] Angabe nicht notwendig für aufgeständerte Fußböden
[10] Angabe nur notwendig für Flächen des beheizten Kellers und Fußböden auf Erdreich ohne Randdämmung

Monatliche Zwischenergebnisse

Monat	Heizwärmebedarf (Zeile 87) $Q_{h,M} = Q_{l,M} - \eta_M * Q_{g,M}$ $Q_{h,M}$ [kWh/Monat]	Wärmeverlust (bei Nachtabschaltung) abzüglich solarer Wärmegewinne opaker Bauteile (Zeile 84 - Zeile 72) $Q_{l,M}$ [kWh/Monat]	solare Wärmegewinne transparenter Bauteile und interne Wärmegewinne (Zeile 56 + Zeile 74) $Q_{g,M}$ [kWh/Monat]	Ausnutzungsgrad der Wärmegewinne (Zeile 86) η_M [-]
Jan				
Feb				
Mrz				
Apr				
Mai				
Jun				
Jul				
Aug				
Sep				
Okt				
Nov				
Dez				

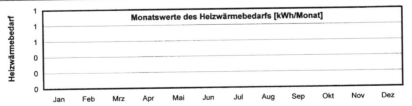

Fortsetzung Tabelle 2.06

Orientierung, Neigung (Bezeichnung)			Länge Höhe [m]	Breite [m]	Anzahl Faktor [Stk]	Teilsumme (Abzug) [m²]	Summe	
Außenwände								m²
								m²
								m²
								m²
								m²
								m²
								m²
								m²
Dach								m²
								m²
								m²
								m²
								m²
								m²
								m²
								m²
								m²
Sonstige	oberste Geschoßdecke (bei unbeheiztem Dachraum)							
								m²
								m²
								m²
								m²
	Wand gegen Abseitenraum							
	(AbW1)							m²
								m²
								m²
	(AbW2)							m²
								m²
	Wände, Decken, Türen und Fenster zu unbeheizten Räumen							
	(AB1)							m²
								m²
								m²
	(AB2)							m²
	Kellerdecke zum unbeh. Keller, Flächen gegen Erdreich							
								m²
								m²
								m²
								m²
								m²
								m²
								m²
								m²

Fortsetzung Tabelle 2.06

Berechnung wärmeübertragender Flächen - außenmaßbezogen

Orientierung, Neigung (Bezeichnung)			Länge Höhe	Breite	Anzahl Faktor	Teilsumme (Abzug)	Summe	
			[m]	[m]	[Stk]	[m²]		
Fensterflächen								m²
								m²
								m²
								m²
								m²
								m²
								m²
								m²
								m²
								m²
								m²
								m²
								m²
								m²
								m²
								m²
								m²
								m²
								m²
								m²
								m²
								m²
								m²
Außenwände								m²
								m²
								m²
								m²
								m²
								m²
								m²
								m²
								m²
								m²
								m²
								m²
								m²
								m²
								m²
								m²
								m²

Fortsetzung Tabelle 2.06

Ermittlung des außenmaßbezogenen beheizten Gebäudevolumens

	Bezeichnung	Länge [m]	Breite [m]	Höhe [m]	Anzahl [Stk]	Teilsumme	Summe	
								[m³]
								[m³]
								[m³]
								[m³]
								[m³]
								[m³]
								[m³]
								[m³]
								[m³]
								[m³]
								[m³]
								[m³]
								[m³]
								[m³]
								[m³]
								[m³]
	Zwischensumme							[m³]
	freie Berechnung sonstiger Volumina							
								[m³]
								[m³]
								[m³]
								[m³]
								[m³]
								[m³]
								[m³]
								[m³]
								[m³]
								[m³]
								[m³]
								[m³]
								[m³]
								[m³]
								[m³]
beh. Gebäudevolumen	**Summe**							**[m³]**

2.9 Einige kritische Anmerkungen

2.9.1 Der nach DIN EN 832 bzw. DIN V 4108-6 ermittelte Jahres- heizwärmebedarf ist keine alleinige Eigenschaft des Gebäudes

Die Arbeiten zur Ermittlung der technischen Verluste der Anlagen- (Heizungstechnische und Raumlufttechnische Anlagen) und Regelungs-Technik in das Verfahren der DIN EN 832 bzw. der DIN EN ISO 13790 führen früher oder später zu der sicheren Erkenntnis, dass bereits die Bestimmung des Heizwärmebedarfs nur zusammen mit einer Festlegung der Nutzung sowie der eingesetzten Anlagen- und Regelungstechnik erfolgen kann!

Die Verluste des Gebäudes sowie der Anlagen- und Regelungstechnik können nur gekoppelt und nicht isoliert voneinander betrachtet werden. Als rein bauliche Eigenschaften sind allein die geometrischen Größen A und V_e, die jeweiligen U-Werte, die Möglichkeiten der passiven Solarenergienutzung über Fenster und die Erfüllung von Dichtheitsanforderungen an die Gebäudehülle zu nennen!

Die Heizperiodenbilanz kann die Präzision des Monatsbilanzverfahrens erreichen, wenn die Heizgrenztemperatur und damit der Bilanzzeitraum immer passend angesetzt wird. Pragmatische Gründe sprechen dafür, für die Berechnung des Heizwärmebedarfs von Gebäuden im Regelfall das Heizperiodenbilanzverfahren zu verwenden. In der EnEV wird das Heizperiodenverfahren leider nur in Form eines vereinfachten Verfahrens zugelassen. Diese Einschränkung ist von der Sache her nicht gerechtfertigt. Die Heizperiodenbilanz ist nicht ungenauer als die Monatsbilanz. Die Abweichungen zum Monatsbilanzverfahren sind minimal, sofern die Heizgrenze ausreichend genau ermittelt wird.

2.9.2 Lüftungswärmebedarf keine alleinige Gebäude- oder Anlagen- eigenschaft

So wie die Gewinne / Verluste von maschinellen Lüftungsanlagen mit/oder ohne Einrichtungen zur Wärmerückgewinnung nicht – wie bisher in DIN EN 832 vorgesehen – einseitig dem Gebäude zugeschrieben werden können, ist eine alleinige Zuordnung der Lüftungstechnik zur Anlagentechnik ebenfalls physikalisch falsch!

Dies zeigt sich alleine schon im Luftwechsel als leider nicht optimale, trotzdem bevorzugt verwendete Berechnungsgröße in DIN V 4108-6 und DIN V 4701-10: Der Luftwechsel ergibt sich aus der Anlageneigenschaft: Bemessungs-Luftvolumenstrom durch die maschinelle Lüftung und der Gebäudeeigenschaft: Volumen des beheizten Raumes, berechnet auf der Basis der Innenmaße. Eine Bilanzierung von Lüftungsanlagen mit Wärmerückgewinnung ist mit geringen Korrekturen nach der Gesamtbilanz gemäß Vorschlag DIN EN 832 möglich, wenn der Wärmerückgewinnungsgrad und der Bemessungs-Luft-Volumenstrom eingeführt werden.

Deshalb kann die Größe „zurückgewonnene Energie" auch weiterhin als Einzelgröße ausgewiesen werden und in DIN EN 832 bzw. zugehörigen nationalen und internationalen Normen für Lüftungsanlagen mit Wärmerückgewinnung genauso wie für Wärmepumpen verwendet werden.

Eine durchgehende Bilanzierung der baulichen und anlagentechnischen Gewinne und Verluste zeigt weiterhin, dass bei einer Wohnungslüftung mit Wärmerückgewinnung, z.B. mit einer nachgeschalteten Wärmepumpe für die Raumheizung und Trinkwassererwärmung, Deckungsanteile am Jahresheizwärmebedarf von theoretisch bis zu 50% möglich sind. Die Bereitschaftszeit der konventionellen Zusatzheizung (Kessel mit statischen Heizflächen) können hierdurch um ca. 25% verringert werden, in gleichem Maße die Verteilerverluste des konventionellen Heizsystems. Hierdurch sind u.a. im kleinen Einfamilienhaus nicht unbeträchtliche Einsparungen möglich, wenn eine funktionierende Regelung sowohl mit der Lüftungs- als auch mit der Heizanlage kommuniziert. Andernfalls sind Mehrverbräuche, wie z.B. in Niedrigenergie-Häusern mit Kombisystemen zu erwarten!

2.9.3 Heizunterbrechungen keine alleinige Gebäude- oder Anlageneigenschaft

Gleiche Verhältnisse ergeben sich für den Einfluss von Heizunterbrechungen. Ihre Wirkung auf die Höhe des Heizwärmebedarfs ist in gleichem Maße von baulichen (Schwere des Gebäudes) als auch von regelungstechnischen (Einzelraumregelung, optimierte Schnellaufheizung) und anlagentechnischen Einflüssen (Aufheizpotential von Wärmeerzeuger und Heizflächen) abhängig.

2.9.4 Bedarfsgeführte Regelung gleichberechtigt zu anderen Maßnahmen

Der Einsatz von bedarfsgeführten Regeleinrichtungen (zentral und/oder dezentral) führt über die Einflussgrößen mittlere Rauminnentemperatur und effektive Heizzeit in gleichem Maße zu Verminderungen des Heizwärmebedarfs wie eine bedarfsgeführte Lüftung durch veränderte mittlere Luftvolumenströme bzw. Luftwechsel. Sie ist deshalb gleichberechtigt in das Verfahren der DIN V 4701-10 und die EnEV einzubeziehen!

2.9.5 Einfache Primärenergiebewertung auf Basis der Heizenergiebilanz und mit Primärenergiefaktoren

Die in der EnEV vorgesehene Plafonierung, d.h. „Deckelung" des Jahresheizwärmebedarfs auf 92% des Heizenergiebedarfs in Standardfällen sollte durch eine einfache Begrenzung der U-Werte in Abhängigkeit vom A/V_e-Verhältnis (unter Berücksichtigung von Wärmebrücken) ergänzt durch die Berücksichtigung solarer Wärmegewinne und durch Anforderungen an die Dichtheit der Gebäude ersetzt werden.

Die Berechnung des Primärenergieaufwands kann konsequent in das Verfahren der EnEV und der DIN V 4701-10 einbezogen worden.

3 Übersicht Jahresheizwärmebedarf

Die prinzipielle Vorgehensweise beim Energieeinsparungsnachweis wird im folgenden Abschnitt nach einem Vorschlag von *Winfried Henneke* (Universität Kaiserslautern) zusammenfassend für den Jahresheizwärmebedarf nach DIN V 4108-6 erläutert. Alle einzelnen Berechnungsschritte werden mit den Gleichungen dargestellt.

Diese Erläuterung soll dem Anwender einen Überblick bieten für die Nachweisführung für neu zu errichtende Gebäude nach der „Verordnung über einen energiesparenden Wärmeschutz und energiesparende Anlagentechnik bei Gebäuden (Energieeinsparverordnung – EnEV) und DIN V 4108-6 Anhang D (bezogen auf den öffentlich-rechtlichen Nachweis). Die Übersicht ist schematisch abgefasst und verdeutlicht, wann Entscheidungen zu treffen sind.

Vor Beginn der Nachweisführung ist das Gebäude einschließlich der notwendigen Installationen vorzustellen. Dem schließt sich die Bewertung des baulichen Wärmeschutzes an und zwar durch die beiden zulässigen Verfahren. Prinzipiell wird bei der Darstellung alternativer Verfahren mit dem einfacheren begonnen und dem komplizierten fortgesetzt, wobei die Erläuterungen aufeinander aufbauen. D.h. wiederkehrende Zusammenhänge werden beim erstmaligen Auftreten erörtert und späteren Ausführungen weitgehend vorrausgesetzt. Dadurch sollen die Beschreibungen in einem möglichst überschaubaren Rahmen bleiben. Es folgt ein Vergleich der Ergebnisse der alternativen Verfahren zur Gebäudebewertung untereinander und die Gegenüberstellung zu den Forderungen der EnEV.

Jahresheizwärmebedarf

Grundlagen

Allgemeines:

Die Berechnung erfolgt nach DIN V 4108-6: 2000-11 mit den in Anhang D genannten Randbedingungen. Bei Unklarheiten, Fehlern und in anderen Einzelfällen ist auf DIN EN 832 zurückzugreifen. Die Angaben der EnEV in Anhang 1 sind zu beachten. *Vereinfachungen in Bezug auf den Nachweis nach der EnEV ergeben sich z. B. durch:*

- die Nutzung von regenerativen Energieen oder Kraft-Wärme-Kopplung zur Beheizung, wenn der Anteil mindestens 70 % beträgt
  ⇒ nur der spezifische, auf die wärmeübertragende Umfassungsfläche bezogene Transmissionswärmeverlust H_T' muss eingehalten werden
- Beheizung mit Einzelfeuerstätten
  ⇒ H_T' darf 76% des maximalen Wertes nicht überschreiten
- beheiztes Gebäudevolumen ≤ 100m³
  ⇒ maximale Wärmedurchgangskoeffizienten nach Anhang 3 Tabelle 1

Eingangswerte:

Aussenabmessungen des gesamten Gebäudes sowie Abmessungen besonderer Bauteile wie z.B. Wintergarten. Im übrigen wird immer aussenmassbezogen gearbeitet, es sei denn es ist anderes vermerkt

Ermittlung der wärmeübertragenden Umfassungsfläche A in m² nach Anhang B der DIN EN ISO 13789: 1999-10 für den Fall Aussenabmessungen. Die zu berücksichtigende Fläche ist mindestens die äussere Begrenzung einer abgeschlossenen beheizten Zone (Ein-Zonen-Modell)

Das beheizte Gebäudevolumen V_e in m³ ist das Volumen, das von der ermittelten wärmeübertragenden Umfassungsfläche A umschlossen wird

Die Gebäudenutzfläche A_N wird bei Wohngebäuden wie folgt ermittelt: $A_N = 0,32 \cdot V_e$

Ermittlung des beheizten Luftvolumens V:
$$V = 0,76 \cdot V_e \text{ (bei Gebäuden bis 3 Vollgeschosse)}$$
$$V = 0,80 \cdot V_e \text{ (in allen übrigen Fällen)}$$

Bei aneinander gereihter Bebauung werden Gebäudetrennwände, in Bezug auf Transmission, zu Gebäuden mit:
- normalen Innentemperaturen nicht berücksichtigt
- niedrigen Innentemperaturen mit einem Temperaturkorrekturfaktor F_u nach DIN 4108-6 gewichtet
- wesentlich niedrigeren Innentemperaturen mit einem Temperaturkorrekturfaktor $F_u = 0,5$ beaufschlagt

Faktoren entstammen der EnEV

Transmissionswärmeverlust

$$H_T = \sum F_x \cdot U_i \cdot A_i + H_{WB} + \Delta H_{T,FH}$$

Allgemein

Berechnung von H_T nach Abschnitt 6.1.1 DIN V 4108-6 mittels
Temperaturkorrekturfaktoren für alle Bauteile

↓

Vorwerte

Ermittlung aller Einzelflächen A_i der abgeschlossenen beheizten Zone
sowie der zugehörigen Werte U_i nach DIN EN ISO 6946 bzw. DIN EN
ISO 10077-1 bei Fenstern
Alle Flächen werden **aussenmassbezogen** ermittelt
Werden Öffnungen abgezogen, so erfolgt dies mit den Rohbaumaßen

siehe DIN 13789 für Definition abgeschlossene beheizte Zone
Beachte EnEV Anhang1 2.7 für aneinandergereihte Bebauung

↓

F_x

Alle Bauteile werden mit Temperaturkorrekturfaktoren F_x aus Tabelle 3
DIN 4108-6 beaufschlagt
Zur Ermittlung der F_x - Werte für erdreichberührte Bauteile ist die
Berechnung des charakteristische Maßes der Bodenplatte B' sowie der
Wärmedurchlasswiderstände des Kellerbodens R_f und der
Kelleraussenwände R_w erforderlich
$B' = A_G/(P/2)$
mit: A_G Bodengrundfläche
      P Umfang Bodengrundfläche

Ermittlung von B' mit Aussenmaßen

↓

H_{WB}

Der spezifische Wärmeverlust H_{WB} infolge Wärmebrücken lässt sich
auf folgende Weise berücksichtigen s.a. EnEV Anlage 1 Punkt 2.5 :
1.   Berechnung
     $H_{WB} = \psi \cdot l$
     mit: ψ längenbezogener Wärmedurchgangskoeffizient
                     (kann Wärmebrückenkatalogen entnommen
                     werden)
            l Länge der betrachteten Wärmebrücke
2.   Pauschale Berücksichtigung unter Verwendung von DIN 4108
     Bbl.2
     $H_{WB} = \Delta U_{WB} \cdot A$
     mit: ΔU_{WB} = 0,05 W/(m²·K)
            A Hüllfläche des Gebäudes
3.   Ohne Verwendung von DIN 4108 Bbl.2
     $H_{WB} = \Delta U_{WB} \cdot A$
     mit: ΔU_{WB} = 0,1 W/(m²·K)
            A Hüllfläche des Gebäudes

↓

Spezifischer Transmissionswärmeverlust für Aussenbauteile mit
Flächenheizung. Die Berechnung erfolgt nach Kapitel 6.1.4 DIN V 4108-6

↓

Überprüfung der Anforderung nach EnEV Tabelle 1, Spalte 5 oder 6

$H_T' = H_T/A$

mit: H_T' spezifischer, auf die wärmeübertragende
Umfassungsfläche bezogener
Transmissionswärmeverlust
H_T Transmissionswärmeverlust
A wärmeübertragende Umfassungsfläche nach
EnEV Anhang 1 Punkt 1.3.1

Umrechnung auf kWh/Monat

$$Q_{Tb,M} = 0,024 \cdot H_T \cdot (\theta_i - \theta_{e,M}) \cdot t_M$$

Formel (21) DIN V 4108-6

mit: $Q_{Tb,M}$ monatlicher Bruttowärmeverlust durch
Transmission in kWh
0,024 24/1000 ist der Umrechnungsfaktor von Wd auf
kWh
H_T spezifischer Transmissionswärmeverlust
θ_i Die Innenlufttemperatur in °C beträgt laut
Anhang D der DIN V 4108-6 19°C
$\theta_{e,M}$ Die durchschnittliche monatliche
Aussenlufttemperatur in °C. Sie ist Anhang D.5
der DIN V 4108-6 zu entnehmen
t_M Die Anzahl der Tage des Monats

Lüftungswärmeverlust

$$H_V = (V \cdot n + V_{ue} \cdot n_{ue}) \cdot \rho_a \cdot c_a$$

Allgemein

Berechnung mit den Randbedingungen aus Anhang D der
DIN V 4108-6; Berechnungsformel siehe 5.2.1 in DIN EN 832.

beachte EnEV Anhang 1 Punkt 2.10

Vorwerte

V	beheiztes Luftvolumen

$V = 0{,}76 \cdot V_e$ bei Gebäuden bis drei Vollgeschossen mit
nicht mehr als zwei Wohnungen, Ein- und
Zweifamilienhäusern bis 2 Vollgeschossen
und 3 Wohneinheiten

$V = 0{,}80 \cdot V_e$ in den übrigen Fällen

V_e beheiztes Gebäudevolumen laut EnEV
Anhang 1

V_{ue} unbeheiztes Gebäudevolumen

n_{ue} Luftrate zwischen unbeheiztem Gebäudevolumen
und der Aussenumgebung
$n_{ue} = 0{,}5$ laut Anhang D der DIN V 4108-6: 2000-11

$\rho_a \cdot c_a$ wirksame Wärmespeicherfähigkeit der Luft
$\rho_a \cdot c_a = 0{,}34$ Wh/(m³K) laut DIN EN 832

n; n_{ue}

n   Luftwechsel beheizter Räume

n_{ue} Luftwechsel unbeheizter Räume: $n_{ue} = 0{,}5$

n_{ue} laut Anhang D

Freie Lüftung	Mechanische Lüftung

Ohne Nachweis der Luftdichtheit	Mit Nachweis der Luftdichtheit	$n = n_A \cdot (1 - \eta_V) + n_x$ mit: $n_A = 0{,}4 h^{-1}$, $\eta_V = 0$, $n_x = 0{,}2$ für Zu-und Abluft-anlagen 0,15 für Abluft-anlagen
$n = 0{,}7$	$n = 0{,}6$	

andere Anlagenluftwechsel n_A und die Wärmerückgewinnung werden bei der Berechnung des
Primärenergiefaktors e_P nach DIN V 4701-10 berücksichtigt   ==> $n_A = 0{,}4$
$\eta_V = 0$

↓

Umrechnung auf kWh/Monat

$$Q_{Vb,M} = 0{,}024 \cdot H_V \cdot (\theta_i - \theta_{e,M}) \cdot t_M$$

Formel (21) DIN V 4108-6

mit:	$Q_{Vb,M}$	monatlicher Bruttowärmeverlust durch Lüftung in kWh
	0,024	24/1000 ist der Umrechnungsfaktor von Wd auf kWh
	H_V	spezifischer Lüftungswärmeverlust
	θ_i	Die Innenlufttemperatur in °C beträgt laut Anhang D der DIN V 4108-6 19°C
	$\theta_{e,M}$	*Die durchschnittliche monatliche Aussenlufttemperatur in°C. Sie ist Anhang D.5 der DIN V 4108-6 zu entnehmen*
	t_M	Die Anzahl der Tage des Monats

Der gesamte Bruttowärmeverlust $Q_{lb,M}$ errechnet sich nach:

$$Q_{lb,M} = Q_{Tb,M} + Q_{Vb,M}$$

mit:	$Q_{Tb,M}$	monatlicher Bruttowärmeverlust durch Transmission in kWh
	$Q_{Vb,M}$	monatlicher Bruttowärmeverlust durch Lüftung in kWh

Interner Wärmegewinn

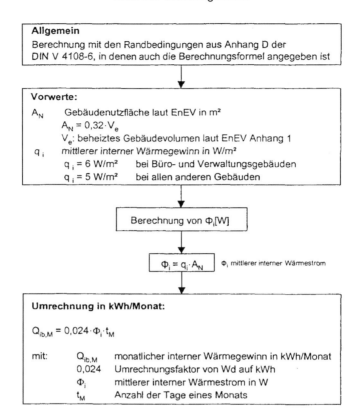

Allgemein
Berechnung mit den Randbedingungen aus Anhang D der
DIN V 4108-6, in denen auch die Berechnungsformel angegeben ist

Vorwerte:

A_N Gebäudenutzfläche laut EnEV in m²
        $A_N = 0,32 \cdot V_e$
        V_e: beheiztes Gebäudevolumen laut EnEV Anhang 1
q_i mittlerer interner Wärmegewinn in W/m²
        $q_i = 6$ W/m²   bei Büro- und Verwaltungsgebäuden
        $q_i = 5$ W/m²   bei allen anderen Gebäuden

Berechnung von Φ_i[W]

$\Phi_i = q_i \cdot A_N$ Φ_i mittlerer interner Wärmestrom

Umrechnung in kWh/Monat:

$Q_{ib,M} = 0,024 \cdot \Phi_i \cdot t_M$

mit: $Q_{ib,M}$ monatlicher interner Wärmegewinn in kWh/Monat
        0,024   Umrechnungsfaktor von Wd auf kWh
        Φ_i mittlerer interner Wärmestrom in W
        t_M Anzahl der Tage eines Monats

Solarer Wärmegewinn durch Fenster

Allgemeines:

Die Berechnung der monatlichen Bruttowerte der solaren Wärmegewinne über die Fenster $Q_{SWb,M}$ erfolgt nach DIN V 4108-6 Kapitel 6.4.1 sowie 6.4.2 mit den in Anhang D derselben Norm angegebenen Randbedingungen.

Als Eingangswert wird g_{senkr} der Verglasung benötigt

g_{senkr} aus Tabelle 6 DIN V 4108-6, Zulassung oder DIN EN 410

A_S:

$$A_S = A \cdot F_S \cdot F_C \cdot F_F \cdot g \quad \text{mit:}$$

A_S	effektive Kollektorfläche
A	Bruttofläche der strahlungsaufnehmenden Oberfläche (z.B. Fensterfläche)
F_S	Abminderungsfaktor für Verschattung. Laut Anhang D DIN V 4108-6 ist $F_S = 0,9$ für übliche Anwendungsfälle. Falls mit baulichen Bedingungen Verschattung vorliegt ist F_S folgendermaßen zu ermitteln: $F_S = F_o \cdot F_f \cdot F_h$ Die Faktoren F_o, F_f sowie F_h sind den Tabellen 9 bis 11 der DIN V 4108-6 zu entnehmen
F_C	Abminderungsfaktor für Sonnenschutzvorrichtungen. Nach Anhang D DIN V 4108-6 ist $F_C = 1,0$
F_F	Abminderungsfaktor für den Rahmenanteil, welcher dem Verhältnis der durchsichtigen Fläche zur Gesamtfläche der verglasten Einheit entspricht. Sofern keine genaueren Werte bekannt sind, wird $F_F = 0,7$ gesetzt
g	Gesamtenergiedurchlassgrad $g = F_W \cdot g_{senkr.}$ mit: F_W Abminderungsfaktor infolge nicht senkrechten Strahlungseinfalls. Laut Anhang D DIN V 4108-6 ist $F_W = 0,9$ $g_{senkr.}$ Der Gesamtenergiedurchlassgrad bei senkrechtem Strahlungseinfall nach Tabelle 6 oder Herstellerangaben

Zur weiteren Berechnung empfiehlt es sich die Faktoren $F_S \cdot F_C \cdot F_F \cdot g$ zu einem gemeinsamen Faktor x zusammenzufassen

x nicht aus Norm

Fenster

Zusammenstellung aller Bruttofensterflächen mit den jeweiligen Orientierungen. Soweit es sich um gleiche Fenstertypen handelt, können Fensterflächen gleicher Orientierung zusammengefasst werden. Eine *Unterscheidung muss getroffen werden, sobald ein Gebäude um mehr als 22,5 Grad gegenüber der jeweiligen Haupthimmelsrichtungen verdreht ist.* Sollte das Gebäude um genau 22,5 Grad verdreht sein, so ist der geringere Wert anzunehmen. Es werden nicht nur Strahlungsintensitäten für die Himmelsrichtungen Nord, Süd, West und Ost angegeben, sondern auch für die Zwischenhimmelsrichtungen Nordwest, Nordost,Südost und Südwest. Die Strahlungsintensitäten werden ausserdem noch für verschiedene horizontale Neigungen angegeben. In Grenzfällen ist der kleinere Wert zu wählen

I_S

Die Strahlungsintensitäten I_S sind je nach Orientierung und Neigung eines Bauteils der Tabelle D.5 dem Anhang D der DIN V 4108-6 zu entnehmen

Unbeheizte Räume

Solare Wärmegewinne in unbeheizten Räumen werden mit einem Faktor F_u = 0,5 multipliziert und dann zu den solaren Wärmegewinnen der beheizten Räume addiert.

Wintergärten werden separat berechnet

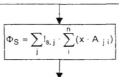

$$\Phi_S = \sum_j I_{s,j} \cdot \sum_i^n (x \cdot A_{j\,i})$$

Φ_S	solarer Wärmestrom in W
I_s	Referenzwert der Sonnenstrahlungsintensität nach DIN V 4108-6 Anhang D Tabelle D.5, abhängig von Bauteil und Orientierung in W/m²
x	Produkt der im Unterpunkt A_S ermittelten Faktoren ausser A
A	Bruttofensterflächen

Umrechnung in kWh/Monat

Die Umrechnung erfolgt mittels Formel 21 aus DIN V 4108-6:

$Q_{SWb,M} = 0,024 \cdot \Phi_{S,M} \cdot t_M$

mit:		
	$Q_{SWb,M}$	monatlichem solarem Bruttowärmegewinn in kWh/Monat
	0,024	Umrechnungsfaktor von Wd auf kWh
	$\Phi_{S,M}$	mittlerer solarer Wärmestrom in W
	t_M	Anzahl der Tage eines Monats

Solarer Wärmegewinn durch Wintergarten

Allgemeines

- Glasvorbau muss von beheizter Zone abgetrennt sein
- Wintergarten darf nicht beheizt sein
- Eingangsdaten: g_{senkr} der Wintergartenverglasung
                g_{senkr} der Verglasung zwischen beheizter Zone und Wintergarten
- Grundlage der Kalkulation ist Kapitel 6.4.4 in DIN V 4108-6 unter Berücksichtigung der in Anhang D genannten Randbedingungen

g_{senkr} aus Tabelle 6 DIN V 4108-6 oder DIN EN 410

$Q_{Sd,M}$

Q_{Sd} ist der direkte Wärmegewinn durch die Trennwand zwischen Wintergarten und beheizter Zone

$$Q_{Sd,M} = 0{,}024 \cdot I_p \cdot F_S \cdot F_{ce} \cdot F_{Fe} \cdot g_e \cdot (F_{Cw} \cdot F_{Fw} \cdot g_w \cdot A_w + \alpha_{sp} \cdot A_p \cdot U_p/U_{pe}) \cdot t$$

0,024	24/1000 ist der Faktor zur Umrechnung von Wd in kWh
I_p	mittlere solare Strahlungsintensität auf die Trennwand abhängig von der Orientierung und dem Monat. Die Daten sind aus Anhang D DIN V 4108-6 zu entnehmen
F_S	Abminderungsfaktor für Verschattung. Laut Anhang D DIN V 4108-6 ist **$F_S = 0{,}9$** für übliche Anwendungsfälle. Falls mit baulichen Bedingungen Verschattung vorliegt ist F_S folgendermaßen zu ermitteln: $F_S = F_o \cdot F_f \cdot F_h$ Die Faktoren F_o, F_f sowie F_h sind den Tabellen 9 bis 11 der DIN V 4108-6 zu entnehmen
F_{ce}	Abminderungsfaktor für Sonnenschutzvorrichtungen. Nach Anhang D DIN V 4108-6 ist **$F_C = 1{,}0$**
F_{Fe}	Abminderungsfaktor für den Rahmenanteil, welcher dem Verhältnis der durchsichtigen Fläche zur Gesamtfläche der verglasten Einheit entspricht. Sofern keine genaueren Werte bekannt sind, wird **$F_F = 0{,}7$** gesetzt
g_e	wirksamer Gesamtenergiedurchlassgrad der Wintergartenverglasung $g_e = F_W \cdot g_{senkr}$ mit $F_W = 0{,}9$ (Abminderungsfaktor infolge nicht senkrechter Einstrahlung) laut Anhang D DIN V 4108-6
F_{Cw}	Abminderungsfaktor für Sonnenschutzvorrichtungen. Laut Anhang D DIN V 4108-6 ist **$F_C = 1{,}0$**
F_{Fw}	Abminderungsfaktor für den Rahmenanteil, welcher dem Verhältnis der durchsichtigen Fläche zur Gesamtfläche der verglasten Einheit entspricht. Sofern keine genaueren Werte bekannt sind, wird **$F_F = 0{,}7$** gesetzt
g_w	wirksamer Gesamtenergiedurchlassgrad der Verglasung zwischen Wintergarten und beheizter Zone. $g_w = F_W \cdot g_{senkr}$ mit $F_W = 0{,}9$ (Abminderungsfaktor infolge nicht senkrechter Einstrahlung)
A_w	Fensterfläche zwischen Wintergarten und beheizter Zone

α_{sp}	solarer Absorptionsgrad der nicht transparenten Trennfläche zwischen beheizter Zone und Wintergarten. Diese Werte sind Tabelle 8 in DIN V 4108-6 zu entnehmen
A_p	Fläche der Wand zwischen beheizter Zone und Wintergarten
U_p/U_{pe}	Verhältnis der Wärmedurchgangskoeffizienten der opaken Wand zwischen beheizter Zone und Wintergarten (U_p) sowie zwischen der absorbierenden Oberfläche der opaken Trennwand und dem Wintergarten (U_{pe})

Zur weiteren Berechnung empfiehlt es sich, alle bekannten Werte zu einem Faktor y zusammenzufassen, so dass die Gleichung folgendermaßen aussieht:

y nicht aus Norm

$$Q_{Sd,M} = 0{,}024 \cdot y \cdot I_p \cdot t \qquad \text{[kWh/Monat]}$$

$Q_{si,M}$:

$Q_{si,M}$ ist der indirekte Wärmegewinn aus dem durch die Sonne beheizten Wintergarten.

$$Q_{Si,M} = 0{,}024 \cdot (1-F_u) \cdot F_S \cdot F_{ce} \cdot F_{Fe} \cdot g_e \cdot [\, \Sigma(I_{sj} \cdot \sigma_{sj} \cdot A_j) - I_p \cdot \sigma_{sp} \cdot A_p \cdot U_p/U_{pe}] \cdot t$$

0,024	24/1000 ist der Faktor zur Umrechnung von Wd in kWh
F_u	Temperatur-Korrekturfaktor für unbeheizte Nebenräume abhängig von der Wintergartenverglasung:
	F_u=0,8 bei Einfachverglasung
	F_u=0,7 bei Zweischeibenverglasung
	F_u=0,5 bei Wärmeschutzverglasung
F_S	Abminderungsfaktor für Verschattung. Laut Anhang D DIN V 4108-6 ist F_S = 0,9 für übliche Anwendungsfälle. Falls mit baulichen Bedingungen Verschattung vorliegt ist F_S folgendermaßen zu ermitteln:
	$F_S=F_o \cdot F_f \cdot F_h$
	Die Faktoren F_o, F_f sowie F_h sind den Tabellen 9 bis 11 der DIN V 4108-6 zu entnehmen
F_{ce}	Abminderungsfaktor für Sonnenschutzvorrichtungen. Laut Anhang D DIN V 4108-6 ist F_C = 1,0
F_{Fe}	Abminderungsfaktor für den Rahmenanteil, welcher dem Verhältnis der durchsichtigen Fläche zur Gesamtfläche der verglasten Einheit entspricht. Sofern keine genaueren Werte bekannt sind, wird F_F=0,7 gesetzt
g_e	wirksamer Gesamtenergiedurchlassgrad der Wintergartenverglasung
	$g_e = F_W \cdot g_{senkr}$
	mit F_W=0,9 (Abminderungsfaktor infolge nicht senkrechter Einstrahlung)
I_{sj}	mittlere solare Strahlungsintensität auf die Fläche i abhängig von der Orientierung und dem Monat. Die Daten sind aus Anhang D DIN V 4108-6 zu entnehmen

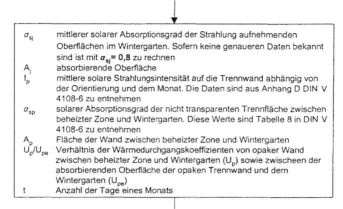

σ_{sj}	mittlerer solarer Absorptionsgrad der Strahlung aufnehmenden Oberflächen im Wintergarten. Sofern keine genaueren Daten bekannt sind ist mit $\sigma_{sj}= 0,8$ zu rechnen
A_j	absorbierende Oberfläche
I_p	mittlere solare Strahlungsintensität auf die Trennwand abhängig von der Orientierung und dem Monat. Die Daten sind aus Anhang D DIN V 4108-6 zu entnehmen
σ_{sp}	solarer Absorptionsgrad der nicht transparenten Trennfläche zwischen beheizter Zone und Wintergarten. Diese Werte sind Tabelle 8 in DIN V 4108-6 zu entnehmen
A_p	Fläche der Wand zwischen beheizter Zone und Wintergarten
U_p/U_{pe}	Verhältnis der Wärmedurchgangskoeffizienten von opaker Wand zwischen beheizter Zone und Wintergarten (U_p) sowie zwischeen der absorbierenden Oberfläche der opaken Trennwand und dem Wintergarten (U_{pe})
t	Anzahl der Tage eines Monats

Zur weiteren Berechnung empfiehlt es sich, alle bekannten Werte zu den Faktoren a,b und c (nicht aus der Norm) zusammenzufassen, so dass die Gleichung folgendermaßen aussieht:

$$Q_{si,M} = 0,024 \cdot a \cdot (b \cdot I_s - c \cdot I_p) \cdot t \qquad [kWh/Monat]$$

Bruttowärmegewinne

Der gesamte Bruttowärmegewinn $Q_{gb,M}$ errechnet sich nach:

$$Q_{gb,M} = Q_{ib,M} + Q_{SWb,M} + Q_{SWgb,M}$$

mit: $Q_{ib,M}$ monatlicher Bruttowert der internen Wärmegewinne in kWh

$Q_{SWb,M}$ monatlicher Bruttowert der solaren Wärmegewinne über die Fenster in kWh

$Q_{SWgb,M}$ monatlicher Bruttowert der solaren Wärmegewinne über den Wintergarten in kWh

Nachtabschaltung der Heizung

Vorgaben

Die Berechnung erfolgt nach Anhang C der DIN V 4108-6 mit den in Anhang D aufgeführten Randbedingungen:

- Abschaltbetrieb
- Zeitgeregelter Aufheizbetrieb
- Länge des Heizunterbrechungszeitraums: t_u=7h (Wohngebäude)
                                                        t_u=10h (Bürogebäude)
- wirksame Wärmespeicherfähigkeit:
      $C_{wirk,NA}$=12 Wh/(m³·K)·V_e für leichte Gebäude
      $C_{wirk,NA}$=18 Wh/(m³·K)·V_e für schwere Gebäude
      Definition:Siehe Kapitel 6.5.2 DIN V 4108-6
- H_{sb}: spezifischer Wärmeverlust während der
  Heizunterbrechungsphase
  Sofern keine anderen Luftwechselraten zugrunde gelegt werden
  kann mit H_{sb}=H=H_T+H_V gerechnet werden.
  H_T+H_V können den Kapiteln Transmission und Lüftung entnommen werden

$$H_{ic}=4A_N/0,13 \ (m^2 \cdot K)/W$$

H_W ist der spezifische Wärmeverlust aller leichten Bauteie, wie z.B.Fenster und Türen:
$$H_W=\Sigma(U_i \cdot A_i)$$

H_V ist der spezifische Wärmeverlust der Lüftung

$$\zeta=H_{ic}/(H_{ic}+H_{ce})$$

$$H_{ce}=[H_{ic} \cdot (H_{sb}-H_d)]/[H_{ic}-(H_{sb}-H_d)]$$

$$H_d=H_W+H_V$$

$$\xi=H_{ic}/(H_{ic}+H_d)$$

$$\tau_p=(\zeta \cdot C_{wirk,NA})/(\xi \cdot H_{sb})$$

$$\tau_T=(\zeta \cdot C_{wirk,NA})/(H_{ce}+H_{ic})$$

$$\Phi_{pp}=1,5 \cdot (H_T+H_V) \cdot 31K$$

$$\theta_{csb}=\theta_e+\zeta \cdot (\theta_{isb}-\theta_e)$$

$$\theta_{co}=\theta_e+\zeta \cdot (\theta_{io}-\theta_e)$$

$$\theta_{ipp}=\theta_e+(\Phi_{pp}+\Phi_g)/H_{sb}$$

$$\theta_{cpp}=\theta_e+\zeta(\theta_{ipp}-\theta_e)$$

$$\theta_{inh}=\theta_e$$

$$\theta_{i1}=\theta_{inh}+\xi(\theta_{co}-\theta_{cnh}) \cdot exp[-(t_{nh}/\tau_p)]$$

$$t_{nh}=t_u$$

$$\theta_{cnh}=\theta_e+\zeta(\theta_{inh}-\theta_e)$$

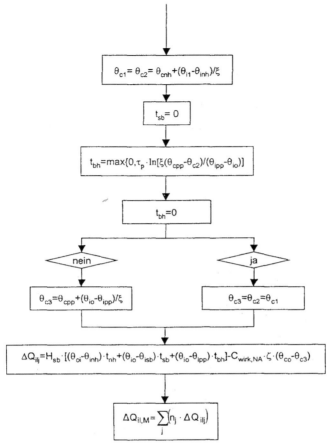

$$\theta_{c1} = \theta_{c2} = \theta_{cnh} + (\theta_{i1} - \theta_{inh})/\xi$$

$$t_{sb} = 0$$

$$t_{bh} = \max\{0, \tau_p \cdot \ln[\xi(\theta_{cpp} - \theta_{c2})/(\theta_{ipp} - \theta_{io})]\}$$

$$t_{bh} = 0$$

nein   ja

$$\theta_{c3} = \theta_{cpp} + (\theta_{io} - \theta_{ipp})/\xi \qquad\qquad \theta_{c3} = \theta_{c2} = \theta_{c1}$$

$$\Delta Q_{ilj} = H_{sb} \cdot [(\theta_{oi} - \theta_{inh}) \cdot t_{nh} + (\theta_{io} - \theta_{isb}) \cdot t_{sb} + (\theta_{io} - \theta_{ipp}) \cdot t_{bh}] - C_{wirk,NA} \cdot \zeta \cdot (\theta_{co} - \theta_{c3})$$

$$\Delta Q_{il,M} = \sum_j \left(n_j \cdot \Delta Q_{ilj} \right)$$

n_j ist die Anzahl der Tage eines Monats

Nettowärmeverluste

$Q_{Tn,M}$:

Da die Werte ΔQ_{il} nicht getrennt für Transmission und Lüftung berechnet
wurden, erfolgt deren Aufteilung folgendermaßen:

$$Q_{Tn,M} = Q_{Tb,M} - (Q_{Tb,M} / Q_{lb,M}) \cdot \Delta Q_{il, M}$$

mit:
- $Q_{Tn,M}$ Nettowert der monatlichen Transmissionswärmeverluste in kWh
- $Q_{Tb,M}$ monatlicher Bruttowärmeverlust durch Transmission in kWh
- $Q_{lb,M}$ monatlicher Bruttowärmeverlust durch Transmission und Lüftung in kWh
- ΔQ_{il} Reduzierung des Wärmeverlustes durch Heizungsabschaltung

$Q_{Vn,M}$:

Erläuterungen siehe oben

$$Q_{Vn,M} = Q_{Lb,M} - (Q_{Vb,M} / Q_{lb,M}) \cdot \Delta Q_{il, M}$$

mit:
- $Q_{Vb,M}$ monatlicher Bruttowärmeverlust durch Lüftung in kWh
- $Q_{Vn,M}$ Nettowert der monatlichen Lüftungswärmeverluste in kWh

Nettowärmegewinne

Allgemeines

Die Berechnung erfolgt anhand Kapitel 6.5.1-3 in DIN V 4108-6
η_M ist der Ausnutzungsgrad der Wärmegewinne
$Q_{gb,M}$ ist der monatliche Bruttowärmegewinn
$Q_{in,M}$ ist der monatliche Nettowärmeverlust

Vorwerte

τ ist die Zeitkonstante

$$\tau = C_{wirk,\eta}/H$$

mit: $C_{wirk,\eta}$ wirksame Wärmespeicherfähigkeit aus
Anhang D
$C_{wirk,\eta}=[15 \text{ Wh}/(m^3 \cdot K)] \cdot V_e$
(leichte Gebäude)
$C_{wirk,\eta}=[50 \text{ Wh}/(m^3 \cdot K)] \cdot V_e$
(schwere Gebäude)

        H   spezifischer Wärmeverlust
$H = H_T + H_V$

Definition der Gebäudeart:Siehe Kapitel 6.5.2 DIN V
4108-6 V_e siehe 1.2.3 in Anlage 1 der EnEV

a ist ein numerischer Parameter

$$a = a_0 + \tau/\tau_0$$

mit: $a_0=1$
$\tau_0=16$
τ s.o.

γ ist das Wärmegewinn-/Wärmeverlustverhältnis

$$\gamma = Q_{gb,M}/Q_{in,M}$$

mit: $Q_{gb,M}$ monatlicher Bruttowärmegewinn
$Q_{in,M}$ monatlicher Nettowärmeverlust

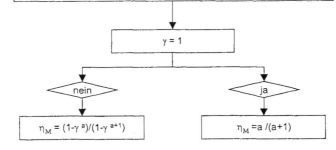

$\gamma = 1$

nein   ja

$\eta_M = (1-\gamma^{\,a})/(1-\gamma^{\,a+1})$ $\eta_M = a/(a+1)$

Literaturverzeichnis

[1] *Meier, C.*: Richtig bauen. Bauphysik im Widerstreit – Probleme und Lösungen. expert Verlag. Renningen – Malmsheim. 2002.

[2] *Ackermann, T.*: Bestimmung des U-Wertes und R-Wertes von Bauteilen mit Luftschichten. In: wksb 47 (2001). S. 1-8.

[3] *Höttges, K.*: U-Wert-Berechnung von Bauteilen mit nebeneinanderliegenden Bereichen. In: Bauphysik 22 (2000). Nr. 2. S. 121 – 123.

[4] *Palecki, S. und M. Wehling*: Beispiele zur U-Wert-Berechnung nach der neuen Norm DIN EN ISO 6946. In: Bauphysik 23 (2001). Nr. 5. S. 298 – 303.

[5] *Hauser, G. und K. Höttges*: U-Werte von Fenstern. In: Bauphysik 22 (2000). Nr. 4. S. 270 – 273.

[6] *Lohr, A.*: Energiesparendes Bauen. In: Der Architekt. 1993. Nr. 11. S. 621 – 622.

[7] *Ortmanns, G.*: Produktinnovation beim Baustoff Glas als Reaktion auf die Anforderungen einer sich wandelnden Architektur. In: wksb 40 (1994). S. 11 – 14.

[8] *Eschenfelder, D.*: Novellierung der Wärmeschutzverordnung. In: Beton 44 (1994). S. 431 – 436.

[9] *Werner, H.*: Berechnung des Jahresheizwärmebedarfs von Gebäuden. In: IBP Bericht EB-29/1991. Stuttgart. 1991.

[10] Bundesanstalt für Materialprüfung, Berlin. Inst. f. Bau-, Umwelt- und Solartechnik, Berlin: Kombination von Schall- und Wärmedämmung bei Außenbauteilen. Umweltbundesamt. Berlin. 1984.

[11]   Auswirkungen der neuen Wärmeschutzverordnung auf den Schall-
        schutz von Gebäuden. Fraunhofer-IRB-Verlag. Stuttgart. F 2307.
        1997.

[12]   *Roecke, P.*: Die neue Wärmeschutzverordnung. Was erwartet uns?
        In: Deutsches Architekten-Blatt. 1994. Nr. 9. S. 1401 – 1404.

[13]   *Mrziglod-Hund, M.*: Ein neues Berechnungsverfahren für den Wär-
        meverlust erdreichberührter Bauteile. In: gi Haustechnik – Bauphy-
        sik – Umwelttechnik. 116 (1995). Nr. 2. S. 65 – 72 u. Nr. 3, S. 139 –
        145. – Vgl. auch: *Mrziglod-Hund, M.*: Berechnungsverfahren für
        den Wärmeverlust erdreichberührter Bauteile. Diss. Univ. Kaisers-
        lautern. 1995.

[14]   *Dahlem, K.-H.*: Ein neues Berechnungsverfahren für den Wärmever-
        lust erdreichberührter Bauteile zum Grundwasser. In: gi Haustech-
        nik – Bauphysik – Umwelttechnik 122 (2001). Nr. 4. S. 173 – 178 u.
        Nr. 5. S. 234 – 238. – Vgl. auch: *Dahlem, K.-H.*: Der Einfluss des
        Grundwassers auf den Wärmeverlust erdreichberührter Bauteile.
        Diss. Univ. Kaiserslautern. 2000.

[15]   Welche Dämmschichtdicke ist bei der Perimeterdämmung zu wäh-
        len? In: Die neue WSVO ist da – Eine schwere Geburt. Deutsche
        Pittsburgh Corning GmbH. Haan. 1994.

[16]   *Dahlem, K.-H., M. Mrziglod-Hund* u. *K. W. Usemann*: Entwicklung
        eines Berechnungsverfahrens für den Wärmeverlust erdreichberühr-
        ter Gebäudeaußenflächen. In: Bauphysik der Außenwände. Schluß-
        bericht. Fraunhofer IRB-Verlag. Stuttgart. 2000. S. 43 – 65.

[17]   *Hauser, G.* u. *H. Stiegel*: Pauschalierte Erfassung der Wirkung von
        Wärmebrücken. In: Bauphysik 17 (1995). Nr. 3. S. 65 – 68.

[18]   *Dahmen, G.* u. *R. Oswald*: Konstruktion bis ins Detail – Wärme-
        schutz. In: Ziegel im Dialog. Infotage '95, Bauen heute im Span-
        nungsfeld zwischen Vorschriften und Praxis. Arbeitsgemeinschaft
        Mauerziegel im Bundesverband der Deutschen Ziegelindustrie.
        1995.

[19]   *Kasper, F.-J.*: Die Bedeutung von Wärmebrücken, der Luftdichtheit
        und des sommerlichen Wärmeschutzes im Rahmen der künftigen

Energieeinsparverordnung und die Auswirkungen auf die bauliche Praxis. In: Bauphysik. 22 (2000). Nr. 5. S. 313 – 314.

[20]   *Hauser, G.*: Wärmebrücken und Luftdichtheit – Problemfelder des baulichen Wärmeschutzes und ihre Berücksichtigung in der künftigen „EnEV". In: Planer-Forum. 2. Auflage. 2000. BAUCOM-Verlag. Böhl-Iggelheim. S. 29 – 34.

[21]   *Dahmen, G.*: Einfluss der neuen Wärmeschutzverordnung auf die Detailgestaltung. In: Deutsches Architektenblatt. 1994. Nr. 12. S. 363 – 365.

[22]   *Horschler, S.* u. *H.-W. Pohl*: Energieeinsparverordnung; Wärmebrücken und Gebäudedichtheit. Beitrag im Mauerwerkskalender 2000 der Firma Wienerberger. Berlin 2001.

[23]   *Soergel, C.*: Die Allgemein anerkannten Regeln der Technik im Bau- und Wohnungswesen. Verwendung neuer Baustoffe. In: IBK-Bau-Fachtagung 2000, Tagungsband S. 15/1 – 15/16. Darmstadt. 1995.

[24]   *Meyer-Bohe, W.*: Niedrigenergiehäuser. Sinn und Unsinn einer notwendigen Entwicklung. In: IKZ-Haustechnik 50 (1995). Nr. 8. S. 96 – 103.

[25]   *Ehm, H.*: Wärmeschutzverordnung '95. Grundlagen, Erläuterungen und Anwendungshinweise. Der Weg zu Niedrigenergiehäusern. Wiesbaden und Berlin. 1995.

[26]   *Kasper, F.-J.*: Die 3. Wärmeschutzverordnung. In: Bausubstanz. 10 (1994). Nr. 11 – 12. S. 8 – 10.

[27]   *Brandt, J.* u. *H. Moritz*: Bauen mit Beton. In: Beton 44 (1994). S. 437 – 442.

[28]   *Wildner, A.*: Dämmen und Gewinnen. In: Glasforum. 1994. Nr. 5. S. 4 – 7.

[29]   *Cziesielski, E.*: Schimmelpilz – ein komplexes Thema. Wo liegen die Fehler? In: wksb 45 (1999). Nr. 43. S. 25 – 28.

[30] *Erhorn, H., J. Reiß, M. Gierga* u. *U. Volle*: Niedrigenergiehäuser. Zielsetzung, Konzepte, Entwicklungen, Realisierung, Erkenntnisse. Fraunhofer-Institut für Bauphysik. Stuttgart. 1994.

[31] *Hauser, G.*: Wärmebrücken und Luftdichtheit – die Problemfelder des baulichen Wärmeschutzes. In: db 131 (1997). S. 101 – 108.

[32] *Gertis, K., H. Erhorn* u. *J. Reiß*: Klimawirkungen und Schiemmelpilzwirkung bei sanierten Gebäuden. In: Proceedings Bauphysik – Kongreß. Berlin. 1997. S. 241 – 253.

[33] *Trogisch, A.*: EnEV 2002 und DIN 4108 Bl. 2, Sommerlicher Wärmeschutz. In: Ki Luft- und Kältetechnik. 38 (2002). Nr. 9. S. 416 – 419.

[34] *Caemmerer, W.* u. *R. Neumann*: Wärmeschutz im Hochbau. Kommentar zu DIN 4108 Teil1 bis Teil 5. Beuth-Kommentare. Berlin. 1983.

[35] *Trogisch, A.*: DIN 4108/2 – Sommerlicher Wärmeschutz in Theorie und Praxis. In: TAB 33 (2002). Nr. 4. S. 93 – 96.

[36] *Weber, H.*: Das Porenbeton-Handbuch. Planen und Bauen mit System. 2. Auflage. 1995. Wiesbaden und Berlin. S. 61 – 79.

[37] *Holle, H.-J.* u. *B. Schacht*: Zur Berechnung von Wärmebrücken erdreichberührter Bauteile. Noch offene Fragen. In: Bauphysik 24 (2002). Nr. 6. S. 374 – 376.

[38] *Reiß, J., H. Erhorn* u. *J. Ohl*: Klassifizierung des Nutzerverhaltens bei der Fensterlüftung. In: HLH. 52 (2001). Nr. 8. S. 22 – 26.

[39] *Werner, H.*: Energieeinsparverordnung. Wärmeschutz und Energieeinsparung in Gebäuden. Kommentar zu DIN V 4108-6. Berlin. Wien. Zürich. 2001.

[40] DIN EN 832: Wärmetechnisches Verhalten von Gebäuden. Berechnung des Heizenergiebedarfs. Wohngebäude. 1992.

[41]   *Schrode, A.* u. *G. Löser*: Die neue WschVO, Brücke oder Sackgasse auf dem Weg zum Niedrigenergiehaus? BUND-Stellungnahme. In: wksb 40 (1994). Nr. 2. S. 25 – 29.

[42]   *Werner, H.*: Bauphysikalische Einflüsse auf den Heizenergie-verbrauch. Anwendung im Wohnungsbau und wirtschaftliche Konsequenzen. Diss. Universität Stuttgart. 1979.

[43]   *Richter, L.* u. *H. Thielemann*. Heizwärmebedarf und Primärenergie-verbrauch. In: Ki Luft- und Kältetechnik. 30 (1994). Nr. 11. S. 550 – 552.

[44]   *Klinet, W.*: Energiebedarf und -bereitstellung in Wechselwirkung zum Technischen Ausbau. In: Elektrowärme intern. 33 (1975). Nr. 3. S. A 132.

[45]   *Gossenberger, M.* u. *F.F. Ebersbach*: Grundsätzliche Untersuchung über die Möglichkeit der Abwärmenutzung im Haushalt. Rationelle Energieverwendung, Statusbericht 1976. Bundesministerium für Forschung und Technik. Bericht 22. 1976.

[46]   *Rouvel, L.*: Wärmegewinne in Wohnungen aufgrund innerer Wärmequellen. In: gi Haustechnik – Bauphysik – Umwelttechnik 105 (1984). Nr. 3. S. 140 – 142.

[47]   *Hauser G.* u. *F. Otto*: Wohn- und Verwaltungsbauten, Niedrigenergiehäuser, Bauphysikalische Entwurfsgrundlagen. Informationsdienst Holz. Reihe 1. Entwurf und Konstruktion. Arbeitsgemeinschaft Holz e.V., Düsseldorf. 1994.

[48]   Wärmeschutzverordnung 1994. Verordnungstext, Kommentare, Rechenbeispiele. BHKS-Themen. Report Nr. 23. TGC-Consulting. Bonn. 1995.

[49]   *Hauser, G.* u. *G. Hausladen*: Energiepaß. Energetische Bewertung von Wohngebäuden mit Hilfe einer Energiekennzahl. Forschungsbericht F 2242. IRB Verlag. Stuttgart.

[50]   *Schulze, T., U. Fahl* u. *A. Voß*: Stromverbrauch für EDV-Anwendungen. Arbeitsbericht Nr. 7 der Akademie für Technikfolgenabschätzungen in Baden-Württemberg. Stuttgart. 1994.

[51]   *Erhorn, H.* u. *H. Kluttig*: Energieeinsparpotentiale im Verwaltungs-
        bau zur Reduzierung der CO_2-Emissionen. In: gi Haustechnik –
        Bauphysik – Umwelttechnik 117 (1996). Nr. 5. S. 270.

[52]   *Schrode, A.*: Erfahrungen mit der neuen Wärmeschutzverordnung.
        In: DBZ 1997. Nr. 9. S. 121 – 124.

[53]   *Zankl*, R.: Energieeinsparung und Gebäudeplanung. In: Strompraxis.
        1994. Nr. 4. S. 10 – 12.

[54]   *Schrode, A.* u. *G. Löser*: Kritik und Vorschläge zur Verbesserung
        der Wärmeschutzverordnung '95. In: IKZ-Haustechnik. 50 (1995).
        Nr. 5. S. 83 – 87.

[55]   *Kast, W.*: Auswirkungen der Wärmeschutzverordnung. In: HLH 46
        (1995). Nr. 9. S. 457 – 462.

[56]   *Genath, B.*: Kein Bonus für Komfortklima. In: CCI. Print 7/2000. S.
        25 – 26.

[57]   *Schwarzig, H.*, *B. Löser* u. *T. Spengler*: Grenzen der Energieeinspa-
        rung durch Wärmedämmung im Bestand der Altbauten der neuen
        Bundesländer aus konstruktiver und wirtschaftlicher Sicht. IRB-
        Verlag. Stuttgart. Best.-Nr. F 2251. Leipzig. 1994.

[58]   *Feist, W.*: Unzulänglichkeiten des Rechenverfahrens nach dem Ent-
        wurf der neuen Wärmeschutz-Verordnung. In: Sonnenenergie &
        Wärmepumpe. 16 (1991). Nr. 6. S. 11 – 14.

[59]   *Hoffmann, W.*: Planungsmittel des Architekten für energiesparendes
        Bauen. In: Ziegel im Dialog. Infotage '95. Bauen heute – im Span-
        nungsfeld zwischen Vorschriften und Praxis. Arbeitsgemeinschaft
        Mauerziegel im Bundesverband der Deutschen Ziegelindustrie.
        1995.

[60]   *Hauser, G.* u. *F. Otto*: Wärmespeicherfähigkeit und Jahresheizwär-
        mebedarf. In: mikado. 1997. Nr. 4. S. 18 – 22.

[61]   *Blum, H.-J.* u. *H. Ehlers*: Das „intelligente" Gebäude als ganzheitli-
        ches System – ein Konzept. In: HLH 46 (1995). Nr. 3. S. 207 – 208.

[62]   *Hauser, G.*: Die Wirkung der Wärmespeicherfähigkeit von Bautei-
        len und ihre Berücksichtigung in der EnEV. In: Bauphysik 22
        (2000). Nr. 5. S. 308 – 312.

[63]   *Hilbig, G.* u. *M. Kuhne*: k-Wert von Isolierverglasungen. Eine feld-
        theoretische Betrachtungsweise. In: wksb 41 (1995). Nr. 35.

[64]   *Usemann, K.W.* und *K. Ullemeyer*: Überschlägliche Ermittlung des
        Wärmebedarfs. In: Gesundh.-Ing., Arbeitsblatt 124.

[65]   *Maas, A., Höttges, K. und A. Kammer*: Energieeinsparverordnung
        2002 (EnEV). KS-Info GmbH, Hannover. 2002.

Stichwortverzeichnis

X

Z

Druck: Saladruck Berlin
Verarbeitung: Buchbinderei Lüderitz&Bauer, Berlin